中国白茶

袁弟顺 编著

厦门大学出版社
XIAMEN UNIVERSITY PRESS

图书在版编目（CIP）数据

中国白茶 / 袁弟顺编著. -- 厦门：厦门大学出版社，2006.9（2023.11 重印）

ISBN 978-7-5615-2506-7

Ⅰ. 中… Ⅱ. 袁… Ⅲ. 茶－简介－中国 Ⅳ. TS272.5

中国版本图书馆CIP数据核字(2005)第118921号

出 版 人	郑文礼	
责任编辑	陈进才	

出版发行 厦门大学出版社

社　　址	厦门市软件园二期望海路 39 号	
邮政编码	361008	
总 编 办	0592-2182177　0592-2181253(传真)	
营销中心	0592-2184458　0592-2181365	
网　　址	http://www.xmupress.com	
邮　　箱	xmupress@126.com	
印　　刷	厦门市金凯龙包装科技有限公司	

开本	787 mm×1 092 mm　1/16
印张	15
字数	387 千字
版次	2006 年 9 月第 1 版
印次	2023 年 11 月第 4 次印刷
定价	32.00 元

本书如有印装质量问题请直接寄承印厂调换

厦门大学出版社
微信二维码

厦门大学出版社
微博二维码

前　言

本书是在本人的博士研究生导师、农产品品质学专家郑金贵教授的精心指导下完成的，为了本书的出版，导师倾注了大量的心血，提供了许多极其宝贵的意见和建议。可以说没有导师的指导、鼓励、支持，就没有本书的出版。

本书包含了本人的博士学位论文的部分内容，并收集了国内外有关白茶的研究成果。全书共10章，分别介绍了白茶的历史、栽培、采摘与鲜叶、初制加工技术、精制与深加工、品质化学、品质检验与调控、保健品质、有机白茶生产技术以及白茶的文学艺术等，并附白茶图谱等彩图77张以及福建省地方标准——白茶标准综合体。本书应该是目前国内外有关传统白茶的较为系统的论著。

在有关白茶的调查研究和著作出版过程中得到了许多单位和个人的热情帮助和支持。福鼎市委、市政府，政和县政府，福建茶叶进出口公司、福建品品香茶业有限公司、政和县稻香茶叶有限公司、福鼎白琳茶厂、福鼎天湖茶业有限公司、政和白牡丹茶叶有限公司、福鼎东南白茶有限公司、松溪九龙茶叶有限公司、松溪龙源茶庄等提供了支持。福建农林大学茶叶研究所、福建农林大学农产品品质研究所、福建医科大学营养与保健医学系、中国茶叶研究所茶叶化学工程农业部部级重点开放实验室、湖南省天然产物工程技术研究中心、武夷星茶叶有限公司检测室等帮助样品成分测定。陈泉宾、苏永昌、岳文杰、叶秋萍、李玲琴、陈忠龙、黄芳、汪家梨、叶军民、林挺好、林强、许惠梅、陈珊、杨燕、郭春沂、宋丹丹、郭杰明、林小丹、魏巧玲、蔡雅婷、郑钦妹、曾经德等参加了有关试验或文稿校对。在此表示衷心感谢！

中科院院士谢联辉教授为本书的修改提供了具体的宝贵意见。福建农林大学园艺学院茶学学科全体同仁，福鼎市林浩云副书记、蔡梅生副市长，福鼎市茶叶局蔡良绥副局长，福建医科大学副校长吴小南教授，福建茶叶协会秘书长陈金水高工，福建省农业农村厅种植业管理局林景元研究员、刘宜渠研究员等为本书的编写提供了具体意见。在此表示衷心感谢！

本书中引用许多前人的研究成果，在此表示衷心感谢！

由于笔者的理论水平、实践经验还不全面，有关白茶的科学研究才刚刚开始，错误在所难免，恳请读者、同仁批评指正。

本书得到福建省优秀著作出版专项基金资助。

笔者

2006 年 7 月于福州

目 录

白茶概述 …………………………………………………………………………（1）

第一章 白茶的历史 …………………………………………………………（2）
　　第一节 概述 ……………………………………………………………（2）
　　第二节 白茶发展史 ……………………………………………………（3）

第二章 白茶的栽培 …………………………………………………………（8）
　　第一节 适制白茶的茶树品种 …………………………………………（8）
　　第二节 白茶茶树的生物学特性 ………………………………………（11）
　　第三节 白茶产地的生态环境 …………………………………………（14）
　　第四节 白茶茶树的繁育与种植 ………………………………………（21）

第三章 白茶采摘与鲜叶 ……………………………………………………（28）
　　第一节 白茶采摘 ………………………………………………………（28）
　　第二节 白茶鲜叶的主要化学成分 ……………………………………（30）
　　第三节 白茶鲜叶质量 …………………………………………………（37）
　　第四节 白茶鲜叶管理技术 ……………………………………………（39）

第四章 白茶初制加工技术 …………………………………………………（42）
　　第一节 概述 ……………………………………………………………（42）
　　第二节 白茶的萎凋与干燥技术 ………………………………………（43）
　　第三节 白毫银针的初制技术 …………………………………………（46）
　　第四节 白牡丹、贡眉、寿眉的初制技术 ……………………………（48）
　　第五节 白茶新工艺制法 ………………………………………………（49）
　　第六节 其他白茶初制技术 ……………………………………………（51）
　　第七节 白茶初制的技术关键 …………………………………………（52）

第五章 白茶的精制与深加工 ………………………………………………（55）
　　第一节 概述 ……………………………………………………………（55）
　　第二节 白茶精加工技术 ………………………………………………（57）
　　第三节 白茶的深加工技术 ……………………………………………（61）

第六章 白茶品质化学 ………………………………………………………（69）
　　第一节 白茶加工过程中的酶 …………………………………………（69）
　　第二节 白茶制造过程中的多酚类 ……………………………………（72）
　　第三节 白茶加工过程中的茶黄素、茶红素、茶褐素 ………………（75）
　　第四节 白茶加工过程中的叶绿素 ……………………………………（79）
　　第五节 白茶制造过程中的芳香物质 …………………………………（80）

　第六节　白茶制造过程中的糖类物质 ……………………………………（82）

　第七节　白茶加工过程中的氨基酸与咖啡碱 ……………………………（86）

　第八节　白茶干燥过程中的化学变化 ……………………………………（89）

　第九节　白茶贮藏过程中的化学变化 ……………………………………（90）

第七章　白茶品质检验与调控 ………………………………………………（97）

　第一节　白茶审评用具与程序 ……………………………………………（97）

　第二节　白茶审评 …………………………………………………………（100）

　第三节　白茶标准样 ………………………………………………………（106）

　第四节　白茶检验 …………………………………………………………（111）

　第五节　白茶的品质调控 …………………………………………………（112）

第八章　白茶的保健品质 ……………………………………………………（117）

　第一节　白茶主要功能性成分 ……………………………………………（117）

　第二节　白茶的主要生理功能 ……………………………………………（122）

　第三节　国内有关白茶保健品质的研究 …………………………………（129）

　第四节　国外有关白茶保健品质的研究 …………………………………（144）

第九章　有机白茶生产技术 …………………………………………………（160）

　第一节　有机白茶茶园建设 ………………………………………………（160）

　第二节　有机白茶茶园的土壤管理 ………………………………………（162）

　第三节　有机白茶茶园病虫害的控制 ……………………………………（167）

　第四节　有机白茶的加工 …………………………………………………（169）

第十章　白茶的文学艺术 ……………………………………………………（173）

　第一节　福鼎大白茶茶艺解说词 …………………………………………（173）

　第二节　一种白茶千种味 …………………………………………………（175）

　第三节　白茶的意境 ………………………………………………………（177）

　第四节　白茶茶道的基本内容 ……………………………………………（178）

附录　福建省地方标准——白茶标准综合体 ………………………………（180）

白茶概述

　　白茶是传统六大茶类之一。因制法独特,不炒不揉,成茶外表满披白毫呈白色故称"白茶"。白茶产于福建的福鼎、政和、建阳、松溪等地,是福建特有的茶类之一。

　　长期以来,白茶主要作为外销茶叶销往德国、日本、荷兰、法国、澳门、印度尼西亚、新加坡、马来西亚、瑞士等国家和地区,而内销极少,以至于许多人不知道中国还有白茶。

　　独特的加工工艺,独特的产地环境,独特的大白茶品种造就了白茶外表天然素雅、内质清甜爽口的独特品质。

　　依采摘标准不同,白茶分为白毫银针、白牡丹、贡眉和寿眉,其中白毫银针因其优异的品质而进中国十大名茶之列。

　　由于白茶制作过程没有经过高温杀青、剧烈揉捻,只经适度的自然氧化,因此形成了独特的保健品质。福建许多地方就有用白茶治病的传统,现代科学研究初步揭示了白茶的保健机理:①白茶自由基含量最低。多余的自由基是人体衰老、病变的重要原因,其他茶类的自由基含量是白毫银针的 1.6～143 倍。②白茶黄酮含量最高。黄酮具有极强的抗氧化效果,白茶加工过程中的黄酮类含量升高 16.2 倍,是其他茶类工艺的 14.2～21.4 倍。③白茶杀菌效果比绿茶好,白茶提取物能对导致葡萄球菌感染、链球菌感染、肺炎等细菌生长具良好的抑制作用。④白茶具有良好的抗氧化、抗衰老、抑制皮肤癌的作用。⑤白茶能显著降低四氯化碳肝损伤小鼠的转氨酶和丙二醛含量,降低幅度分别为 21.8% 和 38.5%。⑥白茶能显著提高试验小鼠血清 EPO 水平,提高幅度是 5% 西洋参的 1.4～1.8 倍。而血清 EPO 具有存活因子、分化原和分裂原三重生物学活性,对红细胞生成起关键作用。⑦白茶能促进试验小鼠脾淋巴产生 CSFs,延长细胞寿命、增加 RNA 和蛋白质合成。

　　诸多保健功效的发现促进了白茶的消费。有关白茶的深加工产品陆续出现,白茶饮料、白茶美容用品等已陆续在国内外上市。可以预见,随着对白茶认识的日益深入,白茶的前景十分广阔。

第一章　白茶的历史

第一节　概述

　　茶是现代世界三大无酒精植物性饮料之一。我国是茶的故乡,是最早发现和利用茶的国家。相传从公元 4 世纪饮茶的习惯就已开始逐渐普及了。几千年的中国茶业发展史,经过历代茶人的努力创造和改进已产生数以千计不同名称的茶叶,千姿百态,各放异彩,形成了独具特色的中国茶文化。从古至今,我国茶类的演变,大体经历了咀嚼鲜叶、生煮羹饮、晒干收藏、蒸青做饼、炒青散茶,乃至绿茶、白茶、黄茶、黑茶、青茶(俗称乌龙茶)、红茶、再加工茶等多种茶类的发展过程。茶业贯穿农业、工业、商业乃至精神文化领域,在国民经济发展与人文建设方面有着不可忽视的作用。

　　近代茶类分基本茶和再加工茶两大部分。基本茶类中有绿茶、白茶、黄茶、黑茶、乌龙茶(即青茶)、红茶六大类,再加工茶类是上述六大类茶叶经过再加工而成,包括花茶、紧压茶、萃取茶、香味果味茶、保健茶和含茶饮料六类。

　　白茶是我国特种茶叶之一,主产于福建的福鼎、政和、建阳、松溪等县。因制法独特,不炒不揉,成茶外表满披白毫,色泽银白灰绿,故称"白茶"。

　　白茶依采摘标准不同分为银针、白牡丹、贡眉和寿眉。传统上,将采自大白茶或水仙品种嫩梢的肥壮芽头制成的成品称"银针"。采自大白茶或水仙品种嫩梢的一芽一二叶制成的成品称"白牡丹"或"水仙白"。采自菜茶群体的芽叶制成的成品称"贡眉"。由制"银针"时采下的嫩梢经"抽针"后,剩下的叶片制成的成品称"寿眉"。现在生产的白茶品种主要有福鼎大毫、福安大白、政和大白、福鼎大白等,已很少用水仙、菜茶来生产白茶。

　　白牡丹依茶树品种不同可分"大白"、"水仙白"和"小白"。采自福鼎大白茶、福安大白、政和大白品种的鲜叶制成的成品称"大白",采自水仙品种的鲜叶制成的称"水仙白",采自菜茶群体品种的鲜叶制成的称"小白"。

　　白茶以性清凉、退热、降火、祛暑的治病效果和清幽素雅的风格,在国内外市场素负声誉,尤受侨胞的喜爱。白茶现主销德国、日本、荷兰、法国、印度尼西亚、新加坡、马来西亚、瑞士等和中国香港、澳门,其中政和、松溪等地生产的白茶销区以中国香港等为主,福鼎等地生产的白茶以欧洲为主销市场。20 世纪 70 年代,福鼎白琳茶厂创造了白茶的新工艺制法。

　　白茶的制作工艺,一般分为萎凋和干燥两道工序,特点是既不破坏酶的活性,又不促进氧化作用,且保持毫香显现,汤味鲜爽,其关键在于萎凋。萎凋分为室内自然萎凋、室外日光萎凋、室内加温萎凋三种。根据气候灵活掌握,以春秋晴天或夏季不闷热的晴朗天气,采取室内萎凋或复式萎凋为佳。其精加工工艺是在剔除梗、片、蜡叶、红张、暗张之后,以文火进行烘焙至足干,只宜以火香衬托茶香,待水分含量为 4%～5% 时,趁热装箱。

第二节 白茶发展史

中国是最早发现与利用茶叶的国家,从生煮羹饮,到饼茶散茶,从绿茶到多茶类,从手工操作到机械化制茶,其间经历了复杂的变革。各种茶类的品质特征形成,除了茶树品种和鲜叶原料的影响外,加工条件和制作方法是重要的决定因素。

一、制茶历史发展主要阶段

(一)从生煮羹饮到晒干收藏

茶之为用,最早从咀嚼茶树的鲜叶开始,发展到生煮羹饮。生煮类似现代的煮菜汤。如云南基诺族至今仍有吃"凉拌茶"习俗,将鲜叶揉碎放入碗中,加入少许黄果叶、大蒜、辣椒和盐等作配料,再加入泉水拌匀饮用。茶作羹饮,有《晋书》记"吴人采茶煮之,曰茗粥",甚至到了唐代,仍有吃茗粥的习惯。

三国时,魏朝已出现了茶叶的简单加工,将采来的叶子先做成饼后晒干或烘干,这是制茶工艺的萌芽。

(二)从蒸青造形到龙团凤饼

初步加工的饼茶仍有很浓的青草味,经反复实践,发明了蒸青制茶。即将茶的鲜叶蒸后捣碎,拍成饼状,饼茶穿孔,贯串烘干,去其青气。但由于苦涩味较重,于是又通过洗涤鲜叶、蒸青压榨、去汁制饼,使茶叶苦涩味大大降低。

唐宋时期,贡茶兴起,成立了贡茶院(即制茶厂),组织官员研究制茶技术,从而促使茶叶生产不断改革。

唐代蒸青作饼已经逐渐完善,陆羽《茶经·之造》记述:"晴,采之。蒸之,捣之,拍之,焙之,穿之,封之,茶之干矣。"即此时完整的蒸青茶饼制作工序为:蒸茶、解块、捣茶、装模、拍压、出模、列茶晾干、穿孔、烘焙、成穿、封茶。

宋代,制茶技术发展迅速,新品不断涌现。北宋年间,做成团片状的龙凤团茶盛行。宋代《宣和北苑贡茶录》记述"宋太平兴国初,特置龙凤模,遣使即北苑造团茶,以别庶饮,龙凤茶盖始于此"。

龙凤团茶的加工工艺,据宋代赵汝砺《北苑别录》记述,有六道工序:蒸茶、榨茶、研茶、造茶、过黄、烘茶。茶芽采回后,先浸泡水中,挑选匀整芽叶进行蒸青,蒸后冷水清洗,然后小榨去水,大榨去茶汁,去汁后置瓦盆内兑水研细,再入龙凤模压饼、烘干。

龙凤团茶的工序中,冷水快冲可保持绿色,提高了茶叶质量,而水浸和榨汁的做法,由于夺走真味,使茶香极大损失,且整个制作过程耗时费工,这些均促使了蒸青散茶的出现。

(三)从团饼茶到散叶茶

在蒸青团茶的生产中,为了改善苦味难除、香味不正的缺点,逐渐采取蒸后不揉不压,直接烘干的做法,将蒸青团茶改造为蒸青散茶,保持茶的香味,同时还出现了散茶的鉴赏方法和品质要求。

这种改革出现在宋代,《宋史·食货志》载"茶有两类,曰片茶,曰散茶",片茶即饼茶。元代王桢在《农书·卷十·百谷谱》中,对当时制蒸青散茶工序有详细记载"采讫,一甑微蒸,生熟得所。蒸已,用筐箔薄摊,乘湿揉之,入焙,匀布火,烘令干,勿使焦"。由宋至元,饼茶、龙凤团茶和散茶同时并存,到了明代,由于明太祖朱元璋于1391年下诏,废龙团兴散茶,使得蒸青散茶大为盛行。

(四)从蒸青到炒青

相比于饼茶和团茶,茶叶的香味在蒸青散茶得到了更好的保留,然而,使用蒸青方法,依然存在香味不够浓郁的缺点。于是出现了利用干热发挥茶叶优良香气的炒青技术。

炒青绿茶自唐代已始而有之。唐刘禹锡《西山兰若试茶歌》中言道:"山僧后檐茶数丛……斯须炒成满室香",又有"自摘至煎俄顷余"之句,说明嫩叶经过炒制而满室生香,这是至今发现的关于炒青绿茶最早的文字记载。

经唐、宋、元代的进一步发展,炒青茶逐渐增多,到了明代,炒青制法日趋完善,在《茶录》、《茶疏》、《茶解》中均有详细记载。其制法大体为:高温杀青、揉捻、复炒、烘焙至干,这种工艺与现代炒青绿茶制法非常相似。

(五)从绿茶发展到其他茶类

在制茶的过程中,由于注重确保茶叶香气和滋味的探讨,通过不同加工方法,从不发酵、半发酵到全发酵一系列不同发酵程度所引起茶叶内质的变化,探索到了一些规律,从而使茶叶从鲜叶到原料,通过不同的加工工艺,制成各类色、香、味、形品质特征不同的六大茶类,即绿茶、黄茶、黑茶、白茶、红茶、青茶。

1.黄茶的产生

绿茶的基本工艺是杀青、揉捻、干燥,当绿茶炒制工艺掌握不当,如炒青杀青温度低,蒸青杀青时间长,或杀青后未及时摊凉揉捻,或揉捻后未及时烘干或炒干,堆积过久,使叶子变黄,产生黄叶黄汤,类似后来出现的黄茶。因此,黄茶的产生可能是从绿茶制法不当演变而来。明代许次纾《茶疏》(1597年)记载了这种演变历史。

2.黑茶的出现

绿茶杀青时叶量过多火温低,使叶色变为近似黑色的深褐绿色,或以绿毛茶堆积后发酵,渥成黑色,这是产生黑茶的过程。黑茶的加工始于明代中叶。明御史陈讲疏记载了黑茶的生产(1524年):"商茶低伪,悉征黑茶,产地有限……"

3.白茶的由来和演变

唐、宋时所谓的白茶,是指偶然发现的白叶茶树采摘而成的茶,与后来发展起来的不炒不揉而成的白茶不同。而到了明代,出现了类似现在的白茶。田艺蘅《煮泉小品》记载:"茶者以火作者为次,生晒者为上,亦近自然……清翠鲜明,尤为可爱"。

4.红茶的产生和发展

红茶起源于16世纪。在茶叶加工发展过程中,发现日晒代替杀青,揉捻后叶色红变而产生了红茶。最早的红茶生产从福建崇安的小种红茶开始。清代刘靖《片刻余闲集》中记述"山之第九曲处有星村镇,为行家萃聚。外有本省邵武、江西广信等处所产之茶,黑色红汤,土名江西乌,皆私售于星村各行"。自武夷星村小种红茶出现后,逐渐演变产生了工夫红茶。后20世纪20年代,印度发展将茶叶切碎加工的红碎茶。我国于20世纪50年代也开始试制红碎茶。

5.青茶的起源

青茶介于绿茶、红茶之间,先绿茶制法,再红茶制法,从而悟出了青茶制法。青茶的起源,学术界尚有争议,有的推论出现在北宋,有的推定于清咸丰年间,但都认为最早在福建创制。清初王草堂《茶说》:"武夷茶……茶采后,以竹筐匀铺,架于风日中,名曰晒青,俟其青色渐收,然后再加炒焙……烹出之时,半青半红,青者乃炒色,红者乃焙色也。"现福建武夷岩茶的制法仍保留了这种传统工艺的特点。

(六)从素茶到花香茶

茶加香料或香花的做法已有很久的历史。宋代蔡襄《茶录》提到加香料茶"茶有真香,而入贡者微以龙脑和膏,欲助其香"。南宋已有茉莉花焙茶的记载,施岳《步月·茉莉》词注:"茉莉岭南所产……古人用此花焙茶。"

到了明代,窨花制茶技术日益完善,且可用于制茶的花品种繁多,据《茶谱》记载,有桂花、茉莉、玫瑰、蔷薇、兰蕙、橘花、栀子、木香、梅花九种之多。现代窨制花茶,除了上述花种外,还有白兰、玳玳、珠兰等。

由于制茶技术不断改革,各类制茶机械相继出现,先是小规模手工作业,接着出现各道工序机械化。除了少数名贵茶仍由手工加工外,绝大多数茶叶的加工均采用了机械化生产。

二、现代白茶发展

从茶叶发展历史而言,白茶应该是最早的茶类,因为古人将茶叶晒干保存就是白茶的生产方法。最早出现白茶的文献是宋徽宗的《大观茶论》,其中记载"白茶自为一种,与常茶不同。其条敷阐,其叶莹薄。崖林之间,偶然生出,非人力所致。正焙之有者不过四五家,生者不过一二株,所造止于二三铸而已。芽英不多,尤难蒸焙,汤火一失,则已变而为常品"。但书中所讲的白茶,包括所说的三色细芽、银丝水芽都不是现代所说的六大茶类中的白茶,而是指叶片白化的茶树,而且其制作方法也与绿茶相同,这与武夷山的白鸡冠、浙江安吉白茶、宁波印雪白茶相同。

最早的白茶记载是田艺蘅所书的《煮泉小品》记载:"茶者以火作者为次,生晒者为上,亦近自然……清翠鲜明,尤为可爱。"

有关白茶原产地的争论颇多,下面就白茶主产地的有关历史做简要介绍。

(一)建阳白茶发展历史

据林今团先生考证,现代白茶发源于建阳水吉,约清朝乾隆三十七年至四十七年

（1772—1782年），由肖乌奴的高祖创制。从产品创始到商品形成，大体历经二三十年。这个时间比夏品恭、李润梅提出的"在清嘉庆初年（1796年）"要早，和张天福关于白茶生产历史是"先有小白，后有大白，再有水仙白"的论点相吻合。

早期白茶是以当地菜茶幼嫩芽叶采制而成，由于创制于建阳漳墩南坑，因此俗称"南坑白"或"小白"，因其满披白毫，又称"白毫茶"。左宗棠（1812—1885年）所称"白毫"就是道光（1812年）后由水吉集散的南坑白茶。民国十八年（1929年）《建瓯县志》所载："白毫茶，出紫溪里"（当时，南坑属紫溪里，今漳墩镇、回龙乡）。道光年间，白毫茶开始远销甘肃等西北地区。道光九年（1823年）"百斤纳税银一两"。此后随着侨销的发展白茶大量向东南亚输出。蒋蘅《云寮山人文钞》（1851年）写道："……瓯宁之水吉，自踏庄赴广。茶市之盛，不减崇安。"同治七年（1868年）后，白茶大量销往马来西亚、印度尼西亚、越南、缅甸、泰国和中国香港等地。

道光初年，水吉大湖岩叉山水仙茶树被发现，后来引进大白茶树品种。于同治九年（1870年）左右，水吉（今建阳水吉镇）茶农以大叶茶芽制"银针"（芽茶），并首创"白牡丹"。光绪年间（1875—1909年）香港、广州、湖汕茶商到水吉开设茶庄经营白茶。最盛时，水吉有茶商60多家字号，其中港商21号、穗商3号、汕商3号、厦商4号。此期，地处南浦溪畔的大湖村也成为白茶的集散地。当年广州和香港合办的"金泰茶庄"、广州"同泰昌"、香港"友信"茶庄等号牌镂刻镏金大字至今仍存。当地人黄绍元先生的"元春"茶庄，民国二十九年（1040年）就加工出口白牡丹和寿眉各200箱，占其总量的54%。这年大湖村还有白茶厂13家，加工出口白茶2 150箱，约37.9吨。

据大湖村老茶农、83岁的黄秉伦（1988年）介绍，他父亲于民国二年（1913年）就从水仙茶芽梢中"挑针"制银针芽茶，余下制"水仙白"。小湖乡鸿庇村89岁老茶农邓英贵（1984年）说，他在民国十二年（1923年）向他人学制水仙白，事先"挑白"后制"水仙香"，年产约100公斤左右。水仙白和大白一起卖给在大湖设庄的潮州帮。

民国二十五年水吉县白茶产量83吨，占全县茶叶产量的10.13%，占是年全省白茶总量164吨的50.61%。民国二十八年（1939年）水吉县白茶产量90吨，占全县茶叶产量的11.76%，是年"水吉寿眉占全国侨销茶的三分之一，白牡丹占八分之一"。民国二十九年（1940年）水吉和大湖二地加工出口白茶3 600箱（寿眉2 650箱、白牡丹950箱），约63吨。

抗日战争期间，海运阻断，白茶产量锐减。至1949年，水吉白茶仅余30吨左右。中华人民共和国成立以后，生产恢复，白茶才得以重新发展，50年代末达100吨左右，占全省白茶总产量的80%。70年代以年均20%的增长速度发展，1979年白茶总产量达650吨，仅南坑一村就产20吨左右。1980年白茶产区开始部分改制为绿茶。以后实行"定点、定时、定量"生产收购白茶，仅局限于漳墩、迴龙和水吉三乡（镇），春季制白茶350吨，并实行国营茶站、茶厂主渠道专营。

现在，建阳生产的白茶数量较少，主要产地在漳墩，主栽品种是水仙、福安大白茶、政和大白茶，其中制作白茶的主要品种是福安大白茶和政和大白茶。

（二）福鼎白茶发展历史

据茶叶史料记载和当地调查，如《福建白茶的调查研究》及清周亮工《闽小记》的介绍，在清嘉庆初年（公元1796年），福鼎人用菜茶（有性群体种）的壮芽为原料，创制白毫银针。约在 1857 年,福鼎大白茶茶树品种从太姥山移植到福鼎县点头。由于福鼎大白茶芽壮、毫显、香多,所制白毫银针外形、品质远远优于"菜茶",于是福鼎茶人改用福鼎大白茶的壮芽为原料加工"白毫银针",出口价高于原菜茶加工的银针(后来称土针)10 多倍。约在 1860 年"土针"逐渐退出白毫银针的历史舞台。

20 世纪 70 年代,为了满足外销要求,提高白茶的茶汤浓度、增加比重,福鼎白琳茶厂创造了白茶的新工艺制法,其主要工艺技术特点是将萎凋叶进行短时、快速揉捻,然后迅速烘干,生产出的新工艺白茶条索更紧结、汤色加深、浓度加强。

现在,福鼎的白茶主产区是白琳、点头、秦屿等地,主要品种是福鼎大毫、福鼎大白。

(三)政和白茶发展历史

根据《福建地方志》记载,政和县是 1880 年选育繁殖成功"政和大白茶"品种的,1889 年开始产制银针。

现在,政和的白茶主产区是石屯、东平、熊山,周边松溪县的茶平、郑墩也有生产。主要品种是福安大白茶、政和大白茶、福云 6 号等。

综上所述,鲜叶经萎凋晾干是最早的茶叶加工方式,但直到清朝后期白茶才真正成为一种茶类。白牡丹的发源地为现在的福建省建阳区水吉镇,白毫银针的发源地为福建省福鼎市太姥山一带。

本章参考文献

[1]陈宗懋.中国茶经[M].上海:上海文化出版社,1992.

[2]林今团.建阳白茶初考[J].福建茶叶,1999(3):40-42.

[3]张夭福.福建白茶的调查研究[J].茶叶通讯,1963(1):43-50.

[4]林今团.建阳茶业传说之二:白茶始祖的兴衰[J].福建茶叶,2002,24(1):52.

[5]湖南农学院.茶叶审评与检验[M].北京:农业出版社,1979.

[6]施兆鹏.茶叶加工学[M].北京:中国农业出版社,1997.

[7]安徽农学院.制茶学[M].北京:农业出版社,1979.

[8]陈观增.品味白茶茗香 建设白茶之乡[J].福建茶叶,2005(1):39.

[9]黄健平.千年茶县世代留香:政和茶业之今昔[J].茶叶科学技术 2004(1):39.

[10]范渠森.政和县白茶生产现状及发展对策[J].福建茶叶,2002,24(2):40.

[11]做活中国白茶原产地之乡文章,建好全国三绿工程茶业示范基地县[J].茶世界,2005
    (8):17-18.

第二章　白茶的栽培

白茶的栽培技术与绿茶相似,最主要的差别是适制品种的差异。本章将着重论述白茶栽培管理的特殊之处。

第一节　适制白茶的茶树品种

适制白茶品种有很多,但要制作传统意义上的白茶,要求选用的品种茸毛多、白毫显露、氨基酸等含氮化合物含量高,这样制出的茶叶才能外表披满白毫,有毫香,滋味鲜爽。白茶最早是采摘菜茶鲜叶制作,之后才用水仙、福鼎大白茶、政和大白茶、福鼎大毫茶、福安大白茶、福云 6 号等来制作白茶。

一、菜茶

菜茶是指用种子繁殖的茶树群体,栽培历史约有 1 000 余年,由于长期用种子繁殖与自然变异的结果,因而性状混杂。现以武夷菜茶为代表,将其形态特征描述如下:树高约 1 m,幅宽约 1 m,灌木型。分枝多,枝干着生角度约 40 度,节间长 1.5～2.5 cm,枝皮粗糙,呈暗灰色。叶长椭圆形,叶尖锐,略下垂。叶大 8 cm×3.2 cm,长宽比为 2.5 左右。叶色浓绿、具光泽,叶脉细、略显,7～9 对。锯齿深而密,28～32 对。叶质厚而脆。花冠大小约 3.2 cm,花期 9～12 月,结果率甚高。发芽期多在清明前几天,终期 11 月上旬,芽数密,育芽力强,抗逆性甚强。适制红茶、绿茶、乌龙茶、白茶。

二、福建水仙

又名水吉水仙或武夷水仙。无性繁殖系,小乔木型,大叶类,迟芽种,三倍体。1985 年全国农作物品种审定委员会认定为国家良种,编号 GS13009—1985。原产于福建省建阳区小湖乡大湖村岩叉山。栽培历史 100 余年。在福建各茶区栽培普遍,尤其是闽北、闽南茶区为多,主要分布在建瓯、建阳、武夷山、永春、漳平等地。广东的饶平、台湾的新竹、台北以及浙江龙泉等地也有引种。

树势高大,自然生长可高达 5～6 m,分枝部位高,分枝稀疏,树势半开张,主干较明显,为小乔木型。嫩枝红褐色,老枝灰白色。叶色深绿,富光泽,叶面平展、浓绿,有油光,富革质。叶椭圆形或长椭圆形,叶端尖长,叶缘平齐,尖端和基部略下垂。叶平均长 10.2 cm,平均宽 4.43 cm,长宽比平均为 2.26。主脉明显,基部较宽扁,侧脉整齐,5～11 对。锯齿较深而均匀,平均 42 对。花大型,雄蕊低于雌蕊,花多,一般不结果,或仅结极少数单粒果,播后出土亦少,故用压条、扦插繁殖。发芽稍迟,约 3 月中旬开始萌动至 11 月中旬停止生长,生长期全年达 8 个月。春茶 4 月下旬达一芽三叶盛期,芽头较疏但芽肥壮,茸毛较多,全披白毛,嫩芽叶淡绿色,育芽能力尚强,持嫩性较差,一芽二叶长 6.6 cm,百芽重 59 g,一芽三叶百芽重 112.0 g,一芽二叶鲜叶含氨基酸约 2.6%,茶多酚 25.1%,鲜叶水浸出物含量高达 49.23%,单宁 22.29%。生长势旺盛,抗逆性强。在福建最低温度下可以安全越冬。产量高,约比当地菜茶增产 100%。制白茶品质极优,色稍黄,茸毛显露,富有香气。

三、福鼎大白茶

又名福鼎白毫,简称福大、福鼎,在所有白茶区均有种植。无性繁殖系,小乔木型、中叶类、早生种。1985 年全国农作物品种审定委员会认定为国家良种,编号 GS13001—1985。原产于福建福鼎市柏柳村。据传说,距今 100 多年前(约 1857 年),由柏柳乡竹头村(现为点头镇过笕竹栏头自然村)陈焕移植家中繁殖。又一说是翁溪村张吓钦发现的。主要分布在福建东部茶区。20 世纪 60 年代后,福建和浙江、湖南、贵州、四川、江西、广西、湖北、安徽、江苏等省区有大面积栽培。是全国推广面积最大的品种。

植株较高大,可达 2 m 左右,幅宽 1.6～2 m,树势半开张,为小乔木型。分枝较密,分枝部位较高,节间尚长。树皮灰色。叶椭圆形,先端渐尖并略下垂,基部稍钝,叶缘略向上。通常大 12 cm×5.4 cm,长宽比平均为 2.2。叶色黄绿、具光泽。侧脉明显,7～11 对,平均 9 对。锯齿较整齐、明显,27～38 对。叶肉略厚,叶质较软。芽叶肥壮,茸毛特多,一芽二叶长 5.1 cm,百芽重 23 g,一芽三叶百芽重 63 g。花型较大,雄蕊低于雌蕊,盛花期 10 月下旬至 11 月中旬,花量多,结果率高,茶籽大而饱满。生长期长,育芽能力强,发芽期在 3 月上旬,11 月中旬停止生长,生长期全年达 8 个月。生长势旺盛,抗逆性强,耐旱亦耐寒,虽在 −3～ −4 ℃ 或更低亦不受冻。繁殖力强,压条、扦插发根容易,成活率高达 95% 以上。春茶鲜叶含氨基酸 4.37%、茶多酚 16.2%。制成白茶品质极佳,以茸毛多而洁白,色绿,汤鲜美最为特色。

四、政和大白茶

又称政大。小乔木型,大叶类,晚生种,混倍体。1985 年全国农作物品种审定委员会认定为国家良种,编号 GS13005−1985。原产于政和县铁山乡高仓头山。据传说,在清光绪 5 年(1880 年)由铁山人魏年老将此茶树移回家中种植,后因墙倒,无意压条数十株,逐渐繁殖推广。主要分布在福建北部、东部茶区。20 世纪 60 年代后,浙江、安徽、江西、湖南、四川、广东等省有引种。

植株高大,树势直立,自然生长的树冠高度可达 3～5 m,树高 1.5～2 m,幅宽 1～1.5 m,为小乔木型。分枝部位较高,一般离地 20 cm 左右,分枝少,节间长。嫩枝红褐色,老枝灰白色。叶椭圆形,先端渐尖并突尖,基部稍钝,叶面隆起,叶肉厚,叶质脆,叶缘略向背,通常大 14 cm×6 cm,长宽比平均为 2.3。叶面浓绿或黄绿、具光泽。叶脉明显,7～11 对。

锯齿粗而深,29～68 对。叶厚、较脆。芽叶肥壮,茸毛特多,一芽二叶长 6.4 cm,百芽重 50～76 g,一芽三叶百芽重 123 g。花型较大,雄蕊低于雌蕊,盛花期 11 月中旬,花量多。一般开花不结果,或仅结少数单粒茶果,播后亦不易出土,故用无性繁殖。育芽力弱,发芽率低。芽头稀疏。发芽期迟,一般在 4 月上旬,停止生长较早,一般在 10 月上旬,生长期较短,全年约 6 个月左右。生长势旺盛,抗逆性强,耐受寒冻,虽在－3～－4 ℃亦少受冻害。产量中等,同时,产量较集中于秋茶,对小绿叶蝉、螨类的抗性差。春茶含氨基酸 2.37％、茶多酚 24.96％。制白茶色稍黄,以芽肥壮、味鲜、香清、汤厚最为特色,制白毫银针,颜色鲜白带黄,全披白毫,香气清鲜,滋味清甜。

五、福安大白茶

又名高岭大白茶。无性系,小乔木型,大叶类,早生种。二倍体。1985 年全国农作物品种审定委员会认定为国家良种,编号 GS13003－1985。原产福建省福安市康厝乡上高山村。主要分布在福建东部、北部茶区。广西、安徽、湖南、湖北、贵州、浙江、江西、江苏、四川等省区有栽培。

树势开张,分枝尚密,3 月上旬萌芽,芽密度较稀,一芽三叶盛期在 4 月上旬,育芽率强,一芽三叶百芽重 98～134 g,抗逆性强,适应性广。制工夫红茶,条索紧美,色泽润,香郁味醇。制烘青绿茶,栗色持久,滋味浓鲜,汤绿明亮。制白茶色稍暗,以芽肥壮、味清甜、香清、汤浓厚最为特色,制白毫银针,颜色鲜白带暗,全披白毫,香气清鲜,滋味清甜。

六、福鼎大毫茶

简称大毫。无性系,小乔木型,大叶类,早生种。二倍体。1985 年全国农作物品种审定委员会认定为国家品种,编号 GS13002－1985。原产福建省福鼎市点头镇汪家洋村,已有百年栽培史。主要分布在福建茶区。20 世纪 70 年代后,江苏、浙江、四川、江西、湖北、安徽等省有大面积栽培。

植株高大,主干明显,树高 2.8 m,幅度宽 2.8 m,树势半开张,枝条粗壮,分枝性较弱。叶片稍向上斜生,叶色深绿,富有光泽,叶型长椭圆形,叶面平滑,侧脉平均 8 对。越冬芽 3 月上旬萌发,一芽三叶盛期在 4 月上旬,芽叶肥壮,带银色茸毛,持嫩性强,一芽三叶百芽重 104 g,抗逆性强,适应广。春茶氨基酸含量约 1.8％,茶多酚约 28.2％。制白茶,满披芽毫,色白如银,香清味醇,是制"白毫银针""白牡丹"的高级原料。

七、福云 6 号

无性繁殖系,小乔木型,大叶类,特早生种。1985 年全国农作物品种审定委员会认定为国家品种。由福建省农科院茶叶研究所从福鼎大白茶与云南大叶种自然杂交后代中系统选育而成。全国主要产茶区均有分布。

植株高大,树势半开张,分枝部位较高,分枝较密,叶片呈水平或稍下垂状着生,叶色淡绿,叶椭圆形或长椭圆形,叶尖渐尖,叶面微隆起,叶片较厚,叶质较脆,叶缘波状,叶身内折,叶齿细浅,叶脉 9～11 对。育芽力强,芽叶较肥壮,茸毛多。春芽 2 月下旬到 3 月上旬萌发,一芽三叶盛期在 3 月底,一芽三叶百芽重 69 g,抗逆性强,较耐旱、耐寒。春茶含水浸出物 36.8％、茶多酚 25.9％、氨基酸总量 2.2％、咖啡碱 3.4％、儿茶素总量 151.2 mg/g。制成的白茶色泽好,白毫显露,但滋味、香气稍差。

八、歌乐

福建福鼎的地方品系。无性系,小乔木型,中叶类,早生种,二倍体。产地及分布:原产福建省福鼎市点头镇柏柳村,已有 100 多年栽培史。主要分布在福建东部茶区。福建北部、浙江南部、安徽南部等茶区有引种。特征:植株较高大,树势半开张,主干较显,叶片呈水平状着生。叶椭圆形,叶色深绿,叶面隆起,富光泽,叶缘微波,叶身平或稍内折,叶尖钝尖,叶齿较锐浅密,叶质较厚脆。芽叶淡绿色,茸毛较多,一芽三叶百芽重 80.0 g。花冠直径3.3～4.4 cm,花瓣 6～7 瓣,子房茸毛中等,花柱 3 裂。特性:芽叶生育力强,发芽整齐,持嫩性强,一芽三叶盛期在 4 月上旬中后期。产量高,每亩产茶达 200 kg 以上。春茶一芽二叶干样含氨基酸 3.9％、茶多酚 25.3％、咖啡碱 3.6％。制成的白茶色泽好,白毫显露,滋味、香气好。

第二节　白茶茶树的生物学特性

认识白茶茶树的生长发育规律,有利于掌握白茶的生产研究。下面就白茶茶树的有关生物学特性做简要介绍。

一、茶树的年生育活动

(一)根系的活动

由于白茶产区为亚热带,茶树根系在一年之内仅有活动强弱、生长量大小之分,而无明显的休眠期。一般在 3 月上旬以前生长活动微弱,3 月上旬到 4 月上旬根活动比较明显,以后于 6 月上旬、8 月上旬、10 月上旬根系增长都比较快,尤其 10 月上旬活动等特别旺盛。吸收根的死亡更新主要是在冬季的 12 月至 2 月进行。茶树根系生长活跃的时期也是吸收能力最强的时期。故掌握其生长活跃开始的时期进行耕作、施肥便于取得良好的栽培效果。

茶树活动根群出现的范围是确定施肥位置、耕锄深幅度的依据。由于茶树行间常被踩踏,土壤比较板结,加上施肥位置多为近茎部,因此茶树的吸收根分布较浅,而且靠近茶树根茎部(表 2-1)。幼年期的侧根和细根多分布在地表层,随着树龄的增长,下层分布逐渐增加。从水平分布来看,5 龄以前在主轴附近分布多;随着树龄的增长,主轴附近分布比例有所减少,树冠外缘垂直投影的土壤分布有增加的趋势,到 8 龄以后在树冠覆盖以外的行间土壤中细根的比例高。其次也因品种类型、土壤性状、管理水平和栽培方式等而异。不同的土壤质地,茶树根系伸展的深度、范围不同。在黏重板结或底土下为母岩的土壤上,根系不易向下生长,仅有少量侧根系既深且广。种前深垦茶园的活土层(又称有效土层)深厚,茶根分布深广。地下水位过高会强烈限制根系扩展。播种或栽植过密的茶树根系水平扩展受强烈限制。合理施肥与耕作能显著促进茶树根系生长。不合理耕锄则会限制根系的横向扩展。

表 2-1　不同年龄茶树吸收根集中分布位置

年龄时期	吸收集中分布部位(cm)	
	垂直分布	水平分布
幼龄	0～30	0～20
成龄	20～30	20～40
老龄	10～20	10～20
台刈后	10～30	20～40

(二)枝梢的活动

新梢的生长活动直接影响白茶的开采时间与产品质量。叶芽的生长活动和所形成新梢的长势不仅因株而异,而且在同一植株同一枝条上的不同叶芽之间也往往不同。顶芽处在枝梢顶端,能获得有利的营养条件,加之生长激素等的分布和运转特点,致使它的活动常占优势,腋芽的生长活动则相对处于劣势。据观察,腋芽形成新梢的时间比顶芽一般要迟3～7 d。同一新梢上的腋芽往往以中段的1～2个最先萌发,靠近顶芽和最下方的萌发最迟。就同一茶蓬来看,茶芽萌发是蓬面快于蓬内,蓬面中心快于蓬面边缘。新梢生长的速度、展叶数量和总的生长强度在上述不同叶芽之间亦存在类似的差异。

越冬芽在春天萌发的迟早在品种间差异明显,萌发早的称早生种,萌发迟的为晚生种,白茶茶树品种多为早、中生种。白茶品种的发芽时间大致是:福云6号在2月中下旬;福鼎大白为2月下旬;福鼎大毫为2月下旬到3月上旬;福安大白为3月上旬;菜茶为3月上旬;水仙、政和大白为3月中、下旬。当然,发芽的迟早与栽培管理措施的关系也非常密切,如早修剪、多施有机肥、大棚塑料薄膜覆盖、地膜覆盖、喷赤霉素等有利于茶树次年早发芽。此外,留草栽培也有利于提高地温,提早采摘。笔者曾在福建福鼎高海拔山区进行冬季留草栽培试验,结果表明冬季留草不但有利于减少锄草佣工、减少水土流失,而且可提高地温1～3 ℃,第二年提前发芽3～4 d(表2-2)。

表 2-2　冬季留草对茶园土温与茶芽萌动影响

处理	地下30 cm处温度(℃)	开采期
留草	17.7	3月17日
对照组	15.1	3月21日

在生长季节里,茶树叶芽(又称营养芽)萌发成新梢的过程是:首先芽体膨大,膨大到一定程度时鳞片展开,多为2～3片(夏芽往往缺鳞片)。第一个鳞片质硬脆、色黄尖端褐色,在新梢伸长展叶过程中便脱落,仅留下痕迹。以后展开的第二和第三鳞片亦常脱落,但也有少数保留在新梢基部。芽继续生长便是鱼叶展开,鱼叶展出的数量有1～3片不等。鱼叶展开后才是第一片真叶的展出,真叶展出的数量因品种、气候、季节、树龄、肥培管理水平及其着

生部位等不同而异,少的1～2片,多的10余片。在采摘条件下的成龄茶树的新梢大多展出3～5片真叶后便停止展叶,此时顶芽变得瘦小,习称驻芽。从叶芽萌动到驻芽形成构成新梢的一次生长。驻芽形成后大约经过15～20 d的内部分化期(亦称隐蔽发育阶段,栽培上又称休止期),再开始下一次的生长展叶活动,但随着时间的推移,新梢的质量逐渐下降,因此要生产高质量的白茶就必须采用第一轮的新梢。

白茶的生产自3月上旬至10月下旬,历时8个月左右,越冬芽一般在3月中旬开始萌发生长,4月下旬到5月上旬第1次生长相继结束,进入第1个休止期,5月中旬或下旬开始第2次生长,7月下旬开始陆续进入第3次生长。自10月上旬始茶树的营养相继停止。

凡由越冬芽萌发而成的新梢称头轮新梢,从头轮新梢上的腋芽萌发而成的新梢称二轮梢,从二轮梢上腋芽萌发而成的新梢称三轮新梢,其余类推。茶树梢上分梢的现象,习称新梢生育的"轮性"。茶树新梢生育的这种轮性强,即全年萌发轮次多,每轮梢萌发数量多,每个新梢生长量又较大,是丰产性强的表现。

白茶的头轮茶一般称为头春茶,其他依次称为二春茶、三春茶、白露茶、秋露茶等。新梢生育的轮性受品种的制约,如福云6号一年可抽梢6轮,而其他品种茶树多为4～5轮。另外新梢生长的轮次与栽培措施,尤其是采摘技术关系密切。采摘成指数地增加了萌发轮次,但也显著降低了单个新梢的一次生长量。衰老茶树全年萌发轮次少于青壮年茶树。

(三)叶的活动

新梢上的叶片展开所需要的天数为1～10 d不等,视气候条件或季节而异,春秋气温较低,每片叶子展开所需要的时间约5～6 d,夏季气温高,仅需1～4 d。多数叶片的展出时间为3～6 d。

白茶叶片展开的过程,根据形态上的变化可分为四个阶段。

1.萌动

芽体膨大,鳞片开展到鳞片完全展开,此时是采摘高级白毫银针的时期,采下的芽头肥壮重实。

2.初展

叶身部分离开芽头,边缘内折,或部分外卷。若新梢才第一片叶展出成"初展",称"1芽1叶初展",是高级白牡丹及特高级银针的采摘标准。

3.开展

整个叶身已与芽头分离,但叶缘尚未展开或成外卷状。

4.展开

叶片完全展开,叶缘展平、叶头生成正常角度。

由于叶龄和叶位等的不同,叶片有机成分的含量差异明显(表2-3),其中以第二片叶的主要品质成分含量较高,此后则随叶位下降而下降,但粗纤维含量随着叶位下降而上升,醚浸出物则随叶位下降呈抛物线变化。

表 2-3　不同叶位的有机成分含量(%)

叶位	全氮	多酚类	儿茶素	可溶性成分	醚浸出物	粗纤维
第一叶	7.55	13.97	3.58	45.93	6.98	10.87
第二叶	6.73	16.96	3.56	48.26	7.90	10.90
第三叶	6.29	15.78	3.23	46.96	11.35	12.25
第四叶	5.50	15.44	2.57	45.46	11.43	14.40
茎	5.11	11.14	2.15	44.06	8.03	17.08

(四)花果的生育

茶树的花芽,是在当年生或隔年生的枝条上的叶腋间发育的,并且着生在营养芽两侧。花芽分化从 6 月份开始,以后各月都能不断发生,一直延续到 11 月。茶树始花期为 9 月到 10 月上旬,11 月中旬到 12 月为盛花期。

茶花开放与气象因素关系密切,其最适温度为 18～20 ℃,相对湿度则以 60%～70%为宜。气温降至 -2 ℃花蕾便不能开放。

茶花通常是在白天开放,以上午 8～10 时开放最多。一般开放两天之内便被授粉,已授粉的花药先衰退,开放后的第 3 天花冠脱落,柱头变为棕褐色,但它保持鲜态时间较长,且维持数月而不脱落。萼片紧紧地把已受精子房包裹起来,子房便开始发育。如遇低温寒冷时,子房便进入休眠状态。休眠期 3～5 个月不等。

一般地说,人们栽培茶树追求的不是花果而是新梢(即幼嫩芽梢),为了减少养分的无效消耗,可用"乙烯利"疏花蕾,宜在 10 月至 11 月中的盛花期进行,使用浓度约 500 mg/kg。

第三节　白茶产地的生态环境

白茶主要产地为闽北的政和、松溪、建阳和闽东的福鼎等县,其独特的品质和生态环境关系非常密切,如福安大白茶在政和、松溪的表现良好,福鼎大毫则在福鼎表现极佳,这与自然环境密切相关。

一、茶树对生态环境的要求

(一)温度

适宜于茶树生长的日平均气温为 20～30 ℃,年平均气温是 13 ℃以上,年活动积温是 3 000 ℃以上。大叶种茶树一般抗寒性弱,只能忍受 -5 ℃左右的低温,中、小叶种可以忍受 -15 ℃低温的侵袭。灌木型茶树一般较乔木型茶树耐寒。白茶品种中政和大白茶、水仙的耐寒能力较强。茶树能忍受的短时极端最高温是 45 ℃,一般在月平均气温达 30 ℃以上,日最高气温连续数日在 35 ℃以上,降雨又少的情况下,新梢会停止生长,出现冠面成叶灼伤焦变和嫩梢萎蔫等热害现象。

茶树新梢春天萌发的起点温度因品种类型而异,多数品种为日平均气温稳定高于10 ℃,个别早芽种(如福云6号)在日平均气温≥6 ℃便萌动,迟芽种(如政和大白茶)则只有在日平均气温≥11 ℃才开始萌发。秋天气温稳定低于15 ℃时大多数品种的新梢停止生长,进入冬眠,茶树根系春天的活动起点温度和秋冬的休止温度均低于新梢,分别为7 ℃和10 ℃。

处在活跃生长期的茶树新梢对温度的反应十分敏感。在适宜的范围内,随着温度的升高而生长速度加快。

春茶和夏茶品质上的明显差别,主要是气温不同引起茶树物质代谢上的变化而形成的。春茶气温相对较低,有利含氮化合物的形成和积累,因此,全氮量、氨基酸含量较高;但是对碳代谢来说,气温较低,代谢强度也较小,因此糖类以及由糖转化而来的茶多酚物质的含量也就比气温较高的夏茶相应低些(表2-4)。生产实践表明,日平均温度20 ℃左右,中午气温25 ℃,夜间气温10 ℃左右,这种情况下生产的茶叶品质一般较好;当日平均气温超过20 ℃,中午气温在35 ℃以上时,茶叶品质下降。

表 2-4　春茶和夏茶主要成分含量差异(%)

茶季		全氮量	氨基酸	咖啡碱	儿茶素			还原糖	维生素 C
					游离型	酯型	总量		
春茶	初期	6.39	2.48	2.91	5.08	10.16	15.24	1.20	0.23
	中期	5.59	2.30	2.61	4.92	8.75	13.67	1.08	0.26
	后期	4.15	1.42	1.76	5.15	8.42	13.57	2.50	0.42
夏茶	初期	4.34	1.19	2.40	6.10	10.03	16.13	2.60	0.21
	中期	4.28	0.88	2.45	4.27	10.81	15.08	2.55	0.24
	后期	3.94	0.82	2.35	4.40	11.99	16.39	2.32	0.17

(二)水分

茶树性喜湿润,适宜经济栽培茶树的地区,年降水量必须在1 000 mm以上,月降水量大于100 mm的有5个月以上。降水量在生长季节里分配均匀与否,对茶树正常生育和产量有着很大的关系。降水量最多的时期,茶叶收量也最多。降水是限制白茶产量与质量的最大因素。

空气湿度大时,一般新梢叶片大,节间长,叶片薄,产量较高,且新梢持嫩性强,叶质柔软,内含物丰富。在生长季节里空气相对湿度在80%～90%比较适宜,若小于50%,新梢生长就会受到抑制,低于40%对茶树有害。

土壤水分是茶树生理需水和生态需水的主要来源。一般认为70%～90%的田间持水量对茶树生长最为适宜。

(三)土壤

一般地说,茶树对土壤的适应范围是相当广泛,普通红壤、黄壤、紫色土、冲积土,甚至某些石灰岩风化的土壤，均能植茶。但欲使茶树枝繁叶茂、高产优质，应确保下述几个基本条件。

1.土层厚度

茶树系深根性木本植物，主根可达 1 m 以上，吸收根群亦可深达 40～50 cm。土层深厚是茶树根系得以充分生育、扩展的最基本条件。一般认为宜茶土壤，全土层应在 1 m 以上，活土层在 50 cm 以上。

2.土壤质地结构

良好的土壤团粒结构是形成土壤肥力的基础。以表土层多粒状和团块结构，心土层块状结构较好。

3.土壤化学性

我国各地茶园土壤测定结果来看，pH 值大致在 4.0～6.5 之间，使茶树生长最好的 pH 值为 5.0～5.5。有机质含量是茶园土壤熟化度和肥力的指标之一，高产优质茶园的土壤有机质要求达 2.0% 以上。高产优质茶园要求土壤养分含量较高而平衡：全氮 0.12%、全磷 0.10%、碱解氮 120 mg/kg、速效磷 10 mg/kg、速效钾 100 mg/kg、代换性镁 0.2 mg/100 g 土。

另外，土壤微生物亦可列为茶园土壤肥力的指标之一，高产茶园土壤的细菌、真菌数量较高。对福建农林大学茶学科教基地茶园土壤检测结果如表 2-5。

表 2-5　福建农林大学茶学基地茶园土壤微生物检测结果

土壤编号	细菌 $\times 10^4$	放线菌 $\times 10^3$	真菌 $\times 10^3$	自生固氮菌 $\times 10^1$	钾细菌 $\times 10^1$	氨化细菌 $\times 10^4$	硝化细菌 $\times 10^3$	反硝化细菌 $\times 10^3$	硫化细菌 $\times 10^1$	纤维素分解菌 $\times 10^1$
1	33.37	3.43	2.43	7.83	2.93	2.0	4.5	15.0	0.9	1.5
2	7.30	4.53	1.36	13.90	6.77	15.0	110.0	25.0	110.0	20.0
3	8.57	4.37	1.43	12.20	6.96	9.5	45.0	45.0	4.5	15.0
4	11.27	4.67	2.33	13.97	3.45	9.5	110.0	45.0	15.0	25.0

（四）空气

除相对湿度要求适宜外，空气中 CO_2 含量丰富和土壤空气中氧的含量不少于 2% 也是确保茶树正常生育和茶叶丰产的要求。旱季的干热风和严冬的大风，往往加重茶树的受害程度。所以选择避风向阳的地段建园，实行环境园林化，是改善环境因素，确保茶树正常生育和高产、稳产、优质的需要。

（五）地形地势

地形地势不同，光、热、水、气、土、肥等条件也不尽相同，因此会直接或间接地影响茶树的生长发育和产量品质。高山云雾多，空气湿度较大，漫射、反射、散射光多，蓝紫光多，昼夜温差大，茶叶品质较好。例如我国的传统名茶多产于山地，如黄山毛峰、庐山云雾、武夷岩茶等。但也非山越高越好，因为山越高，气温越低，热量不足，必缩短全年有效生育期，茶树种植的适宜高度多在海拔 1 000 m 以下。在一定范围内随着高度的增加，茶多酚含量减少，氨基酸等含氮化合物积累增加。

一般地说，北向山坡光照较弱、夏季东南季风盛行时降雨较少（就高山而言），冬季低温和寒风侵袭厉害，早春升温慢，故北坡茶树生长速度较慢，冻害一般较严重，在高寒山区植茶一定要注意这一点。南向山坡接受太阳辐射能量多,早春升温快,秋天降温慢,全年总生长期长、产量较高,在春天茶芽萌发早,易受晚霜危害,在夏季新梢易于老化,冠表层叶片易受热害。种植时应尽量发挥其有利的一面,克服其不利的一面。就大多数低纬度、低山茶区来说,坡向对茶树生育影响的差异小,可忽略之。

坡地茶园较之平地茶园,排水良好,土壤通透性强,酸度稍大,于茶树生育有利;但坡地保水性差,表土剥蚀现象较多。所以,坡地茶园必须增强水土保持工程建设。平地和谷地茶园往往地下水位较高、渍水现象易于发生,必须健全排蓄水措施。

白茶区的高山地区,所产的茶叶有独特的高山特质,所制的白茶质量也较高。

二、白茶产地的气候环境

(一)政和

政和属中亚热带季风湿润气候区,具有四个明显的气候特点:雨热同季、四季分明、立体气候明显、季风影响显著。白茶产区主要在西部河谷温暖适水区的石屯、东平两个乡镇。主要热量指标是 $10\sim20$ ℃持续天数$\geqslant185$ d,$10\sim20$ ℃总积温$\geqslant4\,200$ ℃,年降水量 1 600 mm左右,光照时数 1 900 h左右,相对海拔高度在 380 m以下。

全县年均气温 $14.1\sim18.6$ ℃,全县暖中心在西部的石屯,年均气温 18.6 ℃,最热的 7 月气温达 28.1 ℃以上,极端最高 40.1 ℃,最冷的 1 月 8.1 ℃,极端最低 -7.6 ℃,$-10\sim10$ ℃时段 248 d,积温 5 645 ℃,$10\sim20$ ℃积温 4 699.8 ℃,无霜期 264 d。东部中山地带的汀源一带,年均气温 14.1 ℃左右,最热的 7 月 23.3 ℃,极端最高 34.6 ℃,最冷的 1 月 3.9 ℃,极端最低 -12.3 ℃,$-10\sim10$ ℃时段 207 d,积温 4 037 ℃,$10\sim20$ ℃积温 3 169.3 ℃,一年中有40 多天日均气温低于 0 ℃,无霜期 211 d。平均年降水量 1 722 mm。西部年降水量随海拔升高而增加,平均海拔每升高 100 m 增加 38.9 mm;东部则随海拔升高而减少。全县少雨中心在西津一带,年均雨量 1 584.7 mm,大于或等于 0.1 mm 的雨日 136 d,大于或等于50 mm的暴雨 2.75 次;全县多雨中心在连坑、杨源一带,年均降水在 1 900 以上,大于或等于0.1 mm的雨日 173 d,大于或等于 50 mm 的暴雨 $3.6\sim4.75$ 次。按季节分,西部 $3\sim4$ 月春雨降水占全年 23%,$5\sim6$ 月梅雨降水占 36%,$7\sim9$ 月台风雷雨降水占 22%,冬季少雨,10月～次年 2 月占 19%;东部易受海洋潮湿气流和台风外围影响,$7\sim9$ 月降水较西部多,约占全年雨量的 28%左右。多年平均日照 1 952.5 h,日照率 44%。多的年份达 2 506.4 h,少的年份仅 1 546.3 h。$3\sim6$ 月日照偏少,平均每天 4 h,$7\sim10$ 月光照充足,平均每天 $7\sim8$ h。年平均太阳总辐射量 449.42 kJ·cm^{-2}。

(二)松溪

松溪属中亚热带季风气候,四季分明,雨量充沛,雨热同期,夏无酷暑,冬无严寒,农业立体气候明显,境内河流密布,主干流从东北向西南斜贯全境。白茶主产区为郑墩、茶平两乡镇。年平均气温 18.1 ℃,1 月平均温度 7 ℃,7 月温度平均 28 ℃,极端最高温度 39 ℃,最低温度-7.6 ℃。无霜期 261 d,海拔 300 m 以下地区,大于或等于 0 ℃总积温 6 250 ℃以上,$10\sim20$ ℃活动积温 $4\,052\sim4\,680$ ℃。平均年降水量 1 753.1 mm,降水是随海拔增加呈抛物线上升。如茶平铁岭(海拔 560 m)年降水量为 1 848.7 mm,长龙岗(海拔 951 m)年降水量则增加到 1 899.1 mm。干季是 10～2 月份,其总降水量为 335.4 mm,占全年 10%,3～9 月降水量为 1 417.7 mm,占全年 81%,其中 3～6 月份,降水量达 1 055.9 mm,占全年 60%,7～9 月雷雨季,降水量 361.8 mm,占全年降水量 21%。日照时数:海拔 300 m 以下,年日照时数为 1 801.5 h,海拔 300 m 以上,年日照时数少于 1 801.5 h,日照的季节变化是冬半年少于夏半年,2 月最少,7 月最多,3～6 月平均每天 3.7～5.2 h,7～10 月平均每天 6.2～8.6 h;太阳总辐射 451.75 kJ·cm^{-2},太阳辐射不仅随纬度,而且随地形高度和开阔度而变化,低纬度比高纬度、平地比丘陵山地辐射多,夏季比冬季辐射强。7 月份辐射能 78.71 J·cm^{-2}时,比茶树的饱和点(150 J·cm^{-2})低得多,不会成为茶树生长的逆境。该县茶园大部分在海拔 300 米以下的低丘陵地带,茶叶的产量较高。

(三)建阳

建阳属中亚热带季风气候,四季分明,雨量充沛,雨热同期,夏无酷暑,冬无严寒。白茶主产区为漳墩乡。全市年平均气温 18.1 ℃,极端最高气温 41.3 ℃;极端最低气温 −8.7 ℃。日平均气温稳定通过 10 ℃为 3 月 12 日,20 ℃终日为 10 月 7 日,活动积温 4 400 ℃,持续 210 d,年平均有效积温 2 553 ℃。无霜期 280 d。年平均日照总时数 1 802.7 h,7 月最多,达 250 h,2 月最少,87.7 h,4～10 月达 1 251 h,占全年的 69.4%,最有利于农作物的生长。太阳总辐射量 320.7～426.18 kJ·cm^{-2}之间。一年中以 7 月最多,2 月最少。年平均降雨量 1 742 mm,黄坑乡的年降水 2 400 mm 以上,小湖、水吉等乡的年降水 1 650 mm。春雨 3～4 月平均降水 455 mm;梅雨 5～6 月平均降水 667 mm,秋冬 10～2 月平均降水 350～450 mm,7～9 月平均降雨量 340 mm。同时气候四季分明,热盛于寒,冬长于春,全年雾日平均 107 d,多集中于 10 月到次年 1 月,每月平均 10 d。

(四)福鼎

福鼎属中亚热带海洋季风气候,气候温和,物产丰富,一年四季常青,夏无酷暑,冬无严寒,年平均气温 19.5 ℃,年降雨量 1 312.5 mm。白茶产区主要在白琳、秦屿、广阳、贯岭等乡镇。

三、白茶产地的土壤环境

(一)松溪、政和

松溪、政和大部分为山区丘陵地带,地势北高南低,海拔多在 400～1 000 m。仙霞岭山脉延伸入松、政两县,最高峰达 1 300 余米。松、政东北部茶区为红壤类土壤,中等坡度的丘陵地多属红壤、幼红壤。丘陵或山坡下端多为灰化红壤。土层深厚达 100～150 cm,质地多为壤黏土、黏壤土及砂壤土。孔隙度 50% 以上。酸碱度 5～6。有机质含量中等。肥沃度表面底层较一致,茶根深入底层。西北部山岭地区多属黄壤类土壤,土层深厚在 100 cm 左右,质地大多与红壤相似而且比较疏松,孔隙度表层在 53% 以上,底层 50% 以下。酸碱度 5.5～6.4。肥沃度表层较肥。由于土壤发育及人为耕作影响,形成有黄壤、灰化黄壤等,其中灰化黄壤土层深达 150 cm,有机质丰富。具体白茶茶园土壤检测结果如表 2-6。

表 2-6　松溪、政和白茶茶园土壤检测结果

土样名称	全氮 (g/kg)	全磷 (g/kg)	全钾 (g/kg)	速效氮 (mg/kg)	速效磷 (mg/kg)	速效钾 (mg/kg)	有机质 (g/kg)	交换性镁 (mg/kg)	交换性钙 (mg/kg)	有效锌 (mg/kg)	CEC (mol/kg)	pH
政和稻香赤岭	1.926	0.555	4.577	101.73	6.58	124.53	20.883	0.55	8.18	1.41	8.159	4.83
政和稻香后门山	1.738	1.059	5.557	108.99	13.52	99.78	22.981	0.65	6.29	3.54	10.351	4.14
政和东平岭头	1.759	0.430	6.961	138.91	28.13	149.58	28.804	未检出	未检出	1.48	11.978	4.41
松溪郑墩阳源	1.544	0.433	6.897	82.15	12.28	149.31	19.704	2.98	69.38	1.48	11.163	6.08
松溪茶平刘屯	1.355	0.298	5.724	69.33	5.60	99.68	14.768	未检出	未检出	0.92	9.671	4.43

（二）建阳

建阳境内多丘陵,平地少。水吉茶区土壤以红壤及灰化红壤占主要部分,分布于北部樟墩及濠村之东,南部岩叉山西麓。红壤呈色暗红棕至红棕,质地为黏壤土至壤黏土。土层较结实,一般皆在 5 cm 左右之灰暗色表土,腐殖质含量尚丰。本区大部分红壤组织疏松。由于结持力松散及呈色暗红之性质,推知黏土部分含铁颇丰。质地虽黏重,亦具良好的渗透性,排水甚佳。土层多深达 1 m 以上。酸碱度多在 5.0～5.5。本区之灰化红壤,呈色暗红棕与浅橙棕,结持力松软。水吉南部之小湖、大湖及城北之清潭、玉瑶等地之冲积土,质地轻松,底层结持力坚紧,而排水颇佳。酸碱度在 5.6～6.2。具体白茶茶园土壤检测结果如表 2-7。

表 2-7　建阳白茶茶园土壤检测结果

土样名称	全氮 (g/kg)	全磷 (g/kg)	全钾 (g/kg)	速效氮 (mg/kg)	速效磷 (mg/kg)	速效钾 (mg/kg)	有机质 (g/kg)	交换性镁 (mg/kg)	交换性钙 (mg/kg)	有效锌 mg/kg	CEC (mol/kg)	pH
建阳漳墩徐墩	1.090	0.174	17.067	237.26	8.12	99.42	9.608	1.19	未检出	2.06	5.929	4.40
建阳漳墩西洋	1.374	0.296	10.281	157.80	5.93	73.86	13.742	未检出	未检出	1.60	10.837	4.65

（三）福鼎

福鼎地势是西北高,东南低,除滨海一带有少数的低山、平地外,大多海拔在 500～800 m,乃至 1 000 m 以上。太姥山即分布于境内东北部。

茶区土壤有红壤、黄壤、紫色土、冲积土等。

(1)红壤:分布在前岐及王家洋附近,大多是玄武岩风化而成。少部分分布在翠郊、黄岗的多为花岗岩风化而成。翠郊的红壤,据调查分析,其剖面性状:0～15 cm 的质地为黏壤土,16～75 cm 为壤黏土。有机质含量在 1.41%～2.28%,全氮在 0.057%～0.077%。速效

氮 1.0～2.5 mg/kg,磷 0.5 mg/kg,钾 10～15 mg/kg,钙 50 mg/kg。酸碱度 5.3～6.3,空隙度 53％～54％。分布在白琳一带的为幼红壤,地面倾斜较大,且经耕植,侵蚀作用强烈。其剖面性状:0～30 cm 为金黄棕色黏土,亦显红色,呈团粒构造,组织松散,酸碱度 4.5。30～100 cm 红色较重,组织亦属致密。

(2)黄壤:分布于太姥山周围之坡间者,多为花岗岩、紫色砂岩风化而成的。海拔在500 m以上,倾斜度不大,且有稠密之植被,故侵蚀作用不甚强烈。剖面厚度较大,土质为黏壤土,组织松散,孔隙量大,酸碱度 4～4.5。大部分分布于翠郊、黄岗,一般为花岗岩、花岗斑岩和辉绿岩风化而成的。据黄岗大湾头的黄壤分析,土层厚度达 150 cm,质地为壤黏土,有机质含量 1.58％～2.33％,全氮 0.08％～0.093％,速效性氮 1.0～2.5 mg/kg,磷 0.5～1.0 mg/kg,钾10～15 mg/kg,钙 50 mg/kg。酸碱度 5.0～5.5,孔隙度 54.79％～61.65％。

(3)紫色土:分布在黄岗和翠郊两乡,其母质为紫色砂页岩。土层达 120 cm,质地为黏壤土,有机质 0.98％～2.08％。酸碱度 4.7～5.0,空隙度 51.96％～56.2％。

(4)冲积土:分布不广,低山茶园属之,土层厚度达 100 cm 以上,质地表层多为砂壤土,底层多为黏壤土,有机质 0.99％～1.68％,酸碱度 5.9～6.0,孔隙度 43％左右。白茶茶园土壤检测结果如表 2-8、表 2-9。

表 2-8　福鼎白琳白茶茶园土壤检测结果

土样名称	全氮 (g/kg)	全磷 (g/kg)	全钾 (g/kg)	速效氮 (mg/kg)	速效磷 (mg/kg)	速效钾 (mg/kg)	有机质 (g/kg)	交换性镁 (mg/kg)	交换性钙 (mg/kg)	有效锌 (mg/kg)	CEC (mol/kg)	pH
福鼎白琳棠园	0.836	0.176	14.837	48.59	6.14	149.73	3.357	未检出	未检出	0.74	6.205	5.02

表 2-9　福鼎品品香茶业有限公司白茶茶园土壤检测结果

检测项目	检测值	
	福鼎贯岭品品香西山基地	福鼎贯岭品品香文洋基地
有机质(g/kg)	14.1	12.7
水解性氮(N)(mg/kg)	66	64
有效磷(P)(mg/kg)	<0.01	<0.0.1
速效钾(K)(mg/kg)	61	51
有效硫(SO_4^{2-})(mg/kg)	133.24	120.12
有效锌(Zn)(mg/kg)	0.05	0.13
水溶性硼(B)(mg/kg)	0.12	0.13
有效钼(Mo)(mg/kg)	0.32	0.38
pH	4.4	4.8
氯离子(Cl^-)(g/kg)	0.081	0.045
砷(As)(mg/kg)	6.76	14.14
汞(Hg)(mg/kg)	0.06	0.09
铅(Pb)(mg/kg)	3.95	8.68
镉(Cd)(mg/kg)	0.13	0.01
铬(Cr)(mg/kg)	5.72	20.08

（四）福建农林大学茶学教学基地南区茶园

为玄武岩风化而成的红壤,其养分测定结果如表 2-10。

表 2-10　福建农林大学茶学科教基地茶园土壤养分检测结果

处理编号	取样深度 (cm)	有机质 (g/kg)	全氮 (g/kg)	全磷 (g/kg)	全钾 (g/kg)	速效氮 (mg/kg)	速效磷 (mg/kg)	速效钾 (mg/kg)	缓效钾 (mg/kg)	pH
1	0～25	22.062	1.156	0.385	33.952	82.900	48.876	328.460	696.131	3.91
2	0～25	18.505	1.832	0.417	31.142	159.945	42.904	244.378	488.755	3.70
3	0～25	26.268	2.466	0.257	30.685	234.858	57.074	155.783	263.044	3.55
4	0～25	21.391	1.927	0.325	32.303	172.67	40.16	209.65	521.37	3.58

第四节　白茶茶树的繁育与种植

一、白茶茶树的繁育

现在白茶品种都是采用短穗扦插法繁殖。其他茶树繁殖方法如茶籽育苗、扦插育苗、压条法和分蔸法等已极少应用。短穗扦插每公顷苗圃可育苗 150 万～250 万株,繁殖系数为 50～250,成活率可达 80％以上。一丛茶树多的可取插穗 1 000 个以上,每千克枝条一般可剪 300～400 个插穗,正常龄且生长势旺的茶园作取穗园时,取穗园与苗圃的比值约为 1∶1.0～1.5。

选用幼年或青壮茶树的当年生成熟枝,特别是腋芽已经膨大的有利于提高扦插成活率。

扦插后,要及时遮阳,保持 70％左右的遮光度。头两个月内的苗圃管理是短穗扦插成败或成苗率高低的关键,其管理的中心任务是保湿防暴晒。除雨天外,一般每天应对畦面浇洒水 1～2 次,阴天 1 次,晴天早晚各 1 次,以保持畦面润湿(田间持水量为 80％～90％)为原则。若采用塑料薄膜覆盖,则 1 周左右浇水 1 次。生根(夏插后 30～40 d 开始发根,春插后 50～60 d 开始发根)后,改为 1 d 或隔日灌水 1 次。天晴时可每隔 1 d 受光 1～2 h,阴雨天和夜晚,宜全部揭开,接受雨露滋润。两三个月后,即插穗发根成活后,则是通过肥、水、保、耕等栽培管理综合措施,促使茶苗健壮生长,及早达到出圃标准。

二、种植

传统白茶区以晚秋(11 月)和早春(2 月中旬到 3 月上旬)为适期。种植方式以条列式为主,实行开沟种植。每亩种植茶苗 4 000～6 000 株。茶苗应尽可能多带宿土,未带土的茶苗(尤其 3 年生以上的大苗)栽植前最好用浓泥浆水沾根。长途调运茶苗,在途两天以上的必须包装,泥浆蘸根,保持根部湿润,最好用竹篓或篾篮等装载,以防因挤压、不透气和升温等而伤苗。栽植茶苗应使根系在土中保持舒展态,边覆土边紧土,最后填土至根茎部(大致原苗圃入土位置)以上 5～10 cm 处。紧土以中度着力(10～15 kg)拔不出茶苗为度。茶苗栽后应及时浇足安蔸水,以后视天气状况,在 1 个月内再浇两三次水即可。

三、茶园施肥

(一)茶树的营养需求

在茶树各组织中,目前已发现的化学元素有 30 多种。茶叶中无机化学元素含量见表 2-11。

表 2-11　茶叶中的矿质元素含量(%)

元素	含量	元素	含量
氮(N)	3.5～5.8	铝(Al)	0.02～0.15
磷(P_2O_5)	0.4～0.9	氟(F)	0.002～0.025
钾(K_2O)	1.5～2.5	锌(Zn)	0.002～0.006 5
钙(CaO)	0.2～0.8	铜(Cu)	0.001 5～0.003 0
镁(MgO)	0.2～0.5	钼(Mo)	0.000 4～0.000 7
钠(Na)	0.05～0.2	硼(B)	0.000 8～0.001 0
氯(Cl)	0.2～0.6	镍(Ni)	0.000 03～0.000 3
锰(MnO)	0.05～0.3	铬(Cr)	0.000 2～0.000 3
铁(Fe_2O_3)	0.01～0.03	铅(Pb)	0.000 4～0.000 7
硫(SO_4^{2-})	0.6～1.2	镉(Cd)	0.000 15～0.000 2

茶树叶片中含氮 3%～6%,春茶中含氮较多,一般在 5% 以上,夏、秋茶较少,约 4% 左右,全株平均含量为 2% 左右,成叶中含氮低于 2%～3%,春茶一芽二叶中含氮低于 4.5%,均表明茶树可能缺氮。茶树叶片中含磷(P_2O_5)约 0.32%,一般芽叶中 0.5%～1.5%,根系中 0.4%～0.8%,老叶或夏、秋茶第 3 叶含量低于 0.5%,均表明茶树可能缺磷。茶树中钾素含量平均为干物质的 0.5%～3.0%(按 K_2O 计)。茶一芽二叶中钾(K_2O)含量低于 2.0%,灰分中含量低于 10%,表明可能缺钾。在正常情况下,每增施 1 kg 纯氮可增加干茶 4.5～12.0 kg。但这种增产效应受多种因素制约,如三要素配合是否恰当,气候与土壤是否适宜,施肥水平与施用方法、品种的耐肥性、茶树长势长相,以及其他栽培管理措施的执行情况等。在磷、钾肥等供应正常的情况下,随着施氮量提高,水浸出物、茶多酚和咖啡碱的含量也相应增加,但当施氮超过 300 kg/ha 时,含量则随氮素增加而下降。一般地说,氮素营养水平较高时茶树营养生长较旺,鲜叶原料持嫩性好,含氮化合物较多,制作的白茶品质较好。

(二)茶园施肥技术

常用的有机肥有人粪尿、厩肥、饼肥、堆肥、绿肥等。常用的无机肥料有硫酸铵、硝酸铵、碳酸氢铵、尿素等氮素化肥,过磷酸钙、磷矿粉、骨粉等磷素肥料,硫酸钾和氯化钾(茶树为忌氯作物,每亩氯化钾施用量不宜超过 12.5 kg)等钾素肥料。另有茶园专用复合肥或复混肥的效果也不错。

茶树喜爱吸收铵态氮(占全氮素吸收量的 70%～80%),尿素、硫酸铵和碳酸氢铵是最适合的氮素化肥。茶树是叶用作物,应适当加大氮肥的使用比例。土壤有机质含量低、结构性差的土壤应多施农家有机肥。pH 值偏高的土壤宜多施酸性肥料或生理酸性肥料,如硫酸铵、过磷酸钙;反之 pH 值过低的土壤可酌情施碱性肥或中性肥,如石灰质肥料、钙镁磷肥和石灰氮等。

施肥量的确定应依茶树树龄或茶园产量水平而定。1～2 龄茶树,年生长量小,消耗养分也少,故用肥量不必多,但随着树龄的增长应相应地提高其用肥水平。成龄茶园则可根据茶树对肥分的吸收利用率和产量水平来定施用量。茶树对氮素肥料的有效利用率一般为25％～40％。如前所述,每产 1 000 kg 茶叶就要带走 50～60 kg 纯氮,实际上应施氮素125～200 kg。产量越高施氮肥越要多;但在单位土地面积上并非氮肥越多产量越高。据长江中下游广大产茶省区的氮肥用量试验:在生产潜力大的茶园,纯氮用量超过 600 kg/ha时,产量不再增加,适宜用量是 225～300 kg/ha;在生产潜力中等水平的茶园,纯氮用量超过 400～450 kg/ha 时,产量不再增加;在生产潜力低的茶园,纯氮用量增加到 225～300 kg/ha时,产量不再增加。

选择适宜的时间施肥。一般地说,追肥应在各季茶开始萌发生长之时进行,肥效较慢的应适当早施,肥效较快的适当迟施。硫酸铵和碳酸氢铵的肥效快,宜在茶芽萌展到一芽一叶时施;尿素肥效稍慢,施入土壤后要 15 d 左右才能被茶树根系吸收利用,宜在大量芽叶处于鱼叶展到一芽一叶展时施;人畜粪尿一般在茶芽尚未大量萌发时就应施入茶园土壤;饼肥、堆肥等缓效肥料,大多作基肥,在中秋之时或稍后施;根外追肥,则在一芽一叶至一芽三叶期间进行为适宜。基肥虽然在 11～12 月均可施,但以早施效果更佳。

常用的施肥方法有如下几种。

1.穴施

3 龄前茶树根系分布范围还很小,可于茶蔸侧 15～20 cm 处开穴施,一般追肥穴深10 cm左右,基肥穴深 20～30 cm,将肥料均匀撒入穴中,然后覆土。

2.深沟施

绿肥与多种农家肥料,体积较大,宜开深沟施,其做法是,在茶行树冠冠缘垂直投影处(未封行的茶园)或行间中线处(封行的茶园)开深 20～30 cm 的沟。施后覆土。

3.浅沟施

体积较小,数量不多的农家液肥(如腐熟人粪尿)和各种速效化肥,均宜浅沟施,开沟的位置比深沟可更靠近茶蔸一些,以便茶树根系吸收利用更快些,但以少伤吸收根群为原则。一般开沟深度 10～15 cm,随施随盖土。但施水肥时,应待沟底已无明显残水时再覆土。

4.根外施肥

根外施肥又称叶面施肥,为提高根外施肥的效果,必须注意:一是喷施以晴天早晨或傍晚和阴天为宜;二是喷施浓度:尿素 0.5％,硫铵 1％,过磷酸钙 1％,硫酸钾 0.5％～1％,硫酸镁 0.01％～0.05％,磷酸二氢钾 0.1％,硫酸锰 50～200 mg/kg。硼砂、硼酸、硫酸锌和硫酸铜均为 50～100 mg/kg,钼酸铵 20～50 mg/kg;三是喷施部位,叶背叶面均应喷透,以提高吸收利用量。

另外,在已封行的茶园不便开施肥沟时,可于雨前或土壤比较湿润时将易溶于水且不易挥发溢失的速效化肥撒施地面。如遇密植园,肥料只能撒于冠面时,撒后应立即将肥料从嫩叶和芽梢上拌落于地面,以免产生肥害。

四、茶园耕作

白茶茶园的耕作主要有浅耕、深耕、深翻改土三种。

1.浅耕

以除草为主要目的浅耕应在杂草大量繁衍的前期或杂草种子成熟之前进行。由于杂草繁衍快,尤其是某些劣根性杂草(如白茅、狗芽根、蕨类等)多的茶园,因此浅耕削草的次数应适当增加。茶园浅耕最好能辅助以铺草覆盖。

2.深耕

深耕一般以 10 月至 11 月中为宜,约 20～25 cm 深。秋冬深耕最好结合施基肥,以便土肥相融,加大肥效。但秋冬深耕切忌太迟,秋茶封园后即可进行,否则会不利于茶树越冬。秋冬深耕不一定每年进行。凡茶树长势好,覆盖度高的丰产茶园,可隔年或隔 2～3 年进行一次深耕,或相邻茶行隔年交替进行深耕,以减少深耕对同一蔸茶树根系的破坏。

3.深翻改土

深翻改土也是深耕的一种形式。方法是在茶季结束后,在茶行间开宽约 80 cm(当行距为 150～220 cm 时),深约 50 cm 的深沟,如下方有硬盘层的,沟深以破坏硬盘层为度。翻出的表土和底土宜分别堆放,先将表土回沟,接着施入大量的有机肥料,如土杂肥、垃圾、青草、绿肥、糠壳等,每公顷约 75～100 t,并拌和磷、钾肥适量(0.4～0.5 t/ha),最后盖上开沟时翻出的底土。为了避免过分操作根系,深翻更宜隔行进行。深翻改土最好配合修剪改树的工作,以提高改造的效果。

五、茶园水分管理

水分是限制白茶产量与质量的最重要因素之一。茶树生长适宜的环境水分指标是土壤含水量为田间最大持水量(或持水当量)的 60％～90％,空气相对湿度 70％～90％,最适指标则两者均为 75％左右。据研究每生产 1 kg 鲜叶,茶树耗水 1 000～1 270 kg。在茶树枝叶完全覆盖地面的情况下,晴朗的夏秋日里每天蒸腾失水为水深 4～10 mm,8 月平均日耗水 6～7 mm。

茶园保水工作可归纳为两个方面:一是增大茶园土壤蓄纳雨水能力。在坡地建茶园,应注意园地土壤的选择,即茶园应建在坡度不大,土层深厚,保蓄水能力较强的粘砂比适度的壤土上,这是扩大茶园保蓄水能力的前提条件之一。种前深垦和种后必要的深耕以及增施有机肥等,能使茶园土壤有效土层松厚,结构性良好,是扩大茶园土壤保蓄水能力的积极有效措施。健全保蓄水工程设施,如坡地茶园上方的截洪沟(或称隔离沟)、园内竹节式横水沟、坡面浅凹处、沟头上方和茶园园块间的蓄水池、侵蚀沟的小坝以及水土保持林等;二是尽可能降低土壤水的散失量:如行间铺草、合理布置种植行、合理间作、耕锄保水、造林保水、抗蒸腾剂使用等。

茶园灌溉既增产又提质,常用的有浇灌、流灌、喷流三种方式,还有少量采用的滴灌、渗灌式。①浇灌是一种最节约用水的方式,适应 1～2 龄的幼茶和无其他灌溉条件的茶园。②流灌系统的建设投资比喷灌和滴灌小,一次灌溉解决旱象彻底,但水的利用系数低,对地形要求严格,在坡地还容易带来冲刷泥土的后果。③喷灌的节水性比流灌好,对地形要求不及流灌严格,在灌溉土壤的同时,还能起着对茶园上空大气降温增湿的作用,且给水周期短,灌水量容易控制,从而使土壤水经常处于比较适宜的范围,但投资大,建材较多,在有风的条件下容易发生灌溉不均的现象。④滴灌,是利用一套低压管道系统,把经过过滤的水送到园内滴头,形成水滴,均匀地滴入茶树根际土壤,它具有明显的增产、节水效果,但需管材质量高而多,田间管理工作因管道多而不便。⑤渗灌是将管道埋于茶园土壤中,通过管道滴(吐)水,使水分均匀地分布于一定的土层范围内,以满足茶树对水分的需要,还可以利用来施液肥,不存在任何水土流失问题,但要求管材更严格,投资更大。

茶园喷灌可提高茶树鲜叶产量与质量,二年生茶树鲜叶平均产量 108.3 kg,比对照提高了 22%;夏、秋茶鲜叶质量约提高 1 个等级,但春茶影响不大(表 2-12)。

表 2-12　喷灌对茶树鲜叶质量的影响

茶季	处理	茶多酚 (%)	氨基酸 (%)	咖啡碱 (%)	水浸出物 (%)	可溶性总糖 (%)	儿茶素总量 (mg/g)
春茶	喷灌	28.20	4.30	4.20	41.00	4.52	109.31
	CK	28.30	4.30	4.40	41.70	4.60	110.74
夏茶	喷灌	30.60	4.10	3.80	38.90	5.55	130.08
	CK	32.50%	3.30%	3.30	37.10	5.65	137.14
秋茶	喷灌	30.20	3.40	3.78	37.45	5.70	143.01
	CK	32.45	2.70	3.40	34.40	6.14	141.84

备注:福鼎大毫品种,按一芽二叶标准采摘,热风固样。CK 表示对照组。

理想的茶园管水目标是:有水能蓄,多水能排,缺水能及时补给,使茶园土壤水分经常保持在适于茶树生长的范围。

六、茶树修剪

茶树修剪,主要有定型修剪、整形修剪和更新修剪,这三种类型修剪方式在栽培茶树一生中的有机配合,交替使用,便构成了茶树的修剪制度。

(一)定型修剪

定型修剪是对尚未定型投产的幼龄茶树的修剪,也包括台刈或重剪更新后 2～3 年内茶树的修剪。对幼龄茶树的定型修剪,其具体做法是:当茶树 2 年生且苗高 30 cm 以上,主干粗 3 mm(直径)以上时,作第一次定型修剪,在离地面 12～15 cm 处剪去主枝上段,但不剪主枝剪口以下的分枝。至 3 年生时进行第二次定型修剪,剪口比第 1 次提高 15～20 cm,至 4 年生时进行第 3 次定型修剪,比第二次亦提高 15～20 cm。第一次与第 2 次用枝剪,尤其是第 2 次应因枝制宜,掌握"压强扶弱,抑中促侧"的原则,以充分发挥修剪对枝系的调控作用,打下骨干枝基础。第三次定型修剪,一般修剪成水平形。以后的修剪则以相应茶园的目标冠面形状为准。更新修剪后的茶树的第一、二次修剪亦称定型修剪。重修剪的当年秋末冬初或翌年早春比重修剪高度提高 10～15 cm 平剪定型,第 2 年可打顶养蓬 3～4 次。第 3 年早春再提高 10～15 cm 平剪定型一次,严格执行以留新叶为主的采摘。台刈的当年秋可适当打顶采一次,翌年春离地面 25～30 cm 进行第一次定型修剪,并适当疏去细瘦枝,以后再行二次定形修剪,并注意第二年打顶养蓬采摘 2～3 次,第三年严格执行留新叶采摘。

（二）整形修剪

依其修剪程度,有浅修剪（又称轻修剪）与深修剪之别。浅修剪的作用侧重于解除顶芽对侧芽的抑制,刺激茶芽萌发,使树冠面整齐、调节新梢数量和粗度,便于采摘和管理。浅修剪的修剪高度是在上次剪口上提高 3～5 cm,气候温和、肥水条件好、生长量大的茶树剪得稍重,反之要轻。浅修剪一般一年进行一次,手采茶园有时也可隔年一次。轻修剪常用篱剪（又称水平剪）进行,轻修剪多在早春或初夏进行,但应避开旱热季节和特别严寒的月份。

深修剪的作用偏重于控制树高,消除鸡爪枝,部分复壮生产枝的育芽能力,是一种轻度改造树冠的措施。一般剪去树冠绿叶层的 1/2～2/3,约为 15～25 cm,目标是剪去鸡爪枝、细弱枝群。深修剪一般每隔 4～5 年或 3～5 次浅修剪进行一次。两者配合形成成龄茶园的整形修剪制度。深修剪在一年中最好在早春（中/2～上/3）进行,因为这样培养的新生生产枝更粗壮,但为照顾当年春茶产量,在肥水条件较好时,亦可移到春茶结束时（上/5）进行。深修剪宜用篱剪或相应的修剪机来执行。

（三）更新修剪

更新修剪有重修剪、台刈两种。重修剪适于一、二级骨干枝上寄生物少、尚健壮,树龄 10～20 年左右的未老先衰茶树,普通深修剪难以复壮树势到应有水平的茶树。重修剪常用的修剪深度是剪去树高的 1/2 或略多一些,留下 30～45 cm 的枝墩。同时对茶丛中某些个别太衰退或病虫害太严重的枝条,宜用抽刈的方法,离地 10～15 cm 剪（或砍）去。重修剪时,对茶丛下部乃至根茎部早已萌生的徒长枝应严加保护,以加速地上部的复壮。就是对待非骨干枝的部分较瘦弱的绿色老枝,也应视情况（重剪后所余绿色面积的大小）而适当保留,以维持重修剪后茶丛的一定水平的光合同化能力和水分代谢速率,从而增进重修剪更新的效果。在正常培育管理条件下,重修剪一般 8～10 年进行一次较为合理。修剪方法的差异直接影响茶树的生长,表 2-13。

表 2-13　修剪方法对福鼎大毫芽叶生长的影响茶树的分枝调查

处理	芽头萌动比例	百芽重(g)	发芽密度(个/dm²)
重修剪＋秋季封园后轻修剪	26％	11.9	87
重修剪＋封园后不修剪	31％	10.4	95
未重修剪改造茶园	32％	9.7	101

备注:芽头萌动调查时间为 2005 年 3 月 6 日。

台刈是一种彻底改造茶树树冠的措施,它适于骨干枝基本衰退、枝干上寄生物多、重修剪已难以奏效的茶树。一般树龄较大、主干很粗的茶树宜采取台刈法。台刈一般采取离地面 5～10 cm 处剪去全部枝干,同时亦应注意保护已萌生的枝条。刈时切口应平滑、倾斜,应用锋利的弯刀斜劈或拉削,避免树桩破裂。在正常的培养管理条件下,台刈更新的周期与重修剪的周期相似,即 10 年左右一次。台刈和重修剪的最佳时间是春茶前,其次是春茶后。

修剪效应的良好发挥有赖于其他栽培措施的配合。首先,改树必须与改土增肥相结合。修剪茶树必须加强肥培管理,剪位越深,施肥量应越高。土层浅薄的,还应进行行间深翻,以扩展根系活动的空间。其次,与合理采摘相结合。修剪虽有复壮生机的作用,但必须加以维护。否则复壮了的生机很快又会衰减。维护措施,除肥培工作外就是茶叶采摘必须合理,浅修剪后的第一个茶季,深修剪后的第一年必须实行留真叶采,重修剪和台刈后的第一年,只能停采养树,或视情况打顶养蓬1～2次,第二年需严格贯彻留真叶采,或仅打顶养蓬3～4次,第三年仍须贯彻以留真叶采为主,留真叶与留鱼叶相结合。其三,与病虫防治等相结合。许多生产茶园树势差,产量低,除了肥培水平低、采摘不合理外,病虫害为害严重也是一个不容忽视的因素。不仅在修剪改树的同时应配合贯彻得力的防治措施,如药杀或刮除枝干寄生物,剪去病虫枝叶并搬出园外加以妥善处理,还必须密切监视修剪后园内病虫动态,及时治理。

七、茶树病虫害防治

白茶茶园常见的害虫有小绿叶蝉、茶毛虫、茶尺蠖、油桐尺蠖、茶丽纹象甲、橘灰象甲、茶蓑蛾、褐蓑蛾、白囊蓑蛾、茶刺蛾、丽绿刺蛾、扁刺蛾、小卷叶蛾、后黄卷叶蛾、茶蚜、黑刺粉虱、椰圆蚧、长白蚧、蛇眼蚧、茶梨蚧、红蜡蚧、角蜡蚧、茶天牛、茶红颈天牛、蛀梗虫、茶橙瘿螨、叶瘿螨、短须螨和铜绿金龟等。病害主要炭疽病、叶枯病、根腐病等。有关防治方法的书籍很多,因此不做详细介绍。

本章参考文献

[1]刘富知.茶作学[M].海口:海南出版社,1993.

[2]张天福.福建白茶的调查研究[J].茶叶通讯,1963(1):43-50.

[3]童启庆.茶树栽培学[M].3版.北京:中国农业出版社,2007.

[4]俞永明,杨亚军,虞富莲.茶树良种[M].北京:金盾出版社,1996.

[5]福建省农业科学院茶叶研究所.茶树品种志[M].福州:福建人民出版社,1980.

[6]农业部农业司,中国农业科学院茶叶研究所.中国茶树优良品种集[M].上海:上海科学技术出版社,1990.

[7]浙江农业大学.茶树栽培学[M].2版.北京:农业出版社,1979.

[8]中国农业科学院茶叶研究所.中国茶树栽培学[M].上海:上海科学技术出版社,1986.

[9]陈乐生."福安大白茶"的性状及其栽培、采制技术[J].茶业通报,1994,16(4):25-26.

[10]夏品恭.福鼎大白茶[J].福建茶叶,1982(2):34.

[11]夏品恭.歌乐茶及其栽培利用[J].福建茶叶,1992(3):37-38.

[12]王功有.政和大白茶的合理采摘[J].福建茶叶,1988(2):39-40,28.

[13]谭永济.三倍体茶树良种:福建水仙[J].作物品种资源,1987(2):48.

[14]谭永济.福鼎大毫茶:三倍体茶树良种[J].中国茶叶,1987(5):48.

[15]福建省质量技术监督局.白茶标准综合体:DB35/T 152.1～17-2001—200/[S].2001.

[16]范金帅.政和东平白茶生态茶园建设思考[J].茶叶科学技术,2005(3):20-21.

第三章 白茶采摘与鲜叶

第一节 白茶采摘

一、采摘标准

我国白茶类丰富多彩,品质特征各具风格,对鲜叶采摘标准的要求各异,总括起来,可分为五种情况。

（一）白毫银针的采摘

福鼎大毫、政和大白、福安大白、福云6号皆可采制白毫银针。采制银针以春茶的头轮品质最佳,其顶芽肥壮,毫心特大。到三、四轮后多系侧芽,芽较小,到夏、秋茶芽更瘦小,难制高级茶。同时采摘银针要选择晴天,尤以北风天最佳,以晴天、气温高、湿度低,茶青容易干燥,可以制出芽白,梗绿的上等银针。南风天较次,因太阳虽大,气温虽高,但湿度较大,茶青干燥较慢,容易变成芽绿、梗黑的次等银针。雨天和大雾天均不宜采制。采时只在新梢上采下肥壮的单芽,这样采摘的单芽肥壮重实,质量上乘。有的采下一芽一二叶,采回后再行"抽针"。即以左手拇指和食指轻捏茶身,用右手拇指和食指把叶片向后拗断剥下,把芽与叶分开,芽制银针,叶拼入白牡丹原料或作为制红、绿茶原料。一芽一叶大白茶可以抽针 60%～63%,即一般每斤一芽一叶的茶青可以摘下茶芽(连短梗)约4两,单叶6两(1斤=500 g=10两)。每7斤茶青约可晒制1斤银针成茶。如果采摘不及时,采一芽二三叶的茶青,则芽小、梗长,剥叶后须将过长的梗再行摘除,这样每斤茶青约可摘下芽与叶各半斤。抽针法采摘的银针虽然外观粗大,但欠重实。

（二）高级白牡丹的采摘

对鲜叶原料的要求十分严格,一般是采茶芽和一芽一叶初展以及一芽二叶初展的细嫩芽叶。要求采得早,采得嫩,一般在清明前后开采。这类采摘标准要求高、季节性强、花工多、产量低。随着人们生活水平的提高,高档白茶的需求量在不断增加,在这种形势下更要求人们严格把握好采摘关,不断改善品质,提高市场竞争力。

(三)普通白牡丹的采摘标准

要求鲜叶原料嫩度适中,一般以采一芽二叶为主,兼采一芽三叶和幼嫩的对夹叶。这种采摘标准兼顾了茶叶产量和茶叶品质,经济效益高。如过于细嫩茶,品质虽有提高,但产量则相对地降低,采工的劳动效率也不高。但如采得太粗老,虽然产量高,但芽叶有效的化学成分显著减少,成茶的色、香、味、形均受影响。

(四)新工艺白茶的采摘标准

新工艺白茶原料的采摘标准为一芽二、三叶,驻芽二、三叶,单片等。

(五)白茶片的采摘标准

由于国内外一些单位需要白茶碎片作为生产原料,因此其品质要求独特的香气和滋味,可用二、三春的一芽三、四叶作为加工的原料,甚至是秋茶修剪下的老叶。

二、白茶采摘技术

(一)徒手采茶

徒手采茶是我国传统的采摘方法,也是目前生产上应用最普遍的采摘法。其优点是采摘精细,批次较多,采期较长,易于按标准采,芽叶质量好,茶树生长较旺,特别适合高级白毫银针的采摘。但徒手采摘费工多,工效低。

依茶树新梢被采摘的强度,徒手采茶可分为打顶采摘法,留真叶采摘法和留鱼叶采摘法三种。

打顶采摘法:又称打顶养蓬采摘法,最适合采摘高档白毫银针。适用于二、三龄的茶树和更新改造后一、二年生长的茶树,是一种以养为主的采摘方法,有利于茶树树冠的培养。具体方法是:待新梢长至一芽五六叶,或在新梢将要停止生长时,实行采高蓄低,采顶留侧,摘去顶端一芽二三叶,留下新梢基部三四片真叶,以进一步促进分枝,扩展树冠。

留真叶采摘法:这是一种采养结合的采摘方法。具体方法为:新梢长至一芽三四叶时,采下一芽二三叶,留下真叶不采。对于树龄较大,树势较差的茶园多采用此方法。

留鱼叶采摘法:这是一种采养结合的采摘方法,也是成年投产茶园的基本采法,适合名优茶和大宗红、绿茶的采摘。具体方法为:新梢长至一芽一二叶或一芽二三叶时,以采一芽一叶或一芽二叶为主,兼采一芽三叶,留下鱼叶不采。

至于采茶手法,因手指的动作、手掌的朝向和手指对新梢着力的不同,采摘方式有折采、捋采、扭采、抓采、提手采、双手采等之分,折采、提手采和双手采是较为合理的徒手采茶方式。

折采:又称捏采,是细嫩名优茶采摘所应用的方法。具体方法是:左手按住枝条,用右手的食指和拇指夹住细嫩新梢的芽尖和一二片嫩叶,轻轻地用力折断嫩茎,切忌用指甲掐断。凡是打顶采,撩头采都采用此法。此法采量少,工效低。

提手采:为徒手采茶中最普遍的方式。现在大部分茶区的红绿茶原料的采摘,都是采用这种方法。具体做法是:掌心向下或向上,用拇指、食指配合中指夹住新梢所要采的节间部位向上着力采下。

双手采:两手掌靠近于采摘面上,运用提手采法,两手相互配合,交替进行,把合乎标准的芽叶采下。有的用左手集拢采面上的3～4个新梢,纳入右手掌握的手指,用力向上一提,便可将所采芽叶采下落于手中。双手采是徒手采摘中效率最高的一种采法。

(二)机械采茶

机采效益主要体现在劳动生产率、作业质量和经济效益的提高及茶叶产量与品质的改善等几方面,尤其是生产低档白茶,机采可以极大地提高效率、降低成本。用作白茶原料的开采期,按标准芽叶(一芽二三叶和同等嫩度的对夹叶)所占的比例作为指标,春茶达80%、夏茶达60%时开采较为适宜。

目前在我国推广使用的采茶机械多由日本生产,主要品牌有川崎、洛合等,有单人采茶机,双人平形、双人弧形采茶机三种机型,配套的修剪机械有单人修剪机,双人平形、双人弧形修剪机。一般平地或缓坡地茶园,应选用双人抬式机械,而坡度较大的茶园宜选单人操作的小型机械;幼龄茶园以扩展树冠为主,宜用平形的剪采机械,而成龄茶园为获取最佳产量,宜选弧形的剪采机。

第二节　白茶鲜叶的主要化学成分

从茶树上采摘下的制茶原料芽叶,称为鲜叶。它是茶树新梢顶端芽、叶、梗的总称,是形成各类茶叶的物质基础。茶叶品质的高低,主要取决于鲜叶质量和制茶技术。在白茶制作过程中,鲜叶内含的化学成分发生一系列的理化变化,从而形成白茶特有的品质特征。鲜叶质量的高低,取决于鲜叶各种化学成分含量的高低及其比例,以及鲜叶的物理性状。鲜叶的质量还与茶树品种、栽培技术、环境条件、采摘季节、采摘标准等有密切关系。

适制白茶的茶树品种以大叶、多毫品种所制成茶品质为优。大叶、中叶种一般芽叶肥壮,密披白毫,内含物丰富,芽头重实。

白毫是构成白茶品质的重要因素之一,它不但赋予白茶优美的外形,也赋予白茶毫香与毫味。白毫内含物丰富,其氨基酸含量高于茶身,是白茶茶汤浓度与香气的基础物质之一(见表3-1)。以福云系制成的白茶,其白毫含量可达干重的10%以上,披覆有序,银光闪烁,从而形成素雅的外形与新鲜的毫香,构成雪芽独特的风格。

表 3-1　白毫与茶身化学成分(%)

重复	项目	水浸出物	氨基酸	茶多酚	咖啡碱	占茶叶干重
1	白毫	28.91	3.28	24.96	25.54	13.5
	茶身	49.23	2.65	32.13	5.89	86.5
2	白毫	28.00	3.18	23.90	5.30	11.8
	茶身	47.88	2.46	29.64	5.85	88.2

　　白茶花色不同,对原料的要求也不同。白毫银针选取肥壮单芽,白牡丹选取一芽二叶初展,其芽、第一叶与第二叶均密披白毫,故称"三白"。新白茶原料广泛,采一芽二、三叶或幼嫩对夹叶。不同花色所选用芽叶虽老嫩有别,但均要求芽叶肥壮重实,叶质柔软,芽叶密披洁白茸毛。因此,白茶原料一般采自春茶,或幼壮茶树,或改造复壮的茶树新梢,以保证原料幼嫩肥壮。

　　鲜叶中的化学成分约有 500 多种,可分为水分、无机成分、有机成分三部分。各种化学成分与茶叶品质都密切相关。特别有机化合物中的多酚类化合物、生物碱、氨基酸、色素、芳香物质、糖类是组成茶叶的色、香、味的重要物质。

　　白茶鲜叶的春茶开始采摘时间因地区、茶树品种以及制茶种类而不同。福鼎较政和早,水仙较政和大白茶早,银针较白牡丹、贡眉早。春茶在 4 月清明前后,芽叶萌发符合于采摘标准时即可开采。可采到 5 月小满,产量约占全年总产量的 50%。夏季采自 6 月芒种到 7月大暑,产量约占 25%。秋茶采自 7 月春茶为最佳,叶质柔软,芽心肥壮,茸毛洁白,茶身沉重、汤水浓厚、爽口,所以在春茶中高级茶(特、一、二级)所占的比重大。夏茶芽心瘦小、叶质带硬、茶身轻飘、汤水淡薄或稍带青涩。秋茶品质则介于春、夏茶之间。白茶采摘幼嫩,各品种间蛋白质含量差异不大,而茶多酚含量却因品种不同而有较大差异(详见表 3-2)。

表 3-2　主要白茶品种鲜叶的主要化学成分

白茶品种		主要成分含量					
		茶多酚(%)	氨基酸(%)	咖啡碱(%)	水浸出物(%)	可溶性总糖(%)	儿茶素总量(mg/g)
政和县稻香茶叶有限公司	福安大白(一芽二叶初展)	31.30	3.10	5.00	44.95	4.75	148.12
	福鼎大白(一芽二叶)	26.40	2.80	4.40	39.50	4.58	140.38
	政和大白(一芽一叶初展)	31.20	5.40	4.00	44.10	5.70	143.51
	水仙(一芽一叶初展)	36.50	2.80	5.00	47.10	4.29	165.62
福鼎白琳茶厂	福鼎大毫(一芽二叶)	28.90	3.10	4.80	42.20	4.09	136.53
福建品品香茶业有限公司	福鼎大毫(一芽二叶)	33.20	2.80	5.10	47.00	4.15	141.86
	福鼎大白(一芽二叶)	26.00	3.45	5.20	42.90	4.30	118.67

一、水分

　　水分是鲜叶的主要成分之一,白茶品质形成的关键指标是萎凋过程水分变化速度和变化量。鲜叶含水量一般在 70%～78% 之间,平均为 75% 左右。鲜叶含水量与芽叶老嫩、采摘季节、茶树品种、栽培管理水平和自然条件以及季节等因素有关。幼嫩芽叶含水量高,粗老叶含水量低。茎梗是输导器官,嫩枝含水量可达 80% 以上。大叶种含水量高,小叶种含水量低。秋季茶叶的含水量小于春茶,所以制率较高,表 3-3 中规定了白茶鲜叶制率要求。

表 3-3　白茶鲜叶制率

级别	每 100 kg 干茶需鲜叶量(kg)	
	春茶	夏秋茶
一级	400	390
二级	395	385
三级	390	380
四级	385	375
五级	380	370
六级	375	365
级外	370	360

注:以鲜叶表面无水分为准。

鲜叶中的水分有自由水和吸附水两种。自由水也叫游离水,在鲜叶中占绝大部分,主要存在于细胞液和细胞间隙中,可以自由流动。在制茶过程中自由水易于蒸发散失,引起内含物的一系列理化变化。吸附水也叫结合水,主要存在细胞的原生质中,它不能自由移动,只有当原生质失去亲水性能,吸附水才能游离成自由水。

鲜叶的含水量及其在制茶过程中的变化速度和程度,都与制茶品质关系密切。含水量 75% 的鲜叶,制成含水量 6% 以下的毛茶,是大量失水的过程,随叶内水分散失速度和程度的不同,引起叶内物质相应的理化变化,从而逐步形成茶叶的色、香、味、形不同的品质特征。

二、灰分

茶叶经高温灼烧后残留的物质,称为灰分。它一般占干物质的 4%～7%,主要是由金属元素和非金属的氧化物组成。除氧化物外,还含有碳酸盐等,统称粗灰分。灰分含量是茶叶出口检验项目之一。

茶叶灰分可分为水溶性灰分、酸溶性灰分和酸不溶性灰分。灰分中能溶于水的部分,称水溶性灰分,约占茶叶总灰分的 50%～60%。嫩叶水溶性灰分含量较高,老叶含量较低。鲜叶的灰分含量在制茶过程中一般变化不大,但是茶叶采制过程中如果沾染一些杂质,总灰分含量会有所增加,可溶性灰分含量有所降低。因此在茶叶采制过程中,应注意环境卫生。如果将白茶直接在地面上萎凋极易引起灰分超标。通常规定灰分含量不宜超过 6.5%。

三、多酚类化合物

鲜叶中多酚类化合物是由许多酚类衍生物组成的混合物的总称,又称茶多酚。白茶的品质形成的核心就是自然萎凋过程中的多酚类化合物的缓慢氧化。它占干物质总量的 20%～35%,是茶叶可溶性物质中含量最多的一种。它对茶叶的色、香、味的形成影响很大,并且对人体有重要保健作用。

多酚类化合物按其化学结构可分为四类:儿茶素类(黄烷醇类)、花黄素类(黄酮醇类)、酚酸类、花青素类。儿茶素是多酚类化合物的主体,占多酚类化合物总量的 70%～80%,花黄素类占 10% 左右。

儿茶素又分为游离儿茶素和酯型儿茶素。游离儿茶素收敛性较弱,不苦涩,有简单儿茶素(C)和没食子儿茶素(GC)。酯型儿茶素味苦涩,收敛性强,有儿茶素没食子酸(CG)和没食子儿茶素没食子酸酯(GCG)。

儿茶素的化学性质相当活泼,在酶的催化下或湿热条件下很容易被氧化,形成有色物质,其氧化的途径和程度对茶类的形成起主导作用。儿茶素氧化迅速而深刻,形成红汤红叶,制成红茶;立即制止儿茶素的酶性氧化,形成清汤绿叶,制成绿茶;先促进儿茶素局部氧化后再制止氧化,形成绿叶红边的青茶;儿茶素自然缓慢氧化则形成白茶的品质;黄茶和黑茶是在制止儿茶素酶促氧化后,在湿热条件下,控制儿茶素的自动氧化程度而形成的。

黄酮类,多以糖苷的形式存在茶叶中,极不稳定,容易分解。它溶于水中呈黄色或黄绿色,是绿茶汤色的主要成分。它容易自动氧化,而显橙黄色。

花青素是水溶性,在不同酸度下呈红、黄、蓝、紫等色泽。紫色的芽叶中,花青素含量高,茶叶中花青素含量达 0.01%,茶汤滋味发苦,叶底青暗而影响品质。

酚酸类在茶叶中含量少,酚酸类中的绿原酸在鲜叶中含量增加时,鲜叶品质下降。雨水青中绿原酸含量高,是导致茶叶品质下降的原因之一。

鲜叶中多酚类化合物存在于细胞的液泡中,其含量的多少与多种因素有关。一般大叶种含量高,中小叶种含量较低。嫩叶含量高,老叶含量低。夏茶含量比春、秋茶含量高。南方品种比北方品种含量高。

四、酶

酶是白茶萎凋中的最活跃因素,酶促氧化是形成白茶品质的根本原因。

酶是一种特殊的蛋白质,具有生物催化剂的作用。鲜叶中与制茶关系密切的主要酶类有水解酶类和氧化还原酶类。水解酶有淀粉酶、蛋白酶、果胶酶、糖苷酶;氧化还原酶有多酚氧化酶、过氧化物酶、过氧化氢酶、抗坏血酸酶等。

酶的作用具有专一性,在制茶过程中,淀粉酶能催化淀粉水解成糊精或麦芽糖、葡萄糖。蛋白酶催化蛋白质水解成氨基酸。多酚氧化酶能催化多酚类化合物氧化为邻醌,进一步氧化、聚合、缩合成有色物质。酶对外界条件反应十分敏感,特别对温度更为敏感。在常温下,温度每升高 10 ℃,酶活性增高 1 倍。当温度在 40～45 ℃(指叶温)之间时,酶活性最强;温度再升高,酶活性逐渐下降。当温度达 80 ℃以上酶就失去活性。酶的这种特性对制茶技术具有特殊的意义。制茶技术中主要是通过控制叶温和含水量,达到控制酶的活性。

研究表明,多酚氧化酶活力随鲜叶失水而逐步下降,因此为了保持鲜叶的新鲜,适当保存鲜叶尤其重要(表3-4)。如有条件,可以用保鲜袋或保鲜膜保存鲜叶,因为保鲜袋(膜)可以调节气氛,延长鲜叶保鲜时间。

表 3-4　不同含水率对多酚氧化酶活性的影响(μl/mg 干重)

贮藏时间(h)	贮藏方式	含水率(%)	酶活性	总吸量
0(鲜叶)	冰　箱	80.26	16.4	11.2
3	竹篮内	79.15	14.5	11.5
18	薄摊萎于凋帘上	71.90	12.8	11.5

五、蛋白质与氨基酸

白茶特有的清甜爽口品质特征与其较高的氨基酸含量密不可分,在长时间的萎凋过程中,蛋白质酶促水解,氨基酸含量逐渐上升。

蛋白质和氨基酸是茶叶中重要的含氮物质,约占鲜叶干物质的20%～30%。蛋白质绝大部分不溶于水,水溶性蛋白质仅占蛋白质的1%～2%。一般幼嫩芽叶中蛋白质含量高,随叶子的成熟老化含量逐渐减少。春茶含量比夏茶高,多施氮肥能提高鲜叶蛋白质的含量。

鲜叶中氨基酸有30多种,约占干物质的1%～7%。其中以茶氨酸、天门冬氨酸、谷氨酸三种含量较多,约占氨基酸总量的80%以上。

许多氨基酸是具有鲜味的物质,有些氨基酸本身具有香味。茶氨酸具有甜鲜滋味和焦糖香,苯丙氨酸具有玫瑰香味,丙氨酸具有花香味,谷氨酸具有鲜爽味。有报道,茶嫩梗之中氨基酸含量比芽叶高,其中茶氨酸比芽叶高1～3倍。

茶叶中的氨基酸大部分是在制茶过程由蛋白质水解而来,如鲜叶经摊放、萎凋、杀青、晒青、凉青等工序,都有伴随蛋白质水解成氨基酸。

六、生物碱

白茶中苦味的生物碱、鲜爽的氨基酸、具收敛性的多酚类、具甜味的糖类四者共同作用,形成成千上万种不同的茶叶风味特征。

鲜叶中的生物碱有咖啡碱、可可碱、茶碱。其中咖啡碱含量最高,约占干物质的2%～5%。生物碱的含量是随芽叶的生长而逐步下降的,生物碱含量高低也是衡量鲜叶老嫩的标志之一,白茶采摘幼嫩的白茶鲜叶的咖啡碱含量高。

咖啡碱是一种无色针状结晶,微带苦味,它是构成茶汤滋味的主要物质之一。咖啡碱化学性质比较稳定,在制茶中变化较小,但遇高温(120 ℃以上)易产生升华而减少。咖啡碱在红茶加工中,能与多酚类化合物的氧化产物茶黄素、茶红素结合形成络合物溶于热水中,当茶汤冷却时,呈乳脂状沉淀,称为"冷后浑",这是茶叶品质优良的特征。

咖啡碱是一种兴奋剂,能刺激中枢神经,有提神、消除疲劳、强心等作用。其他生物碱还有扩张血管、利尿、解毒等功效。

七、糖类

糖类是白茶的重要呈味物质,其中可溶性糖参与形成白茶汤味的浓厚程度。

糖类也称碳水化合物,包括单糖、双糖和多糖,在鲜叶中占干物质总量的20%～30%。鲜叶中的单糖有葡萄糖、果糖、半乳糖;双糖有蔗糖、麦芽糖、乳糖;多糖有纤维素、半纤维素、淀粉、果胶等。除水溶性果胶外,其他糖的含量随芽叶老化而增加。

单糖和双糖可溶于水,有甜味,是组成茶汤浓度和滋味的重要物质。在制茶过程中,可溶性糖还参与茶叶香气的形成,与氨基酸、茶多酚化合物相互作用会形成甜香、板栗香、焦糖香等香气物质。

多糖除水溶性果胶外,其余都不溶于水。淀粉在制茶过程中可水解成单糖,增进茶汤浓度和滋味。纤维素、半纤维素含量高低是鲜叶老嫩的重要指标之一。果胶质具有黏稠性,对茶叶外形形成有一定作用。水溶性果胶溶于茶汤,能增进茶汤浓度和滋味甜醇。

白茶鲜叶中的糖类包括糖、淀粉和纤维素,它们的含量与鲜叶嫩度呈负相关(表3-5)。

表 3-5　鲜叶各部位糖的含量(%)

叶位	还原糖	蔗糖	淀粉	纤维素
第一叶	0.99	0.64	0.82	10.87
第二叶	1.15	0.85	0.92	10.90
第三叶	1.40	1.66	5.27	12.25
第四叶	1.63	2.06	—	14.40
老　叶	1.81	2.52	—	—
嫩　茎	—	—	1.49	17.08

八、色素

色素是构成白茶"三白"的物质基础。白茶加工过程中的色泽变化就是茶叶色素变化的外观表现。鲜叶中含有多种色素,主要有叶绿素、叶黄素、胡萝卜素、花青素等,约占干物质含量的1%,它们对茶叶的色泽、汤色、叶底有较大影响,与香味的形成也有关。

鲜叶色素以叶绿素的含量最多,占干物质总量的0.3%~0.8%。叶绿素为酯溶性色素,不溶于水。在制茶过程中,由于水解的作用,叶绿素分解为叶绿酸和叶绿醇,而溶于水形成绿茶的汤色部分物质。酶促作用或氧化作用,叶绿素脱镁形成脱镁叶绿素,叶色由鲜绿色转变为褐绿色。

白茶鲜叶中的色素主要有四吡咯衍生物——叶绿素,异戊二烯化合物衍生物——类胡萝卜素(包括胡萝卜素与叶黄素),苯并吡喃衍生物——花青素。其中以叶绿素含量最高(表3-6)。

表 3-6　白茶鲜叶中脂溶性色素含量(相对于干物质的百分比,%)

鲜叶批次	叶绿素	叶绿素 a	叶绿素 b	胡萝卜素	叶黄素
1	0.754 6	0.530	0.219 7	0.009 7	0.003 4
2	0.755 0	0.514	0.230 1	0.009 2	0.003 9
平均	0.754 8	0.522	0.224 9	0.009 5	0.003 6

叶绿素含量高低与茶树品种、肥培管理、鲜叶的老嫩有关。叶绿素含量高,叶色墨绿,适制绿茶;叶绿素含量低,叶色黄绿,适制红茶。

叶黄素、胡萝卜素与叶绿素同存在于叶绿体中,为酯溶性色素,呈黄色。在制茶过程中叶黄素变化不大,为叶底的色泽,胡萝卜素则少量转化成具高香的芳香物质紫罗兰,它们属脂溶性色素,与叶绿素同在叶绿体中,多与脂肪酸结合成酯。茶梢的类胡萝卜素含量见表3-7。

表 3-7　茶梢中类胡萝卜素含量（mg/100 g 干茶）

项目	第一叶	第二叶	三、四叶	老叶
总量	25.42	35.80	41.30	126.08
碳氢化合物类	6.91	10.72	10.11	53.68
叶黄素类	17.51	23.80	30.24	72.20
六氢番茄红素	微量	微量	微量	微量
α-胡萝卜素	0.15	0.24	0.15	0.23
β-胡萝卜素	6.24	6.72	8.02	49.86
β-玉米胡萝卜素	0.38	3.52	1.56	0.61
ζ-胡萝卜素	0.14	微量	微量	0.64
β-胡萝卜素氧化物	微量	0.16	0.18	1.47
金色素	微量	0.08	0.20	0.87
隐黄素	0.53	0.20	1.05	1.20
隐黄质-5,6-环氧化物	0.72	0.12	0.16	0.10
叶黄素环氧化物	微量	0.46	0.52	0.70
紫黄质	1.53	0.48	0.46	0.04
毛地黄质	0.24	0.16	0.15	0.18
新黄质	0.09	0.30	0.75	0.26

九、芳香物质

鲜叶中的芳香物质是叶内挥发物质的总称，是组成茶叶香气的主体物质。其含量极少，仅占干物质总量的 0.005%～0.03%，但其组成极为复杂。鲜叶中芳香物质主要有醇、醛、酸、酮、萜烯类等。制茶的过程芳香物质的组成成分大为增加。鲜叶中芳香物质含量最多的是低沸点（140 ℃～156 ℃）的青叶醇和青叶醛，约占芳香物质总量的 80%，它们具有很强的青草气，在制茶过程中大部分挥发散失或在一定条件下转化，而使青草气减退。鲜叶中高沸点的芳香物质（200 ℃以上）含量极微，但具有良好的香气。如苯乙醇具苹果香，苯甲醇具玫瑰香，芳樟醇具特殊的花香，茉莉酮类具茉莉花香。在低沸点的芳香物质大量挥发之后，这些良好的香气便显露出来。高沸点的芳香物质是组成茶叶香气的主体物质。鲜叶中还含有棕榈酸和高级萜烯类物质，虽然它们本身不具有香气，但具有很强的吸附性和定香能力，花茶的窨制就是利用这一特性。鲜叶中芳香物质的含量与鲜叶的老嫩、采摘季节和栽培环境有关，春季、秋季的含量高于夏季，高山茶高于平地茶。

十、维生素

茶叶中含有多种维生素，有水溶性和酯溶性两大类。水溶性的维生素有维生素 C、维生素 B_1、维生素 B_2、维生素 PP、维生素 P。酯溶性的维生素有维生素 A 和维生素 K。鲜叶中以维生素 C 含量最多，在制茶过程中容易被氧化和受热而被破坏。不同茶类制法不同，维生素 C 的破坏程度不同，其含量也不同。一般绿茶中维生素 C 含量比红茶高 3～4 倍。由于氧化时间较长,因此白茶中的维生素含量较低。

第三节　白茶鲜叶质量

　　鲜叶质量包括鲜叶的嫩度、匀净度和新鲜度。鲜叶质量的好坏与制茶品质有密切关系。

一、鲜叶嫩度

　　鲜叶嫩度是指芽叶发育的成熟程度。它是鲜叶质量的重要因子,也是鉴定茶叶等级的主要指标之一。茶叶种类不同对鲜叶嫩度的要求也不同,如白毫银针要求芽叶肥壮,白毫多,以肥壮单芽为佳;名优绿茶要求一芽一、二叶初展;烘青绿茶以一芽二、三叶为主;青茶则以要求驻芽二、三叶。鲜叶质量越高,所生产的白茶等级越高。表3-8、表3-9是福建省质量技术监督局发布的福建省地方标准《白茶标准综合体》的白茶鲜叶要求。

表 3-8　大白、水仙白新叶质量等级

级别	芽叶组成	占总量的比例(%)	质量要求	备注
一级	一芽二叶初展	≥95	芽叶肥壮、青壮年茶树第一轮茶	1.选用品种:政和大白茶、水仙茶、福云6号 2.每级各以二等组成
二级	一芽二叶	≥90	芽叶肥壮、青壮年茶树第二轮茶	
	一芽二、三叶初展	10～15		
三级	一芽二叶	55～60	芽叶肥壮、有嫩对夹叶	
	一芽二、三叶初展	40～46		
四级	一芽二叶	35～40	芽稍壮、叶肥有对夹叶	
	一芽二、三叶	55～60		
五级	一芽二、三叶为主		芽叶匀度稍差、有对夹叶	
六级	一芽三叶为主		芽叶匀度较差、含对夹叶较多	
级外	对夹叶为主		鲜叶偏粗	

表 3-9　小白茶质量等级

级别	芽叶组成	占总量的比例(%)	质量要求	备注
一级	一芽二叶初展	为主	芽肥壮、少有开展叶	
二级	一芽二叶	90	芽叶肥壮、有开展叶	
	一芽二、三叶初展	15～20		
三级	一芽二、三叶初展	55～60	芽叶肥壮、叶开展	
	一芽二叶开展	35～40		
四级	一二叶开展	25～35	芽叶连枝、有对夹叶	
	一芽二、三叶	65～70		
片	对夹叶单片为主		鲜叶粗老	

二、鲜叶匀净度

鲜叶匀净度包括鲜叶的匀度和净度两个方面。匀度是指鲜叶理化性状一致的程度,即品种一致,嫩度一致,含水量一致等。匀度高的鲜叶便于加工技术的实施,茶叶品质高。净度是指鲜叶中茶类夹杂物和非茶类夹杂物的含量。茶类夹杂物有茶籽、老叶、病枯叶、枝梗等。非茶类夹杂物有虫体、虫卵、杂草、砂石等。这些夹杂物不仅影响茶叶品质,危害人体健康,有时会损坏机械。匀净度差的鲜叶制成的毛茶的匀净度也差,精加工时制工复杂,精加工率低,特别是拣剔的工作量大大增加,使成本提高,效率降低。白茶生产要求有较高的鲜叶匀净度,否则不利于萎凋程度的控制。

三、鲜叶新鲜度

鲜叶新鲜度是指鲜叶保持原有理化性状的程度。新鲜度好的鲜叶,在制茶中能使内含物充分转化成对茶叶品质有利的物质。鲜叶从茶树上采收下来后,生命活动仍在进行,随时间的延长,叶内水分不断蒸发散失,叶温提高,呼吸作用随之加强。呼吸作用使鲜叶内含物分解消耗而减少。据分析,在 20 ℃条件下,鲜叶贮藏 24 h,鲜叶失水 19%,干物质消耗 5%,多酚类减少 50%,鲜叶品质大为下降。影响鲜叶新鲜度的因素主要有两个:一是鲜叶呼吸作用,使叶内糖类分解,产生二氧化碳,释放出大量的热量,使叶温不断升高,叶子发热变红;二是鲜叶堆积时间过长,通气不良造成呼吸作用释放的热量不能及时散发,叶温提高,促进内含物加快分解,在缺氧的条件下,进行无氧呼吸,使糖分解为酒精和二氧化碳,并产生热量,叶堆内出现酒精味,使叶子变质。所以鲜叶必须妥善管理,以保持鲜叶的新鲜度。

四、鲜叶适制性

鲜叶适制性是指鲜叶的自然品质适合加工某种茶类的特性。鲜叶的适制性与鲜叶的化学成分和物理性状有关。根据鲜叶适制性,有目的地选择某种特性的鲜叶,才能充分发挥鲜叶的经济价值,制成品质优良的茶叶。

鲜叶的化学成分是鲜叶适制性的物质基础,通常红茶要求鲜叶多酚类含量高,而蛋白质、叶绿素的含量低;绿茶则以鲜叶蛋白质、叶绿素含量高为好,多酚类含量不宜过高。乌龙茶鲜叶多酚类和蛋白质含量适中,而芳香物质含量高为佳。白茶鲜叶要求与绿茶相似,要求氨基酸含量高。

叶色是鲜叶物理性状之一,鲜叶的叶色一般有深绿、浅绿和紫色三种。一般深绿色鲜叶的蛋白质、叶绿素含量高,多酚类含量低适制绿茶。浅绿色鲜叶蛋白质、叶绿素含量低,多酚类含量高,适制红茶。用深绿色鲜叶制成的红茶,品质较差,带青气,汤色浅,叶底乌暗,夹杂花青;制成绿茶,则香气浓厚新鲜,滋味鲜醇,汤色、叶底均较好。用浅绿色鲜叶制成的红茶,品质优良,香气纯正,滋味浓爽,汤色、叶底均匀红亮;制成绿茶,则香味不及深绿色鲜叶。花青素含量多的紫芽种,制红绿茶品质都差,但相对制红茶在发酵中花青素氧化减少,可使苦涩味减弱,但叶底多呈靛青色。

鲜叶叶质也影响适制性,茶叶要求外形条索紧结美观,一般以幼嫩芽叶为优。幼嫩芽叶叶片较小,叶质柔软,可塑性强,内含物丰富,成茶重实油润,形质兼美。老叶叶片较大,叶质粗硬,可塑性差,成茶条索粗松,身骨轻,香低味淡,品质差。

有些名优茶,由于外形要求特殊,对叶质的选择不同,龙井茶宜选用薄而软的嫩叶,其成茶外形扁平光滑;蒙顶黄芽、碧螺春等宜选用细小嫩叶;瓜片选用叶片嫩薄、倒卵形的小叶种;而白茶宜选用茸毛多、芽头肥壮、叶质较厚、嫩度中等、柔软度适中的品种。

季节不同,鲜叶的适制性也有差异。春季茶树营养丰富充足,芽梢肥壮,蛋白质含量高,持嫩性好,内含物丰富,酚氨比值小,适制绿茶、白茶。夏季气温高,日照强,多酚类含量高,酚氨比值大,适制红茶;秋季气候较干燥、凉爽,芳香物质含量高,叶质稍硬,适制乌龙茶,制红茶香气也较高。

另外小气候对鲜叶的自然品质有很大的影响。同一品种,受小气候和土壤影响,在短距离内,其品质差异很大。如水仙品种种于武夷山岩上,成茶品质香高味浓醇,具特殊的岩韵。而种于溪边洲地的水仙,则香低味淡,无岩韵,品质大为逊色。高山茶区生产的白茶香气高、滋味浓厚。

了解鲜叶的适制性与生产有密切的关系。在发展新茶区或建立新茶场时,必须根据计划生产的茶类,调进适当的品种,如考虑多茶类加工,则应选择适制性广的品种,以适应生产的要求。同时现有的茶场也可根据鲜叶的适制性,采用多茶类加工,以发挥鲜叶最大的经济价值。如福鼎大白茶,春季早期鲜叶制银针、白牡丹,后期制绿茶,夏季制红茶;毛蟹、黄旦、奇兰、梅占等乌龙茶品种春夏季前期制绿茶,香高味浓,品质优异。从白茶的周年生产来说,头春适合生产高档白茶,二春与三春适合生产低档白茶,而秋茶则生产中档白茶,使产品多元化,以适应市场变化。

第四节　白茶鲜叶管理技术

鲜叶管理技术包括鲜叶的采收、运送,鲜叶进厂验收、评级,水分含量测定和管理等内容,是保证鲜叶质量的重要技术措施。

一、鲜叶的采运

采摘:鲜叶的采摘必须根据茶类、品种对鲜叶标准的要求进行。采摘时手握芽叶不可过多,尽量减少机械损伤和发热。采摘容器需通气良好。鲜叶应及时倒出,切勿紧压或堆积过多,防止时间过长而引起鲜叶发热变红。

收青:收青应及时,在树阴下进行,防止曝晒,失水和发热。收青应用透气的竹篓或箩筐,少用编织袋等,禁止用塑料袋等不透气容器装运,防止挤压产生机械损伤和通气不良而红变。

装运:收青后装运要及时,不可重压,防止日晒雨淋。进厂后及时摊放,不可堆积过久,以保持鲜叶的新鲜度。夏季气温较高时,要翻动茶青,防止红变。

二、鲜叶验收评级

鲜叶进厂后,根据鲜叶的品种、嫩度、匀净度和新鲜度综合评定等级。一般以芽叶组成为标准,目前鲜叶分级虽有不同,但分级方法、依据基本相同,参见表 3-10。若发现品种、老嫩混杂、机械损伤、发红变热等现象,应酌情作降级处理。

表 3-10　福鼎白琳茶厂鲜叶分级标准

级别	芽叶标准		质量占比		备注
特级	1 芽 2~3 叶	幼嫩对夹叶	85%	15%	芽头肥壮,白毫显露
一级	1 芽 2~3 叶	幼嫩对夹叶	80%	20%	
二级	1 芽 2~3 叶	幼嫩对夹叶	75%	25%	

三、鲜叶水分含量的测定

鲜叶水分含量的高低,是与制茶技术和制茶率有密切关系。通过鲜叶水分含量的测定,作为测定制茶技术措施和测算制茶率的依据。

鲜叶表面水分测定法:准确称取有代表性的雨水叶 10 g,放入钢精盒中(内壁垫衬吸纸),然后放入与雨水叶相当的吸水纸,与样品均匀混合,并加盖振摇 3 min 后,取出鲜叶称重,而后按下列公式计算鲜叶表面含水量。

$$雨水叶表面含水量(\%) = \frac{雨水叶重 - 吸水后叶重}{雨水叶样品重} \times 100\%$$

鲜叶含水量测定一般采用 120 ℃烘箱法。即称取有代表性鲜叶 10 g,置于已烘干的铝盒中,将铝盒开盖放入温度达 130 ℃的烘箱内,调节温度稳定在 120 ℃,经 2 h 后,取出称重,按下列公式计算鲜叶含水量。重复两次,取平均值。

$$鲜叶含水量(\%) = \frac{鲜叶样品重 - 烘后样品重}{鲜叶样品重} \times 100\%$$

四、鲜叶管理

鲜叶进厂验收后,应及时加工。在生产高峰期,若不能及时加工,应做好贮青工作。贮青时间最好不超过 16 h,以保持鲜叶的质量,防止劣变。鲜叶劣变的原因主要有高温(35 ℃以上)和机械损伤。正常鲜叶贮藏过程中,香气变化不大,或有令人愉快的花果香。贮青的主要条件是低温、高湿和通气。

贮青室贮青:鲜叶贮青室要求坐南朝北,室内清洁卫生,空气流通,避免阳光直射,水泥地面并有一定倾斜度,室内温度控制在 25 ℃以下,相对湿度保持在 90% 以上,设有活动的百叶窗。如有条件,可建设冷藏保鲜库,控制鲜叶温度在 5 ℃左右,可保持 3 d。

摊叶厚度一般为 15~20 cm,摊叶量约 20 kg/m²,每隔 1 m 左右开一条通气沟。雨露水青应薄摊排湿,待表面水干后按正常贮青。贮青过程中,每隔 1~2 h 翻拌一次,以利通气,防止发热红变。

透气板贮青:在一般贮青室内地面开一条长槽沟,槽面上铺设钢丝网(或竹匾)制成的透气板,长 1.83 m,宽 0.9 m。每条长沟可连放 3 块、6 块或 12 块,各槽之间间隔 1 m 左右。槽的一端设离心鼓风机,其功率大小根据实际应用而定。鼓风机的电动机设有定时器,可按设定时间启动吹风。摊叶厚度一般为 1～1.5 m,摊叶量 150 kg/m² 左右。不需人工翻动,摊叶和付制送叶采用皮带输送或气流运送,既节省人工又减少厂房面积。

本章参考文献

[1]刘富知.茶作学[M].海口:海南出版社,1993.

[2]顾谦,陆锦时,叶宝存.茶叶化学[M].合肥:中国科学技术大学出版社,2002.

[3]童启庆.茶树栽培学[M].3 版.北京:中国农业出版社,2007.

[4]张天福.福建白茶的调查研究[J].茶叶通讯,1963(1):43-50.

[5]浙江农业大学.茶树栽培学[M].2 版.北京:农业出版社,1979.

[6]中国农业科学院茶叶研究所.中国茶树栽培学[M].上海:上海科学技术出版社,1986.

[7]福建省质量技术监督局.白茶标准综合体:DB35/T 152.1～17—2001[S].2001.

[8]陈乐生."福安大白茶"的性状及其栽培、采制技术[J].茶业通报,1994,16(4):25-26.

[9]王功有.政和大白茶的合理采摘[J].福建茶叶,1988(2):39-40,28.

第四章 白茶初制加工技术

第一节 概述

白茶鲜叶加工只经萎凋与干燥两道工序,具特有的外形色泽,叶态及香味,主要是在萎凋过程中形成的,由于长时间的萎凋引起内含生化成分的复杂变化,加之鲜叶原有的特点,从而形成满被白毫色泽银白光润,具有清鲜毫香和清甜滋味。

一、外观形态的形成

白茶叶缘垂卷和芽叶连枝的外观形态特征,其形成主要是取决于鲜叶采摘标准和嫩梢质量;其次是萎凋过程中逐渐失水干缩,引起萎凋变化所致。

白茶萎凋过程中,水分逐渐散失,由于叶表与叶背的组织结构不同,在长时间的萎凋失水过程中,叶背细胞的失水速度大于叶表细胞,引起叶表叶背张力的不平衡,加上萎凋后期的"并筛",可以防止叶子"贴筛"而造成叶态的平板状态,从而形成白茶叶缘垂卷的良好外形。

二、内含成分的变化

白茶的萎凋并不是鲜叶的单纯失水,而是在一定的外界温湿度条件下,随着水分的逐渐散失,叶细胞浓度的改变,细胞膜透性的改变以及各种酶的激活引起一系列内含成分的变化,从而形成白茶特有的品质。

(一)糖类的变化

在萎凋过程中,淀粉可在淀粉酶的作用下水解形成双糖和单糖,但由于这些产物随着呼吸氧化而被进一步消耗,所以单糖和双糖的量不仅没有增加反而进一步减少。直到萎凋的末期,由于鲜叶过度的失水而抑制了呼吸作用,此时多糖分解形成的单糖的量多于单糖的消耗量,糖量才有所增加。白茶萎凋末期单糖和双糖量的积累对白茶特有的甘甜味有一定的作用,故白茶的萎凋时间要控制在一定的范围。

（二）蛋白质、氨基酸的变化

白茶萎凋过程中,随着水分的散失,蛋白质发生剧烈分解,从而引起氨基酸的大量形成。这是由于萎凋前期,蛋白质分解产生的氨基酸进一步分解形成氨而被消耗。后期被儿茶素氧化产生的酮类物质所氧化,生成挥发性醛,直到萎凋末期氨基酸才有积累。由氨基酸与邻醌相互作用而产生挥发性醛,以及氨基酸在萎凋末期的积累,对增加白茶的香味具有一定的作用。

（三）多酚类的变化

在萎凋的初期呼吸作用产生的受氧基质可把儿茶素的初级氧化产物邻醌还原为儿茶素,这时儿茶素的氧化还原是平衡的。到了萎凋的中期,酶活性加强,儿茶素被氧化成邻醌的量增加,从而进一步氧化缩合产生有色物质,这一阶段是决定白茶香味和汤色的关键性阶段。在萎凋的后期酶的活性逐渐下降,多酚类的酶促氧化逐渐为非酶性的自动氧化所取代,可溶性多酚类与氨基酸,以及氨基酸与糖的互相作用,形成和发展了白茶的香气。

白茶的烘焙起着巩固和进一步发展萎凋过程中所形成的有益成分的作用,烘焙过程排除了芽叶中多余的水分,使毛茶达到干燥适度,适时制止酶性氧化。具有青气和苦涩味的物质在烘焙中进一步转化,如有青气的顺式青叶醇,形成具有清香的反式青叶醇,氨基酸也在热作用下氧化脱氨而形成芳香醛。在萎凋和烘焙过程中的复杂的理化变化,形成了白茶特有的品质。

第二节　白茶的萎凋与干燥技术

一、萎凋技术

萎凋是形成白茶品质的最关键工序,白茶初制过程中应根据不同的气候条件采取不同的萎凋技术,才可制得品质优良的白茶。现代白茶萎凋的主要方法有室内自然萎凋、加温萎凋、复式萎凋三种。

（一）室内自然萎凋

目前政和白茶产区用此方法制作的白牡丹较多。在正常气候条件下,多采用室内自然萎凋。萎凋室要求四面通风,无日光直射,并要防止雨雾侵入,场所必须清洁卫生,且能控制一定温湿度。春茶室温要求 18～25 ℃,相对湿度 67％～80％;夏秋茶室温要求 30～32 ℃,相对湿度 60％～75％。

鲜叶进厂后要求老嫩严格分开,及时分别萎凋。萎凋时把鲜叶摊放在水筛上,俗称"开青"或"开筛"。开青方法是:叶子放在水筛后,两手持水筛边缘转动,使叶均匀散开,开青技术好的一摇即成,且摊叶均匀,其动作要求迅速、轻快,切勿反复筛摇,防止茶叶机械损伤。

由于开筛的技术要求较高,也可以用手将鲜叶抖撒在水筛上,但动作要轻柔。每筛摊叶量春茶为 0.8 kg 左右,夏秋茶为 0.25 kg 左右。摊好叶子后,将水筛置于萎凋室凉青架上,不可翻动。萎凋历时为 52～60 h。雨天采用室内自然萎凋历时不得超过 3 d,否则芽叶发霉变黑;在晴朗干燥的天气萎凋历时不得少于 2 d,否则成茶有青气,滋味带涩,品质不佳。

在室内自然萎凋过程中,其间要进行一次"并筛",政和部分地方也叫"修衣",主要目的是促进叶缘垂卷,使水分均匀,减缓失水速度,促进转色。"并筛"的时机一般是:萎凋时间约为 35～45 h,萎凋至七八成时,叶片不贴筛,芽毫色发白,叶色由浅绿转为灰绿色或深绿,叶缘略重卷,芽叶与嫩梗呈"翘尾",叶态如船底状,嗅之无青气时,即可进行"并筛"。一般小白茶为八成干时两筛并一筛。大白茶并筛分二次进行,七成干时两筛并一筛,待八成干时,再两筛并一筛。并筛后,把萎凋叶堆成厚度 10～15 cm 的凹状。

中低级白茶则采用"堆放",也叫"渥堆"。堆放时应掌握萎凋叶含水量与堆放厚度,萎凋叶含水量不低于 20%,否则不能"转色"。堆放厚度视含水量多少而定:含水量在 30% 左右,堆放厚度为 10 cm;含水量在 25% 左右,堆放厚度为 20～30 cm。

并筛后仍放置于凉青架上,继续进行萎凋。一般并筛后 12～14 h,梗脉水分大为减少,叶片微软,叶色转为灰绿,达九成五干时,就可下筛拣剔。

拣剔时动作要轻,防止芽叶断碎。毛茶等级愈高,对拣剔的要求愈严格。高级白牡丹应拣去蜡叶、黄片、红张、粗老叶和杂物;一级白牡丹应剔除蜡叶、红张、梗片和杂物;二级白牡丹只剔除红张和杂物;三级仅拣去梗片和杂物;低级白茶拣去非茶类夹杂物。

(二)加温萎凋

春茶如遇阴雨连绵,必须采用加温萎凋,加温萎凋可采用管道加温或萎凋槽加温萎凋。

1.萎凋槽萎凋方法

萎凋槽萎凋方法与红茶相同,但温度低些(30 ℃左右),摊叶厚度薄些(20～25 cm),全程历时约 12～16 h。萎凋后仍然上架继续摊晾萎凋。

2.管道加温

管道加温是在专门的"白茶管道萎凋室"内进行。白茶热风萎凋由加温炉灶、排气设备、萎凋帘、萎凋鲜架等四部分组成。萎凋室外设热风发生炉,热空气通过管道均匀地散发到室内,使萎凋室温上升(彩图)。一般萎凋房面积 300 m²,可搭架排放萎凋帘 1 200 个。萎凋帘由竹篾编成,长 2.5 m,宽 0.80 m,每个萎凋帘可放茶青 1.8～2 kg。萎凋房前后各安装 2 台排气扇,以确保热风萎凋房通风排气状况良好,特别要注意的是进风与排气都是在近地面处。

室内温度控制在 29～35 ℃,相对湿度 65%～75%。萎凋室切忌高温密闭,以免嫩芽和叶缘失水过快,梗脉水分补充不上,叶内理化变化不足,芽叶干枯变红。一般热风萎凋历时 18～24 h,采用连续加温方式萎凋,温度由低到高,再由高到低,即开始加温 1～6 h 内室内温度掌握 29～31 ℃,在中间 7～12 h 温度为 32～35 ℃,13～18 h 温度为 30～32 ℃,18～24 h 加温温度为 29～30 ℃。当萎凋叶含水量在 16%～20%,叶片不贴筛,茶叶毫色发白,叶色由浅绿转为深绿,芽尖与嫩梗显翘尾。叶缘略带垂卷,叶色呈波纹状,青气消失,茶香显露时,即可结束萎凋。

热风萎凋不但可以解决白茶雨天萎凋的困难,而且可以缩短萎凋时间,充分利用萎凋设备,提高生产效率。但由于萎凋时间偏短,内含物化学变化还尚未完成,为了弥补这一不足,对白茶萎凋叶还要进行一定时间的堆积后熟处理。具体做法是:将萎凋叶装在篓中蓬松堆积,堆积厚度约 25～35 cm,堆中温度控制在 22～25 ℃左右,堆中温度不能过高,以免因温度过高使萎凋叶变红,若茶叶含水量过低则要增加堆高度,或装入布袋中,或装入竹筐。堆积后熟处理历时 2～5 h,有的甚至达几天。待到萎凋叶嫩梗和叶主脉变为浅红棕色,叶片色泽由碧绿转为暗绿或灰绿,青臭气散失,茶叶清香显露时即可进行干燥固定品质。干燥温度掌握 100～105 ℃,摊叶厚度 3～4 cm,时间 8～10 min。

白茶热风萎凋不但解决了不正常气候对白茶品质造成的影响,而且能缩短白茶加工生产周期,提高生产效率。

3.复式萎凋

春季遇有晴天,可采用复式萎凋,所谓的复式萎凋就是将日光萎凋与室内自然萎凋相结合,一般"大白"与"水仙白"在春茶谷雨前后采用此法,对加速水分蒸发和提高茶汤醇度有一定作用。即复式萎凋全程中进行 2～4 次,历时共 1～2 h 的日照处理。其方法是选择早晨和傍晚阳光微弱时将鲜叶置于阳光下轻晒,日照次数和每次日照时间的长短应以温湿度的高低而定,一般春茶初期在室外温度 25 ℃,相对湿度 63% 的条件下,每次晒 25～30 min,晒至叶片微热时移入萎凋室内萎凋,待叶温下降后再进行日照,如此反复 2～4 次。春茶中期室外温度 30 ℃,相对湿度 57% 的条件下,日照时间以 15～20 min 为宜;春茶后期室外温度 30 ℃条件下,日照时间以 10～15 min 为宜,夏季因气温高,阳光强烈,不宜采用复式萎凋。

二、白茶的干燥技术

白茶的烘焙可用焙笼或烘干机进行,由于白茶萎凋方式、萎凋程度不同,故对烘焙的火温与次数的掌握亦不同。

(一)烘笼烘焙

烘笼(焙笼)烘焙是旧时的白茶干燥方法,主要用于自然萎凋和复式萎凋的白茶生产。其方法有一次烘焙与二次烘焙法。萎凋叶达九成干的,采取一次烘焙,每焙笼摊 1～1.5 kg,火温掌握在 70～80 ℃,焙时约 15～20 min。萎凋叶只达六七成干时,烘焙须分内次进行,初焙用明火,摊叶量 0.75～1 kg,温度 100 ℃左右,焙时 10～15 min,焙至八九成干,下焙摊凉 0.5 h 后进行复焙。复焙用暗火,温度 80 ℃左右,焙时 10～15 min 至足干。在烘焙过程中应注意翻拌,动作要轻,次数不宜过多,以免芽叶断碎,茸毛脱落。

(二)烘干机烘焙

萎凋叶达九成干时,采用机焙,掌握烘干机进风口温度 70～80 ℃,摊叶厚度 4 cm 左右,历时 20 min 至足干。七八成干时的萎凋叶分两次烘焙,初焙采用快盘,温度 90～100 ℃,历时 10 min 左右,摊叶厚度 4 cm,初焙后须进行摊放,使水分分布均匀。复焙采用慢盘,温度 80～90 ℃,历时 20 min 至足干。现在有的厂家为了提高效率,保持白茶的绿色,减少青味,用 120～150 ℃进行烘干。

烘焙结束后,应立即包装,储放于干燥场所,以免受潮变质。

第三节　白毫银针的初制技术

白毫银针也叫银针白毫，是白茶中的极品。原料为大白茶的芽头，因其成茶芽头肥壮、身披白毫，挺直如针、色白如银而得名。

一、适制品种

适制白毫银针的茶树品种目前限于芽头肥壮、白毫显露的品种，如福鼎大白茶、福鼎大毫茶、福安大白茶、福云6号及政和大白茶等。其主产地有福建福鼎和政和两地，其中福鼎生产的白毫银针以福鼎大毫为主，政和生产银针以福安大白茶、政和大白茶为主。

二、采摘技术

"白毫银针"的质量同时也取决于采摘，加工等各个环节。采制"银针"以春茶的头一两轮品质最佳。以顶芽肥壮、毫心大为最优，到三四轮后茶树抽上来的多为侧芽，芽小而细，所制"银针"就不理想了。如果是夏茶，由于气温高，抽芽快，就更难制出好"银针"来。茶农为了制好"白毫银针"，可将老茶树在头春采摘后，马上进行台刈，刚好在秋茶又可以采到上等的"针茶"，这种"秋针"，加工"白毫银针"其品质并不亚于春茶。白毫银针的采摘要求极其严格，一般要选择晴天，尤其是东北风天气为最佳。有"十不采"的规定：雨天不采，露水未干不采，细瘦芽头不采，紫色芽头不采，风伤芽头不采，人为损伤芽头不采，虫伤芽头不采，开心芽头不采，空心芽不采，有病弯曲芽不采。采下茶芽要及时运送茶厂加工，要保持芽头新鲜。也有采一芽二叶，在室内"抽针"，即用左手拇指和食指捏茶身，以右手拇指和食指把叶片剥下，将芽和叶分开，芽称"鲜针"，付制银针，叶片制寿眉或另制其他茶。

三、加工方法

（一）按其加工方法

1.自然萎凋法

自然萎凋法生产白毫银针对天气有严格要求，晴天、气温高、湿度低，茶青易于干燥，可以制出芽白，梗绿的上等银针。南风天较次，因其湿度较大，鲜叶干燥较慢，容易变成芽绿，梗黑的次等银针。雨天和大雾天均不宜采制，如果违之，所制"银针"就会"灰黑"没有鲜灵度，通常被称为"死针"。而加工制选的技术却不是一般人可以一学就会的。需要经过长期的实践摸索，精雕细凿，才可制上一泡好"银针"。生产"白毫银针"是把原料茶芽薄摊在水筛或萎凋筛上，每筛约250 g，要求摊得均匀，不可重叠，一出现重叠茶芽就变黑。摊好后放在架上，让烈日曝晒，或低温烘焙，不可翻动，以避免伤叶红变。当达到干度要求后，进行拣剔，去梗,再烘焙装箱。

2.加温萎凋法

将原料薄摊于水筛或萎凋筛上,进入加温萎凋室加温萎凋。这两种方法生产的"白毫银针"外形单芽肥硕,满披白毫,茸毛莹亮,疏松或伏贴,色泽银白或银灰。内质毫香气鲜爽,毫香鲜甜,滋味清鲜醇爽微甜,汤色杏绿或杏黄,清澈晶亮。

3.空调控制萎凋环境

笔者曾采用乌龙茶生产用的做青空调将萎凋室控制在温度20～22 ℃、相对湿度55％～65％,生产出来的银针色、香、味俱佳。

(二)按照产地制作特点

按产地技术分类,福鼎银针的制法与政和制作方法又有差异。

1.福鼎银针的制法

福鼎白毫银针采制工序固然简单,拣剔却严谨精细,必须环环扣紧,精工处理。

(1)茶树品种选择:选择福鼎大白茶、福鼎大毫茶茶树壮龄生长期或经台刈更新后新梢生成的肥壮芽头。

(2)茶芽采摘:必须是茶树上早春长出的芽头,于芽叶初展时采下,剔除鱼叶鳞片,断碎芽叶,只取原整肥壮毫多之心芽。

(3)萎凋:萎凋场所必须是洁净、明亮、通风。迅速轻快地将肥芽薄摊匀摊于萎凋竹帘上置于通风外的晾青架上,自然萎凋或置于微弱的阳光下轻晒。待到茶芽含水量为20％左右时,转入烘干工序。

(4)烘焙:烘房必须保持洁净卫生无异味,通风良好,室内明亮。将经萎凋处理后的茶芽薄摊于焙笼上,用30～40 ℃文火焙至足干。烘焙时,焙心垫一层白纸,以防火温太高,灼伤茶芽。烘干时应认真切实注意控制火温,适时轻手翻动,使焙笼上的火温和茶芽受温干燥均衡。足干后,(毛针经拣剔后包装贮存)摊凉封存。

(5)拣制:去掉焦红、红变、暗红、黑色的银针,叶片及其他非茶类杂物。保证白毫银针应有的匀净度。

(6)补火:产品在包装前须进行复焙,除去超过茶叶标准要求的水分。要求含水量在5％～6％保证稳定质量。

(7)包装:要求包装物无异味,并具有防潮、阻气、防水、保香、遮光、热封、印刷性能良好的材料。要求动作轻柔,不得重压或脚踩,防止断碎。

如遇高温高湿的气候条件,一般晒一天只能达六七成干,第二天还要继续晒到八九成干后,再用文火烘至足干。如当天不能晒至六七成干,或第二天遇到阴雨天,为保证品质,当晚或第二天清晨即应用低温烘干,烘焙时火温可稍高,约45～50 ℃。

如恰逢阴雨或大雾天气不能曝晒时,则应用低温徐徐烘干代替阳光曝晒。否则,茶芽变黑会降低品质。如遇风大可在室内薄摊自然萎凋,当其减重率达30％左右时再用文火烘干,以免茶芽转黑变质。

2.政和银针的制法

政和银针的制法采用自然晾干技术,将茶芽摊放在水筛上,置于通风处萎凋或在微弱的阳光下摊晒至七八成干时,再移至烈日下晒至足干,一般需2～3 d才能完成。

晴天也可采用先晒后风干的方法。于上午 11 时前,阳光不甚强烈,将鲜芽置于阳光下晒 3 h 后移入室内进行自然萎凋,至八九成干时,再用文火烘 10 多分钟至足干,即可下焙储藏。

四、白毫银针的品质特征

外形肥壮,满披白毫,色泽银亮,内质香气清鲜毫味浓,滋味鲜爽微甜,汤色浅杏黄色明亮。银针品质依产区不同有所差异,福鼎银针为银白色,滋味清鲜。政和银针为银灰色,毫显芽壮,滋味鲜爽浓厚。采摘季节不同,品质亦有差异,如福鼎地区在清明前采制的银针,外形芽头肥壮,身骨重实,茸毛疏松,色白如银。清明后采制的外形芽头扁瘦,身骨轻虚,茸毛伏贴,色带灰白。

第四节　白牡丹、贡眉、寿眉的初制技术

一、白牡丹的初制

白牡丹是指用一芽一、二叶大白茶原料制成的白茶。因其外形绿叶夹银白色白毫,芽形似花朵,冲泡之后绿叶托着嫩芽,宛如蓓蕾初开而得名。出口的白牡丹有特级白牡丹(也叫极品白牡丹)、一级白牡丹、二级白牡丹、三级白牡丹、四级白牡丹等。

1.适制品种

适制白牡丹的原料茶树品种为福鼎大白茶,福鼎大毫茶,政和大白茶、福安大白茶、福云 6 号、歌乐等。有的地方采用少量水仙茶树品种芽叶制成的毛茶供拼和之用,称水仙白茶。一般情况下,用福鼎大白茶、福鼎大毫茶、歌乐茶树鲜叶加工的白牡丹,称其为福鼎白牡丹,简称"福鼎大白茶"。用政和大白茶树鲜叶加工的白牡丹,称其"政和大白茶"。

2.原料要求

制选白牡丹的原料鲜叶质量要求高,要求白毫显,芽叶肥嫩。传统工艺制选白牡丹,要求采摘标准是春茶第一轮嫩梢采下一芽二叶,芽与二叶的长度基本相等,并要求"三白",也就是芽与一、二叶都要披满白色茸毛(或称白毫)。白牡丹的原料茶最好在春季。夏茶较瘦,不宜采制。而现在秋茶由于茶园管理得法,经之采制白牡丹品质也较高。因所供制的品种不同,有大白、小白、水仙白之分,现在的白牡丹多用大白茶生产,小白、水仙白的产量极少。大白的叶张肥厚,毫心硕大,色泽翠绿或灰绿,香味鲜醇。为了满足消费需要,根据原料不同,还有"高级白牡丹"等,采用一芽一叶初展到一芽二叶初展的鲜叶原料生产。

3.工艺要点

白牡丹的加工不经炒揉,虽只有萎凋及焙干两道工序,但工艺不易掌握。其萎凋以室内自然萎凋的品质为最好。采下的鲜叶要均匀薄摊在水筛上,不能重叠。当萎凋失水至七成干时,"两筛"合二为一,至八九成干时再将"两筛"合二为一。当鲜叶约失水 90% 时,放置火

笼烘干,此时我们称其为白牡丹"毛茶"。"毛茶"要经过精加工工艺才能为成品。通常采用人工拣剔硬梗、黄片、蜡叶、红张、暗张之后,再低温烘焙干燥,趁热拼和装箱。

4.品质特征

成品色泽灰绿或暗绿,叶背白毫银亮,绿面白底,故有"青天白地"之称。且由于长时间的萎凋,叶色渐变而呈"绿叶红筋",因而有"红装素裹"之誉,毫心肥壮,叶张肥嫩并波纹隆起,叶缘微向叶背垂卷,芽叶连枝,叶片抱心形似花朵。内质毫香显,味鲜醇,不带青气和苦涩味,汤色杏黄,清澈明亮,叶底浅灰,叶脉微红。

二、贡眉、寿眉

传统的贡眉是指用小茶(菜茶)制成的白茶,由于其外形较大白茶瘦小,形似眉毛而得名。出口的贡眉有一级贡眉、二级贡眉、三级贡眉、四级贡眉(也叫寿眉)。现在由于小茶(菜茶)的原料少,制作的绿茶价格高,贡眉、寿眉也多用原料较差的大白茶制作。

1.产品特征

毫显而多,汤色橙黄或深黄,叶底匀整、柔软、鲜亮,叶张主脉迎光透视时呈红色,味醇爽,香鲜纯。

2.原料要求

现在也采用福鼎大白茶、政和大白茶、福鼎大毫、福安大白为原料。为区别是菜茶、大白茶为原料制成的贡眉,分别叫"小白"、"大白"。过去以菜茶为原料,采一芽二、三叶,品质次于白牡丹。菜茶的芽虽小,要求原料必须符合产品的规格,含有嫩芽、壮芽,鲜叶原料不能带有对夹叶。

3.加工工艺

萎凋→烘干→拣剔→烘焙→装箱。

第五节　白茶新工艺制法

"新工艺白茶"简称"新白茶",是福鼎白琳茶厂为适应港澳市场的需求,于1968年研制的一个新产品,经轻萎凋、轻揉捻、轻发酵、烘干等工序制成。主产区为福鼎。

一、品质特点

新工艺白茶的品质特征是:新白茶内质类似传统白茶低档贡眉、寿眉的风味,外形卷缩,略带褶条,清香味浓,汤色橙红,滋味甘和稍浓;叶底展开后可见其色泽青灰带黄,筋脉带红;茶汤味似绿茶但无清香,又似红茶而无醇感;其基本特征是浓醇清甘又有闽北乌龙的"馥郁"。

二、原料要求

新白茶对鲜叶的原料要求同贡（寿）眉，过去是用小叶种茶树鲜叶，现在一般采用福鼎大白茶、福鼎大毫茶等茶树品种的芽叶加工。原料嫩度要求相对较低，一般采摘标准为一芽二、三叶，驻芽二、三叶，单片等，与低档的贡眉、寿眉相似。

三、加工技术

新工艺白茶初制工序：
鲜叶→自然萎凋→加温萎凋→堆积发酵→轻揉捻→干燥

1.轻萎凋

新白茶的外形比传统白茶卷曲成条，因此须经揉捻，其萎凋程度要比传统白茶轻，这样才不易揉碎。

其萎凋方法与传统白茶相同，可以采用自然萎凋、室内加温萎凋或萎凋槽加温萎凋。一般在正常气候条件下采用自然萎凋，萎凋程度易掌握，且成本低，品质好；低温阴雨天采用室内加温萎凋；气温低、多雨高湿情况下，生产周转不畅也可采用萎凋槽加温萎凋，但这种萎凋方法由于槽头槽尾的风量、温度不均，失水不匀。为了均匀，萎凋过程需人工翻动，往往造成萎凋叶机械损伤，引起红变，制成的新白茶有酵感，品质差，所以只在生产高峰期或连续雨天才采用。

萎凋过程是鲜叶失水及内含物发生一系列生化变化的过程，鲜叶失水后，叶子变得柔软，富有弹性，为揉捻造形创造条件，同时鲜叶内含物多酚类、糖类、蛋白质、氨基酸、果胶等发生一系列的变化，形成萎凋叶特有的"萎凋香"，为新白茶内质的形成创造良好的条件。萎凋程度主要以鲜叶失水程度为工艺指标，新白茶由于增加揉捻成形工序，所以萎凋程度要轻，含水适当的萎凋叶，一般失水 26%～28%，不超过 30%，柔软而有弹性，揉时不易断碎，成形好。感官鉴别萎凋叶色泽由翠绿转灰绿，茸毛发白，叶缘微卷，手握叶子有刺触感，青臭气消失，发出甜醇的"萎凋香"即为适度。

但萎凋历时与鲜叶的嫩度、气候、季节有关，一般自然萎凋需 24～48 h，室内加温萎凋 16～18 h，萎凋槽加温萎凋 8～10 h。从气候看，闷热潮湿的南风天萎凋时间长，低温干爽的北风天萎凋时间则短。从嫩度与季节看，春茶嫩度好，叶张肥厚，鲜叶含水量高萎凋时间要长；秋夏茶嫩度差，叶张瘦薄含水量低萎凋历时可相对缩短。

2.轻发酵

轻发酵是新白茶制作的第二大特点。将适度的萎凋叶进行"堆积"，这就是新白茶的轻发酵作业，用以促进味浓香高（与传统白茶比较）品质风味的形成，并为后续工序揉捻造形创造条件。

堆积的方法：将萎凋叶平铺于干燥洁净的地板上，不能压、踩、踏，堆积场所要求空气流通，堆积的厚度及历时视萎凋程度及天气情况有所变化，一般低温干燥天气堆叶厚 20～30 cm，历时 3～4 h；高温高湿的南风天堆叶薄些（约 15～20 cm），历时稍短，约 2～3 h。萎凋程度重，含水量低的叶子堆积历时要长些，而萎凋程度轻的堆积历时可适当缩短。

堆积过程起了轻微发酵的作用,促进多酚类及其他成分在酶的作用下发生变化。通过堆积叶子色泽进一步转向深绿或墨绿青臭气消除,发出特殊的糖香,同时梗、叶脉中的水分重新分配,输向叶张,使萎凋叶变软富有弹性,为揉捻创造有利的条件。

3.轻揉捻

揉捻是新白茶区别于传统白茶制作过程中独有的工序,其作用是形成新白茶特殊的外形及增强新白茶滋味的浓度。揉捻与其他茶类的揉捻有所不同,轻压、短揉是新白茶揉捻的特点。加压程度及揉捻时间长短与茶青的嫩度及季节有关。一般头春茶嫩度好的茶青轻压短揉 3～5 min,中等嫩度的茶青轻压揉 5～10 min,稍老一点的茶青加压揉 10～15 min,低档的夏秋茶则加压揉 15～21 min,总之随着嫩度的下降揉捻时间要相应延长,因为嫩度好的茶青经过萎凋,柔软性强易成形,而后者叶纤维素硬化不易成形。

揉捻后的茶叶进入烘干,其烘干的温度一般控制在 100～120 ℃,烘干的目的是固定其品质,以达到曲卷成形、汤色杏黄、香味甜醇的新白茶品质特征。

第六节 其他白茶初制技术

按白茶的产品标准,只要用多白毫的品种,采用白茶的萎凋、干燥工艺,就可以生产出白茶。下面就曾经研制过的白茶新花色福建雪芽、仙台大白做简要介绍。

一、福建雪芽

福建雪芽是福建省茶科所创制的白茶花色,现在市场上常说的"雪芽"一般指呈自然花朵型的绿茶。

1.品质特征

外形白毫厚披,毫色洁白银亮,芽体肥壮,叶面翠绿或灰绿,叶缘垂卷,芽叶连梗伸展,嫩叶抱壮芽,形态自然。内质香气清鲜,毫香浓爽,滋味鲜醇甘甜,汤色杏黄浅淡,清澈明净,叶底肥软匀亮,梗脉微红,耐冲泡。

2.原料要求

以福云 6 号、福云 20 号等富含白毫的品种,鲜叶标准为肥壮多毫的一芽一叶初展。鲜叶要求鲜、嫩、匀净。

3.加工方法

采用室内自然萎凋,每筛摊叶 0.25～0.3 kg。萎凋历时 30～48 h,鲜叶减重 65％～70％,萎凋叶含水率约为 35％±5％,可将四筛萎凋叶合并,并筛 4 h 后付烘。烘焙用焙笼,分两次进行。初焙 85～90 ℃,历时 20～30 min,下焙后薄摊 30 min。摊凉切忌过厚或堆放时间过长,否则色泽变黄或变红,品质劣变。复焙 80～85 ℃,20～30 min 完成,下焙后趁热装箱。待销售包装前拣黄片、红变叶及杂物。

二、仙台大白

仙台大白系选用江西上饶的大面白品种。由于原产地上泸的洪水源一带,该地有八仙台之称,因此取名"仙台大白"。现产量少。

1.品质特征

芽叶肥壮,密披白毫,毫色银白莹亮,熠熠有光。叶面灰绿隆起,叶缘背卷,芽叶连梗,完整无损。内质香气清鲜高长,汤色清亮,滋味鲜醇回甘。叶底肥嫩,梗脉微红。

2.原料要求

于4月上、中旬,采一芽一、二叶初展,芽头长度平均3.9 cm,叶色淡黄绿色,茸毛特厚,内含物质丰富,据测定,鲜叶含水浸出物45.08%,茶多酚21.56%,儿茶素122.57 mg/g,氨基酸3.102%,是适制白茶的优良品种。

3.加工方法

采用室内自然萎凋,室温控制18～25 ℃,相对湿度70%～80%,摊叶用水筛,每筛摊叶0.4 kg。经25～30 h萎凋,减重60%左右即可并筛,再经10～12 h,减重达70%,进行第二次并筛,并筛后继续萎凋至八、九成干时即可付烘。烘焙用焙笼,先在烘心盘上垫衬白纸一层,每笼摊叶厚1.5～2 cm,烘温70～80 ℃,历时15～20 min下焙,芽叶含水率5%。拣黄片、红变叶及杂物成为毛茶。

第七节　白茶初制的技术关键

影响白茶品质的因素很多,除茶树品种和鲜叶质量外,白茶品质的形成还受到初制过程中某些因素的影响,如温度、湿度、气流、翻动、并筛和烘焙时间,以及包装等影响。

白茶初制过程中的萎凋失水速度与外界环境条件密切相关,空气中的温度,相对湿度,空气的流通均影响萎凋的快慢,而这三者又是互相影响的。萎凋历时长短与室温成反比,与室内相对湿度成正比。控制白茶的萎凋时间,以达到萎凋时内部生化成分的协调变化,必须掌握适宜的温湿度。一般春茶温度18～25 ℃,相对湿度67%～80%;夏秋茶温度30～32 ℃,相对湿度60%～75%;加温萎凋室以温度29～30 ℃,相对湿度65%～70%为宜,室内自然萎凋时间以50～60 h为宜。试验证明:失水速度太快,萎凋全过程历时太短,理化变化不足,成茶色泽枯黄或燥绿,香青味涩;失水速度太慢,萎凋全程历时太长,理化变化过度,成茶色泽暗黑,香味不良。这就是制白茶"天热变红,天冷变黑"的原因所在。

萎凋室空气的流通能加速萎凋叶水分蒸发,防止二氧化碳与氨气的积聚引起毒害,以及供给叶内生化变化所需的氧气。故萎凋室要求四面通风,无阳光直射并防雨雾侵入。特别是加温萎凋室内,必须注意空气对流,切忌高温密闭。

在萎凋过程中不可翻动,以免造成机械损伤,引起多酚类化合物的酶促氧化而使叶子红变。

萎凋后期的"并筛"是促进叶缘垂卷的重要措施,可以防止贴筛所造成的平板状态。但并筛要及时适当,如待细胞膨压降低,以致失去弹性时才并筛,因这时叶态已卷曲,将会引起芽叶皱缩而使叶态不良,降低白茶的质量。

主要技术关键有:

1.萎凋时间

一般情况,萎凋时间不得少于 36 h,少于 36 h 由于其生物化学反应不完全,茶叶味淡并带青草气,叶张薄摊。但萎凋时间过长,如超过 72 h,则常使叶色变黑,甚至霉变。因此萎凋时间最好掌握在 36~72 h 之间,一般 54 h 左右为宜。

2.温度与空气相对湿度

白茶萎凋最适宜的温度是 25~30 ℃,相对湿度 60%~75% 为宜。室温和湿度过高时,由于多酚类物质氧化缩合反应过于剧烈引起茶叶红变;而温度过低及温度过高时,则因萎凋时间过长造成霉变。提高一定的温度可以降低相对湿度,从而促进叶子水分的蒸发,加速淀粉和蛋白质等有机物质分解和多酚类物质的氧化。但是如果温度过高,则因叶子失水细胞过早死亡,茶叶呈青草气味。目前,茶农家庭制作白茶,春茶采用楼上萎凋,夏季移至楼下进行,实际上就是对温、湿度的有效调剂,而采用的复式萎凋中的晒青程度和时间的控制,就是防止温度过高所引起的不良影响。

3.空气流通

空气流通会加速萎凋过程中水分的蒸发,防止二氧化碳等不良气体的积聚,同时供给萎凋叶生物化学变化所需要的氧气。因此,在萎凋前期必须注意鲜叶均匀薄摊,不匀和过厚往往造成白茶欠鲜醇,色泽花杂。在室内采用加温萎凋,必须注意空气对流或定期换气。但在萎凋后期当萎凋叶达到一定干度时,通过并筛适当增加厚度和适当抑制空气的流通,又可增加叶间的温度和湿度,消除青臭味,促进发酵,完成内含物的转化和积累。此外,调节空气流通和摊叶厚薄,还要避免气候干燥,失水过快引起的萎凋不均匀的现象。

4.烘焙

烘焙可以弥补萎凋过程的不足。从萎凋叶内在变化来看,良好萎凋的内容,包括糖、蛋白质等有机物质的充分分解和多酚类物质的适当氧化,同时要防止叶绿素的完全破坏。因此,当萎凋程度不足时切忌付焙,过早烘焙的萎凋叶成品色黄,味淡并带有青气。粗老茶由于萎凋程度不能充分,生化反应不完全,青涩味重,应提高烘焙火功,而对萎凋充分的嫩叶,则可以火功衬托"茶香",但要防止火功过高,以免"火香"掩盖白茶特有的"毫香"。

本章参考文献

[1]安徽省屯溪茶业学校.制茶学[M].北京:农业出版社,1980.

[2]顾谦,陆锦时,叶宝存.茶叶化学[M].合肥:中国科学技术大学出版社,2002.

[3]湖南农学院.茶叶审评与检验[M].北京:农业出版社,1979.

[4]宛晓春.茶叶生物化学[M].3 版.北京:农业出版社,2003.

[5]安徽农学院.制茶学[M].北京:农业出版社,1979.

[6]安徽农学院.茶叶生物化学[M].2 版.北京:农业出版社,1988.

[7]施兆鹏.茶叶加工学[M].北京:中国农业出版社,1997.

[8]陈和建.浅谈白茶热风萎凋的技术[J].福建茶叶,1999(4):13-14.

[9]张丽宏.再探白茶品质的控制[J].中国茶叶加工,1994(4):27-33.

[10]吴英华.采用新工艺生产白茶的初制特点[J].福建茶叶,1989(1):35-36.

[11]林佐夙,林德叶.福鼎白毫银针[J].茶叶科学技术,1999(2):38-39.

[12]陈清水.人工控制白茶萎凋的设备组合研究[J].福建茶叶,1988(2):31-32.

[13]刘谊健,郭玉琼,詹梓金.白茶制作过程主要化学成分转化与品质形成探讨[J].福建茶叶,2003(4):13-14.

[14]张天福.福建白茶的调查研究[J].茶叶通讯,1963(1):43-50.

[15]福建省质量技术监督局.白茶标准综合体:DB35/T 152.1~17—2001[S].2001.

[16]黄国资.英红九号加工白茶的技术指标研究[J].广东茶业,1996(2):27-31.

第五章　白茶的精制与深加工

第一节　概述

一、白茶的精加工与要求

鲜叶加工后的产品,称为"毛茶"。由于毛茶的来源、采制季节、茶树品种、初制技术等不同,品质差异很大,质量也夹杂不纯。为使品质优次分明、纯净、匀齐、美观,必须进行精加工。白茶精加工的要求主要有:

1.整理外形,匀齐美观

在同一批或同级毛茶中,有各种不同的形态。如长短、粗细、大小、松紧、曲直、轻重等,形状极不整齐。通过加工使各种不同的形态分别处理,达到长短适当,大小粗细一致,匀齐美观,符合成品茶的规格要求。

2.划分等级,各归其类

在毛茶中由于老嫩混杂,精粗不一;同时夹杂梗、朴、片、末等,通过精加工,使优次各归其类,划分等级,统一规格,符合成品茶的要求。

3.剔除异杂,提高净度

在鲜叶采摘和鲜叶初制过程中,往往有茶类夹杂物和非茶类夹杂物混在毛茶中,影响茶叶质量和卫生,通过精加工,使各种夹杂物分离出来,提高茶叶的净度,符合商品质量的要求。

4.充分干燥,发展香气

毛茶由于干燥程度不一,含水量高低不同。在贮运中吸收水分而增加毛茶水分含量,引起内含物变化和微生物繁殖,使品质劣变,通过精加工的再干燥,散发水分,进一步发展香气,使茶叶含水量达到规定的标准,便于贮存,保护品质的要求。

5.成品拼配,调剂品质

毛茶经筛分后,分出来的各筛号茶,品质优次仍有较大的差异,根据各级成品茶加工标准样,对各筛号茶按一定的比例进行拼配,取长补短,调剂品质,达到规定的质量要求。

二、白茶的深加工

茶叶深加工工程是研究以白茶鲜叶、成品茶、再加工茶、茶园和茶厂废弃物为原料,运用现代科学理论和高新技术,从深度与广度诸方面变革茶叶产品结构的新型加工工程。茶叶深加工工程大体可分为:机械加工、物理加工、化学和生物化学加工、综合技术加工这四个方面的加工工程。

（一）茶叶的机械加工

茶叶的机械加工是基本不改变茶本质的加工。机械加工的特点是只在形式上改变茶的机械成分,即颗粒的大小,以便于包装、贮藏,且更符合清洁卫生要求。

袋泡茶加工是典型的机械加工方式,这种加工的特点是需求排除 40 目以下的粉末及大于 14 目的大颗粒茶叶,以达到茶叶大小基本一致,便于包装与利于茶叶的泡出。

袋泡茶加工的关键是保持原茶的固有风味,即加工、包装、贮藏和运输过程,必须保持茶叶色香味不劣变。因而要求袋泡茶加工、包装、运输时间要尽可能缩短,以免茶叶吸湿劣变;同时要求袋泡茶内外袋性能好,特别是内袋的滤纸的过滤性能强、浸出率高、茶内含物溶出快、茶汤清澈,外袋防潮、阻气、避光性能强,有利茶叶保持品质。此外,要求袋泡茶内外袋纸及提线等符合食品卫生标准。

茶粉的加工是另一典型的机械加工方式,这种加工的特点是使茶叶成为 200 目以下的超微茶粉,变喝茶为吃茶,便于茶叶的添加利用。

（二）茶叶的物理加工

茶叶物理加工是只改变茶叶的形态,而不改变茶的内质的加工。如速溶茶与液态饮料的加工技术是典型的茶物理加工工程。速溶茶的加工工艺包括原料处理、提取、净化、浓缩、干燥、包装、贮藏等工序。液态茶饮料加工虽然不需要浓缩、干燥,但要进行灭菌、装罐等工序。这一类的加工制品要求尽可能保持原茶风味,以适应人们要求方便、快捷的生活需求。速溶茶与液态饮料加工工程应用了许多高科技成果,如超临界萃取技术、超滤和反渗透技术、超高温瞬时灭菌技术、微胶囊技术、喷雾干燥技术、冷冻干燥技术、香气回收技术等,使茶叶的加工进入了一个全新的领域。

（三）茶叶的化学和生物化学加工

茶叶的化学和生物化学加工是采用化学或生物化学方法,以茶鲜叶或成品茶为原料的加工。其加工的特点是从茶中分离和纯化抽提出特效成分,是改变茶叶本质的加工。其加工制品一般不要求保持原茶的风味,通常作为抗氧剂、天然着色剂及其实营养、保健食品的添加剂,或作为日用化妆品的辅料及药物等。

（四）茶叶的综合技术加工

茶叶的综合技术加工是综合应用上述各项技术,并以茶为主料的各种新产品加工。目前,最主要的有保健茶加工、茶叶药物加工、茶叶食品加工和茶叶发酵工程等。

保健茶加工是以茶为主料,配以各种中草药、营养果品等,加工成具各种功能的保健饮料。保健茶加工的关键是优化配方,制订茶与各种配料的优化配比。

茶叶药物的加工是根据对茶叶特效功能成分的临床研究成果,采用现代医药加工的技术,开发研制能应用于临床治疗的各种茶叶药物制品。

茶叶食品加工是利用茶叶中多种有机成分、微量矿质元素及保健的特效成分,作为食品的辅料进行综合性加工。茶叶食品加工的技术关键是了解掌握原食品固有技艺,精心研究主、辅料的配比,在保持原食品特色的基础上,突出茶的特有风味与色泽,并以茶叶的营养和保健功能,提高原食品的生理效应。

茶叶发酵工程主要是应用生物化学的综合加工技术,研究茶叶发酵饮料(酿制茶酒)。即通过在茶叶提取液中添加发酵基质和适当的酒精发酵酵母菌、有机酸发酵菌等,促进基质的发酵作用,从而形成具有茶叶特殊风味酿造茶产品。

第二节　白茶精加工技术

由于白茶要求外观呈自然花朵型,因此对白茶的精加工技术提出了特殊要求,其中手工拣剔占有重要比例。具体技术要领如下。

一、毛茶验收、复评定级、归堆

做好毛茶验收、复评定级、归堆是白茶精加工的开始,也是提高效率、减少成本的关键。由于各批次、各厂家(特别是许多农户小批量加工)的毛茶差异极大,因此对生产、收购的毛茶要认真做好验收、复评定级、归堆。

按加工要求制好收购标准样。复评按制定的毛茶收购标准进行对样审评。发现品质对样等级有出入或轻重劣变的毛茶,应酌情处理并另外堆放;对毛茶含水量超过规定标准的,应及时进行复火干燥,防止贮存中发生劣变,有的收购毛茶含水量达11%以上,若不及时烘干,很容易变质。

定级、归堆是根据毛茶加工标准样的品质要求、毛茶的品质特点进行的。定级、归堆是原料处理中一项极其重要的工作,它关系到原料的定型化与规格化,尤其是实现制茶机械化生产过程中,没有一定规格的原料,势必影响加工取料的困难和产品品质的稳定性。定级标准是以毛茶的内质为主,结合外形,以最高的出品率作为定级的依据,然后依据评定的级别进行归堆贮存。毛茶归堆的原则是:

(1)按毛茶不同产区的品质特点归堆;

(2)按毛茶不同生产季节品质特征归堆;

(3)按茶树品种不同的品质特征归堆;

(4)按定级加工不同等级归堆分。

二、毛茶原料选配

由于毛茶品质特征不同,在付制之前对原料进行适当的选配、调剂,充分发挥原料的经济价值,使加工后的产品达到规定的质量标准要求。原料选配是根据历年和当年毛茶进厂的数量与质量的实际情况,合理选配,并按原料品种、生产季节的茶进行一定比例进行拼配,保证全年加工的产品前后期质量平稳一致。要注意的是闽北、闽东的白茶风格不同,不同品种生产的白茶风格不同,详见表5-1。

表 5-1 白茶春毛茶的主要特点

产地	原料品种	主要品质特征
福鼎	福鼎大毫	外形肥壮,毫显、银白色,叶面翠绿,叶背茸毛白而显;汤色清澈橙黄;滋味清甜醇爽浓厚毫味足
	福鼎大白	外形较肥壮,毫显、银白色,叶面翠绿,叶背茸毛白而显;汤色清澈橙黄;滋味清甜醇爽浓厚毫味足
	福云6号	外形较肥壮,毫极显,鲜银白色,叶面翠绿,叶背茸毛白极显;汤色清澈橙黄;滋味清甜较醇爽浓厚、毫味尚足
政和松溪	福安大白	外形肥壮,毫显,银灰白色,叶面灰绿,叶背茸毛白而显,略暗;汤色清澈橙黄稍深;滋味清甜醇爽浓厚毫味足
	政和大白	外形极肥壮,毫显,银灰白色,叶面灰绿,叶背茸毛白显,稍黄略暗;汤色清澈橙黄稍深;滋味清甜醇爽浓厚毫味足
	福鼎大毫	外形肥壮,毫显,银白色,叶面翠绿,叶背茸毛白而显;汤色清澈橙黄;滋味清甜醇爽浓厚毫味足,色泽总体比福鼎产的稍深
	福云6号	外形较肥壮,毫极显,鲜银白色,叶面翠绿,叶背茸毛白极显;汤色清澈橙黄;滋味清甜较醇爽浓厚、毫味尚足,贮藏易黄变
建阳	福安大白	外形肥壮,毫显,银灰白色,叶面灰绿,叶背茸毛白而显,略暗;汤色清澈橙黄稍深;滋味清甜醇爽浓厚毫味足
	水仙	外形极肥壮,毫显,银灰白色带黄,叶面灰绿、暗,叶背茸毛黄白显,稍黄略暗;汤色清澈橙黄稍深;滋味清甜醇爽浓厚毫味足,有特殊香味

三、拟定毛茶加工计划和制率测定

根据毛茶加工生产任务,拟定全年加工计划,合理安排原料的使用。对选配的原料按数量比例扦样,先拼成小样,然后对照加工执行标准样,确定分级提取率。具体分析每批付制毛茶的数量,可提取哪些级别花色成品的百分比,依据上述分析结果,作为加工计划和成本核算的依据。

四、毛茶加工基本作业及作业机械

传统绿茶整个毛茶加工程序,可分为筛分、切断、风选、拣剔、干燥、拼和、匀堆装箱等作业。但由于白茶本身的特殊性,筛分、切断、风选等在白茶的精加工中较少使用,最常用的是拣剔、干燥、拼和、匀堆装箱等作业。因等级不同,白茶的精加工工艺也有差异。

（一）有关精加工的名词

撩筛:经分筛后的各号茶,如果还含有少量的长条形茶,把它分离出来,一般配置比原号茶的筛孔放大 1～2 孔,转速较快,使长短或大小匀齐;弥补分拣之不足。

撩上:撩筛上的茶叶。

撩下:撩筛下的茶叶。

枯红片:形粗大,色显猪肝红带黑的茶叶,需要拣剔去除。

红花片:形粗大,色泽花红带黄的茶叶,需要拣剔去除。

光细梗:形细长,没有着叶的光枝的茶叶,需要拣剔去除。

老梗:粗大的梗或形如树枝的梗,色褐或灰白的茶叶,需要拣剔去除。

蜡片:就是茶叶生长的鳞片,叶面平而有蜡质的光泽,呈金黄色的茶叶,需要拣剔去除。

（二）工艺流程

有关白茶精加工的工艺流程有两种说法,分别见与《白茶标准综合体》与《白茶研究资料汇集》。

1.《白茶标准综合体》有关白茶的工艺流程

（1）高级白茶（特级、一级）精加工流程:

毛茶→匀堆→拣剔（手拣）→拼配→正茶→匀堆→烘焙→趁热装箱。

（2）中档白茶（二、三级）精加工工艺流程:

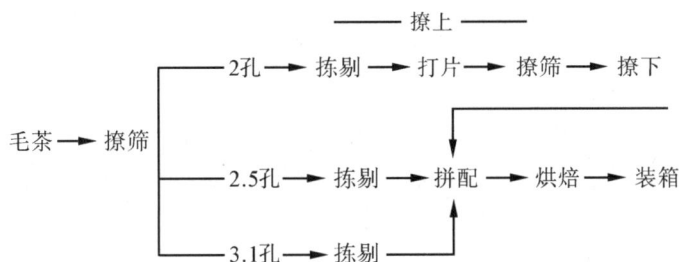

（3）低级白茶（寿眉、片）精加工工艺流程:

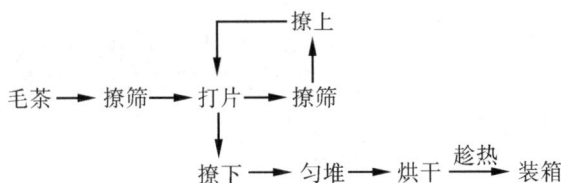

2.《白茶研究资料汇集》中论述的白茶精加工流程

（1）特、一级原料

毛茶→拣剔→拼堆→复火→成箱

（2）二、三级原料

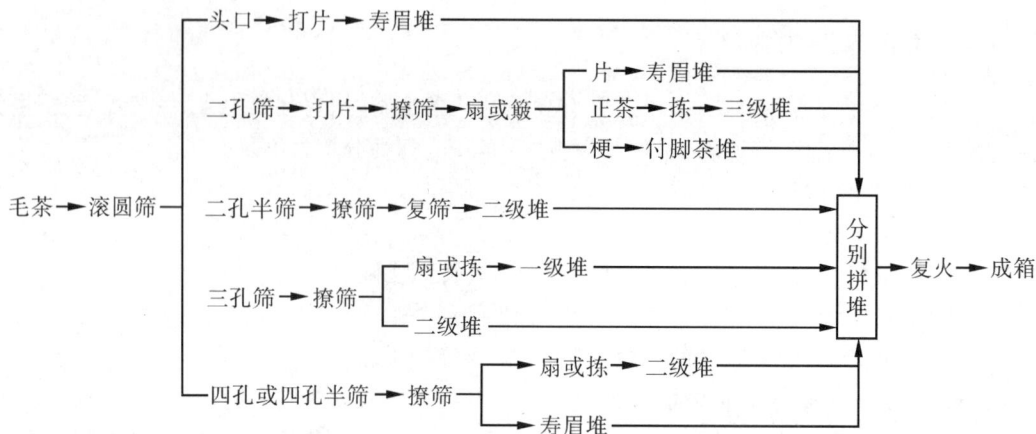

（3）四、五级原料

根据不同的毛茶等级分别付制。特、一级原料可加工为特级成品（例如特级、一级大白可加工为特级白牡丹），二、三级原料可加工为一、二级成品，四、五级原料可加工为三、四级成品。白茶精加工在以前主要是花工在拣剔方面。新中国成立后在精加工过程中已一部分改进为以筛代拣的方法，节省了很多人工。在拣剔工序上，毛茶品质愈高，要求越严，例如拣一级白牡丹，除梗、片外还要拣去红张、暗张，二级白牡丹只要拣去枯红张，三级则允许枯红张存在，只拣去梗片，所以高级茶每担约需 9 个拣工。毛茶经筛、拣后按等级分别拼堆、复火、成箱。复火温度一般为 130 ℃，约经 25 min，趁热装箱，称"热装"。由于白茶叶张开展，容易吸收水分，因此要随烘随装，并减少断碎。

（三）主要精加工工艺

1.拣剔

拣剔作业是汰除劣异、纯净品质的重要工序。白茶的拣剔以手工拣剔为主，毛茶拣剔为初拣，银针主要拣剔物是过长芽蒂、焦红、红变、黄变、暗色和黑色的银针。大、小白茶主要拣出物为黄片、蜡片，茶梗以及非茶类杂物，以免包装运输中断碎，使精加工过程中难以分开。拣剔时要小心轻快，防止折断芽叶与叶张破碎。

2.拼配

拼和时主要根据各级标准样水平，把各筛号茶（半成品）分别进行品质审评，确定花色级别，分别拼堆，符合品质规格要求的各原号茶，把上、中、下三段茶依一定比例拼配，试拼小样，使外形与内质相匀称，避免脱档，然后对照统一茶坯标准样批符合后，方可拼和大堆样，成为各级茶坯。

进厂的白毛茶经品质鉴定过的各堆号茶，须按级（批）、按堆、按号叠放。注明标志后，每号扦取 500～1 000 g 待拼。以本批加工的各堆各筛号茶为主,结合其他批唛上升、下降符合本级质量要求的各堆号、各筛号茶进行拼配,兼顾以上,中、下段茶适当比例。将按比例拼配的样品,先取 500 g 样品置烘箱内,温度 120 ℃烘焙 15 min,然后从中取 150 g 左右对照标准样,对各项因子的高、低、匀称进行调整,达到符合标准样后按比例拼堆,对于不能拼入本级的堆号茶待后处理。

3.匀堆

按半成品匀堆通知单规定的各堆号茶的数量进行匀堆,数量大的各堆号茶分两次开堆,做到各堆号茶,上、中段茶分散均匀一致。高档茶(特、一级)匀堆必须搭跳板,严禁脚踩,以免断碎。匀堆、过磅、装箱联合机械化生产操作,保证匀堆装箱质量标准,减轻劳动强度,提高工效是白茶生产的迫切要求。

4.烘焙

白茶装箱前必须经过烘焙,要求高档茶烘干温度掌握在 120～150 ℃。中、低档茶烘干温度掌握在 130～140 ℃,烘干时间 10～15 min,铺茶厚度 4 cm。按成品茶规定的火候要求,掌握烘干机的温度、时间、厚度,连续进行烘干,以稳定产品的火候要求。

5.装箱

白茶装箱采用热装法,即匀堆茶随烘随装,茶叶烘到适当的火候时,尚有一些软态,即时装箱不易断碎,装箱操作要轻,用"三倒三摇法"(即每箱分三次加满,每加一次,摇抖茶箱使茶叶装的结实),分层抖动、压实。

第三节　白茶的深加工技术

许多研究认为白茶的最大特点是经过萎凋、干燥两个工序形成了白茶特有的品质特点和独特的保健功效,因此白茶的深加工必须最大限度地保留白茶的风味与保健品质,否则生产的深加工产品将没有优势。深加工的关键是生产速溶的白茶粉、超微粉碎的白茶粉、白茶浓缩茶水,其他产品基本是在这三者基础上再加工。

一、速溶白茶的生产技术

速溶茶的加工,主要包括原料处理、提取、净化、浓缩、干燥、包装和贮藏等过程。其基本原理是将茶叶中提取的水可溶物进行转化和转溶,增进速溶茶的色、香、味,然后进行干燥,成为一种速溶的固体饮料。这种饮料对异味、温度、氧气、水分非常敏感,因此对包装条件的要求非常严格。

(一)速溶白茶的工艺流程

1.原料处理

白茶速溶茶原料是用成品茶。在加工前必须进行原料的预处理,成品白茶要轧碎,通过40～60 目筛,这样不但可以提高浸提速率,而且可以减少体积,方便运输、操作。试验表明粉碎可以明显提高茶叶的浸出率(表 5-2),这对于降低浸提水温尤其重要。如在白茶中拼入 10％左右的红茶,能提高汤色的亮度、香味的浓度和鲜爽度。

表 5-2　不同体型的一级白牡丹浸出率

样品体型	浸出率				
	水浸出物	氨基酸	咖啡碱	茶多酚	可溶性总糖
自然形状	68.4％	71.6％	69.8％	67.3％	61.5％
粉碎 40～60 目	76.3％	76.3％	74.5％	75.9％	71.2％

注:水温 85 ℃,时间 15 min。

为了保持茶叶原有的香气,可在提取之前将茶叶先用液态二氧化碳进行气提,使茶叶香气物质溶入液态二氧化碳中,防止茶叶香气物质的氧化,然后将含有香精油的二氧化碳通入浓缩液中进行喷雾干燥,或者在受粉器中进行芳构作用,以提高速溶茶的香气。

2.提取

速溶茶的提取是以符合饮用标准的沸水作为溶剂,抽取茶叶中的水可溶物质。由于茶叶中的液质浓度与液相中的溶质浓度存在一定的浓度差,可溶物由固体向液体扩散。通常操作上采用单一批次的单桶提取或多桶连续提取等方法。通常茶叶可溶物总量控制在30％左右,因为过量提取会使一些不可口的提取物溶解出来,形成速溶茶的粗青味和涩味。为了保证白茶速溶茶的风味特点,以水温 85 ℃,时间 15 min,茶水比 1∶100 为佳。

3.过滤与转溶

茶提取液中含有碎末茶和悬浮杂质,必须经过净化处理。主要方法是通过离心过滤或减压过滤.离心过滤通过布滤袋,除去颗粒大的杂质,而后再进行减压过滤(过滤介质为羊毛毡和 100～150 目尼龙布)。过滤后的提取液无沉淀物。但是在茶提取液中,还存在一种当提取液冷到 5 ℃时就会产生的絮状沉淀,称为"乳络物",通常称之为"冷后浑",这种物质的多少是茶叶质量的标志。在热溶型速溶茶中不会产生沉淀,其茶汤明亮,滋味浓醇。而在冷溶型速溶茶中,必须对"茶乳酪"进行转溶,才能成为冰茶和冷饮料的原料。转溶的方法主要有酶促降解和碱法转溶。

酶促降解是采用单宁酶切断儿茶酚与没食子酸的酯键,解离的没食子酸阴离子,又能同茶黄素和茶红素竞争咖啡碱,形成分子量较小的水溶物,其阳离子在有氧的条件下与碱中和。

碱法转溶是速溶茶生产中普遍使用的方法。基本原理是:在茶提取液的沉淀物中,加入一定浓度的氢氧化钾或氢氧化钠溶液,使解离的羟基带有明显的极性,打开茶乳酪的氢键,与茶红素等竞争咖啡碱,改组为小分子可溶物。主要方法是根据茶提取液沉淀物中可溶物的浓度,加 6％～7％的碱量,这时溶液的 pH 达 9 左右,搅拌增加氧气使茶乳酪溶解,然后加一定浓度的食用酸中和后,使经转溶液达到原提取液的 pH 水平,并经过滤除去杂质。经过这样转溶的提取液,制成的速溶茶,就称为冷溶型速溶茶。用冷水冲饮,茶汤清澈明亮,无沉淀物。

冷冻离心沉淀是根据茶乳酪在冷冻条件下易聚沉的特性,温度越低析出量就越多的原理,采用冷冻离心法使胶体浑浊物分离,其处理方法简单,不经任何转溶处理。除去胶体浑浊物的提取液,茶味淡薄。离心沉淀后的茶乳酪沉淀物可加入热溶型速溶茶提取液中去,以增加速溶茶的浓度。

总之,以上三种处理方法,解决了冷溶速溶茶的澄清度问题,但损失了部分有效可溶物,因此,冷溶型速溶茶比热溶型速溶茶,表现为味淡,可溶物含量低。

4.浓缩

经过净化处理的低浓度提取液(可溶物含量2%～4%),必须加以浓缩,才能进行干燥,否则将降低速溶茶的干燥效率,增加速溶茶的加工成本。因此,浓缩处理是速溶茶加工中重要的过程。速溶茶的浓缩方法,目前常用的有加热真空浓缩,另外还有冷冻浓缩和反渗透浓缩。

加热真空浓缩,在浓缩器内保持一定的真空度和温度,使水的沸点降低而快速蒸发。特点是真空度高,液体沸点低,受热时间短,浓缩时间大大缩短。据试验,在同等真空度条件下,不加温浓缩和加温(36 ℃)浓缩相比,浓缩时间后者只有前者的1/7,茶浓缩液的质量也好。加热真空浓缩的技术条件,要求浓缩液达到20%～40%的浓度,真空度700～720 mmHg(1 mmHg＝133.3 Pa)汞柱,浓缩温度视茶叶情况而定,茶叶老嫩不同,其耐热性也不同:一般上档原料不低于45 ℃,下档原料不低于50 ℃,茶叶副产品可达60 ℃。

冷冻浓缩,这种浓缩方法是利用水溶液在共晶点与低共熔点前,部分水分呈冰晶析出的原理,来提高提取液的浓度。如茶提取液浓度很低,当逐步冷却到0 ℃时,就有部分冰晶在提取液中析出,浮在液体的表面,余下的溶液浓度提高,再继续进行降温到新的冷结点,再次析出冰晶,如此反复进行。总的冰晶析出量增加,提取液的浓度不断提高。由此可知冷冻的温度越低,析出的冰晶越多,溶液的浓度也愈高。提取液的浓度要求,可由析出的冰晶数量(即去水量)来计算得出百分浓度,也可用波美表来测定浓缩液的浓度。这种方法需要一定制冷量的冷冻设备。

反渗透浓缩是一种膜分离技术。是利用膜的微孔,分离亚微细粒的大分子团物质,以高压泵产生的压力,推动溶液强制通过膜的微孔,产生溶剂和溶质分离,水的分子能顺利通过膜孔,而物质的微粒不能通过。这样经多次循环浓缩,溶液就能达到一定的浓度。在此浓缩技术中,对膜的选择是非常重要的,各种膜均有使用的专一性,否则浓缩的效果不好。反渗透浓缩在整个浓缩工艺过程中,不加温,不蒸发汽化,因此物质的风味和香气成分不易散失,不存在相变过程,故能耗费用少,是目前常用的浓缩方法。

5.干燥

在速溶茶的生产中,目前国内外使用的主要干燥方法有喷雾干燥和真空冷冻干燥两种,其中使用最多的是喷雾干燥。

喷雾干燥是将浓缩液通过雾化器雾化成为极细的雾滴,与炽热的空气进行剧烈的热交换,干燥成为粉状或颗粒状、含水量低的速溶茶,通过旋风分离器,排出湿空气,使速溶茶沉降于集粉罐中。这种干燥方法的特点是干燥速度快。茶浓缩液被雾化成很小的微粒,增大了液体蒸发的表面积,如1 cm³的液体,雾化的液滴直径为0.1 mm,则其总的液滴的表面积为600 cm²,这样大的表面积与高温热介质接触,进行迅速的热交换,一般只需几秒到几十秒就能干燥完毕,具有瞬间干燥的特点。虽然喷腔中空气温度较高,热空气进口温度达150～250 ℃,但液滴有大量水分蒸发,其干燥温度一般不超过热空气的湿球温度,适合热敏性物料的干燥,且制品有良好的分散性和溶解性,产品干后成为粒径不同的空气球,制品疏松,产品在密封的容器中干燥不会污染,生产过程简单,操作方便,适合连续化生产。其主要缺点是单位产品耗热量大,容积干燥纯度小,因此干燥设备体积大。在速溶茶的干燥中,喷腔的温度随喷腔的体积大小而不同,一般控制温度在150～250 ℃,排湿温度85～95 ℃。

真空冷冻干燥,是将浓缩液先结冻到冰点以下,使水变成固体冰,然后在低于水的三相点压力的真空条件下,将冰直接转化为汽而除去,而茶浓缩液被干燥。具体干燥方法是将茶浓缩液放入真空冷冻箱内,在极冷(−35 ℃)下结冻成冰块,然后在箱中造成真空状态,真空度保持余压 0.6～0.1 mm 汞柱,使茶浓缩液结冻的冰块中水分汽化蒸发,然后以每小时升温3 ℃的速度升到 0 ℃,再以每小时升温 5 ℃的速度升到 25～30 ℃,保持 1～2 h,使产品的含水量达到 3%～4%,解除真空状态,取出速溶茶,在干燥的条件下粉碎、过筛后密封于容器中保存。真空冷冻干燥的缺点是,需要一套真空和制冷设备,投资和操作费用大,成本高。

喷雾干燥和真空冷冻干燥的产品品质不同,前者外形呈球形颗粒状,内质香味较差;后者外形呈鳞片状,内质能保持原茶的香味。这两种干燥方法,每脱水 1 kg 的成本,真空冷冻干燥是喷雾干燥的 6 倍。

6.包装

速溶茶是一种亲水性物质,吸湿性极强,包装不好极易潮解,结块变质,茶叶香味俱减,汤色转暗,溶解性差,丧失商品价值。因此,速溶茶的含水量应控制在 3%～4%,过高或过低都会影响速溶性。根据速溶茶的这一特性,包装车间要有调温、调湿设备,以控制包装过程中速溶茶的吸湿。一般要求空气状态参数为:温度 20 ℃,相对湿度 60% 以下,用轻质玻璃瓶或聚乙烯复合袋包装,贮于低温干燥的仓库内。

(二)微胶囊技术在速溶茶上的应用

微胶囊技术又称微胶囊包埋技术,或微胶囊造粒技术。就是将固体、液体和气体物质包埋在一个微型胶囊内,成为一种固体微粒的技术。该技术能够使被包埋的物质与外界环境隔离,有效地减少被包埋物质向环境的扩散和蒸发,掩盖被包埋的物质的异味,最大限度地保持其原有的色、香、味,理化性能和生物活性,防止营养成分被破坏,并具有缓释的功能。

用于制造微型胶囊的材料称为壁材,被包埋的物质称为芯材。常用的壁材有变性淀粉、环状糊精、纤维素、蛋白质、脂类等。在食品方面,常用的微胶囊化方法有挤压包埋、喷雾干燥、空气悬浮、离心挤出、旋转悬浮分离、凝聚等。该项技术用在速溶白茶生产上利于保持白茶特有的风味品质。

二、白茶饮料生产技术

白茶饮料生产技术与其他茶饮料生产基本相同,参见茶饮料工艺流程图,在《茶饮料生产许可证审查细则》对其生产有详细规定,现摘要如下。

(一)基本生产流程及关键控制环节

1.基本生产流程

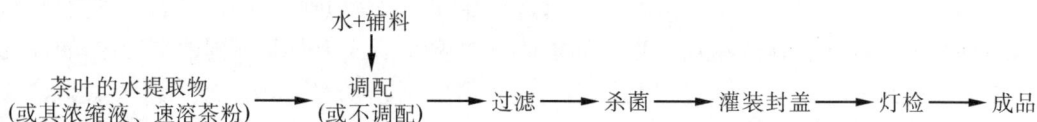

水+辅料

茶叶的水提取物 → 调配 → 过滤 → 杀菌 → 灌装封盖 → 灯检 → 成品
(或其浓缩液、速溶茶粉) (或不调配)

详见茶饮料工艺流程图(图 5-1)。

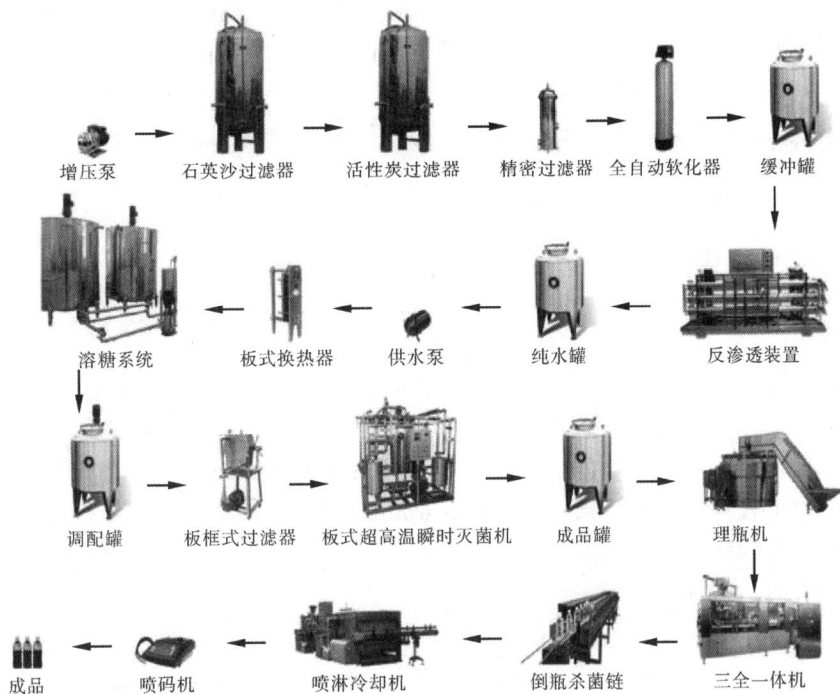

图 5-1　茶饮料工艺流程图

2.关键控制环节

原辅材料、包装材料的质量控制;生产车间,尤其是配料和灌装车间的卫生管理控制;水处理工序的管理控制;管道设备的清洗消毒;配料计量;杀菌工序的控制;瓶及盖的清洗消毒;操作人员的卫生管理。

3.容易出现的质量安全问题

设备、环境、原辅材料、包装材料、水处理工序、人员等环节的管理控制不到位,易造成化学和生物污染,而使产品的卫生指标等不合格;原料质量及配料控制等环节易造成茶多酚、咖啡因含量不达标、食品添加剂超范围和超量使用。

(二)必备的生产资源

1.生产场所

(1)生产茶饮料的企业,应具备原辅材料及包装材料仓库、成品仓库、水处理车间、配料车间、包装瓶及盖清洗消毒车间、杀菌及自动灌装封盖车间、包装车间等生产场所。各生产车间进口处须安装手的清洗消毒设施(应采用非手动式开关)以及符合要求的鞋靴消毒池(或其他设施)。

(2)生产车间依其清洁度要求应分为:非食品生产处理区(办公室、配电、动力装备等)、一般作业区(品质实验室、原料处理、仓库、外包装等)、准清洁作业区(杀菌车间、配料车间、预包装清洗消毒车间等)、清洁作业区(灌装车间等)。各区之间应给予有效隔离,防止交叉污染。

（3）准清洁区和清洁作业区应相对密闭，设有空气处理装置和空气消毒设施，清洁作业区应为 10 万级以上洁净厂房，入口处应设有人员和物流净化设施。

2.必备的生产设备

①水处理设备；②配料罐；③过滤器；④杀菌设备；⑤管道设备清洗消毒设施；⑥自动灌装封盖设备；⑦生产日期和批号标注设施；⑧混合机（适用碳酸型茶饮料）。

（三）产品相关标准

GB 19296—2003《茶饮料卫生标准》；备案有效的企业标准。

（四）原辅材料的有关要求

所用的茶叶应符合 GB 9679《茶叶卫生标准》、GB/T 13738.2—1992《第二套红碎茶》、GB/T 13738.4—1992《第四套红碎茶》或 GB/T 14456—1993《绿茶》的规定；其他原辅材料应符合 GB 10790—1989《软饮料的检验规则、标志、包装、运输、贮存》的规定。原辅材料中涉及生产许可证管理的产品必须采购获证企业的合格产品；生产企业不得使用茶多酚、咖啡因为原料调制茶饮料。

（五）必备的出厂检验设备

①无菌室外或超净工作台；②灭菌锅；③微生物培养箱；④生物显微镜；⑤酸碱滴定装置（适用碳酸型茶饮料）；⑥二氧化碳测定装置（适用碳酸型茶饮料）；⑦定氮装置（适用奶味茶饮料）；⑧酸度计；⑨计量容器；⑩分光光度计；⑪分析天平（0.1 mg）。

（六）检验项目

茶饮料发证检验、监督检验和出厂检验按照下列表 5-3 中列出的相应检验项目进行。出厂检验项目注有"＊"标记的，企业每年应当进行 2 次检验。

表 5-3　茶饮料产品质量检验项目表

序号	检验项目	发证	监督	出厂	备注
1	感官要求	√	√	√	
2	净含量	√	√	√	
3	茶多酚	√	√	√	
4	咖啡因	√	√	＊	
5	苯甲酸	√	√	＊	其他防腐剂根据产品使用状况确定
6	山梨酸	√	√	＊	
7	糖精钠	√	√	＊	其他甜味剂根据产品作用状况确定
8	甜蜜素	√	√	＊	
9	着色剂	√	√	＊	根据产品色泽选择测定
10	二氧化碳气容量	√	√	√	碳酸型茶饮料项目
11	总酸	√	√	√	碳酸型茶饮料项目
12	pH 值	√	√		

三、超微白茶粉生产技术

超微白茶粉就是利用超微粉碎技术将白茶加工成超微粉。由于茶叶的纤维含量高,刚性差,因此粉碎性能远不如矿物,一般过 200 目筛也可称为超微茶粉。

超微粉碎技术起源于 20 世纪 70 年代,是指利用机械或流体动力学的方法克服固体内部凝聚力使之破碎,从而将 3 mm 以上的物料颗粒粉碎至 $10\sim25$ μm 的一项物料加工的新技术。常用的粉碎设备主要为气流磨和高速冲击磨。超微细粉末,具有一般颗粒所没有的特殊理化性质,如良好的溶解性、分散性、吸附性、化学反应活性,以及易于被人体消化、吸收和利用等生物学性质。因此,超微粉碎技术已广泛应用于食品工业的许多领域。传统上用开水冲泡茶叶,但是人体并没有完全吸收茶叶的全部营养成分,一些不溶性或难溶的成分,例如维生素 A、K、E 及绝大部分蛋白质、碳水化合物、胡萝卜素以及部分矿物质等,都大量残存于茶渣中,大大影响了茶叶的营养及保健功能。如果将白茶叶制成粉茶,则茶叶的全部营养成分易被人体肠胃直接吸收。

据笔者多年的实践经验,要将茶叶粉碎成 300 目以下的细度存在如下困难:首先不容易粉碎;其次不容易筛分,容易堵塞筛网,气流分级效果差。笔者曾将茶叶打碎,用胶体磨磨成浆,然后冻干,或喷雾干燥,粉的粒度也大多在 200～300 目之间,只是复水性明显改善,因此要选用特殊的研磨设备,可以将茶叶磨成细度超过 500 目的超细微粉,但茶粉与水混合后,茶叶粉粒会凝成絮状沉淀,因此不可能由茶叶直接粉碎成为可溶的粉。

四、白茶其他深加工

利用白茶的提取物、超微粉或白茶水,就可以添加到许许多多的食品、化妆品、食品添加剂中,形成形形色色的产品。下面列举两个白茶的化妆品:

例一:Origins A Perfect World 白茶美肌抗氧化系列

产品介绍:现代科学研究发现,白茶的抗氧化能力是维生素 E 的 10 倍和维生素 C 的 20 倍。此系列功效主攻抗氧、补湿和滋润,加入蔗糖酵素,再配合玫瑰籽油成分,抗衰老和改善缺水的功能更上一层楼。质感柔润,是偏干肌肤的新宠。其佛手柑、柠檬的标记香味,护肤之余叫人心旷神怡。适合作为初步抗氧化的产品,此系列更适合混合及油性的年轻肌肤使用(摘自淘宝网,taobao.com)。

例二:雅芳白茶活氧去角质乳

产品介绍:白茶活氧精华,白色柔珠颗粒,去除老化角质,恢复肌肤光泽。使用:将去角质乳涂抹于双颊、鼻周、下巴和额头,在美容指的按摩下,细腻的柔珠颗粒轻柔抚触肌肤,30 s后用清水洗净脸庞,柔滑、洁净的肌肤让你如出水芙蓉,纤尘不染。每周 1~2 次(摘自365 网购在线)。

本章参考文献

[1]金心怡,陈济斌,吉克温.茶叶加工工程[M].北京:中国农业出版社,2003.

[2]严鸿德,汪东风,王泽农,等.茶叶深加工技术[M].北京:中国轻工出版社,2001.

[3]安徽省屯溪茶叶学校.制茶学[M].北京:农业出版社,1980.

[4]安徽农学院.制茶学[M].北京:农业出版社,1979.

[5]施兆鹏.茶叶加工学[M].北京:中国农业出版社,1997.

[6]顾谦,陆锦时,叶宝存.茶叶化学[M].合肥:中国科学技术大学出版社,2002.

[7]湖南农学院.茶叶审评与检验[M].北京:农业出版社,1979.

[8]张丽宏.再探白茶品质的控制[J].中国茶叶加工,1994(4):27-33.

[9]林佐凤,林德叶.福鼎白毫银针[J].茶叶科学技术,1999(2):38-39。

[10]张夭福.福建白茶的调查研究[J].茶叶通讯,1963(1):43-50.

[11]福建省质量技术监督局.白茶标准综合体:DB35/T 152.1~17—2001[S].2001.

第六章　白茶品质化学

　　白茶的加工工艺并不十分繁杂,然而在加工过程,芽叶中各种化学物质的变化,却是十分复杂的。在一定的工艺条件下,白茶色、香、味的形成,乃终结于这些错综复杂的结果。白茶的品质特性,首先取决于原料叶固有的成分,再则决定于加工工艺的科学性。了解白茶加工过程中各项内在物质的变化规律,以及这些变化规律与外界条件的关系,最终对白茶品质形成的影响,有利于提高白茶的制作水平。

第一节　白茶加工过程中的酶

　　白茶加工需要充分利用酶的生物化学作用,才能形成其特有的品质特征。茶鲜叶中的酶类很复杂,而在白茶鲜叶加工过程的生物化学变化中,较重要的酶类主要是水解酶和氧化还原酶。

　　采摘下芽叶的光合作用强度急剧下降,呼吸作用增强。萎凋前的鲜叶,其呼吸熵(Q_{CO_2}/Q_{O_2})一般在 1.0 左右,即吸收氧的量与排出二氧化碳的量大致相等。随着萎凋的进行,叶子的呼吸商渐降。萎凋过程芽叶的呼吸强度是逐渐减弱的,这是因为萎凋时随着叶细胞的失水,原生质逐渐变性,新陈代谢水平降低,加上少量多酚类氧化产物的积累,也能抑制催化呼吸作用的酶系活性。萎凋过程鲜叶对氧的吸取量增加,除正常呼吸需要外,有一部分氧被利用到正常呼吸以外的物质氧化作用中去,且这种氧化作用随鲜叶萎凋的深刻化而趋活泼,其中酶起了非常关键的作用。

　　白茶萎凋过程中,水解酶、氧化酶的活性增强,这是因为茶鲜叶中酶的最适 pH 值,一般偏于酸性,如淀粉酶为 pH 5.0～5.4,蛋白酶为 pH 4.0～5.5,多酚氧化酶(PPO)为 pH 5.0～5.5,过氧化物酶为 pH 6.9～7.0,过氧化氢酶为 pH 6.5,抗坏血酸氧化酶为 pH 6.6。萎凋过程中,茶鲜叶中细胞汁由中性向酸性发展,pH 值一般下降到 5.1～6.0,正与酶的最适 pH 值相适应,使酶的活性提高。其原因是:萎凋中叶子因失水而叶细胞汁相对浓度增大;糖类物质等进一步降解成有机酸;酯型儿茶素的酯解,增加了没食子酸含量;果胶素的水解,果胶酸含量也增加;叶绿素的水解,有叶绿酸等形成;一些二磷酸己糖和磷酸己糖、磷脂等的水解,无机磷酸增加等等,使萎凋叶逐步向酸性变化。

　　白茶品质形成过程中,多酚氧化酶起了极其重要的作用。多酚氧化酶与过氧化物酶二者以儿茶多酚类为基质,多酚氧化酶还可以苯丙氨酸、间苯三酚、花青素和花黄素为基质,催化其氧化。据研究,多酚氧化酶与过氧化氢酶还能催化茶黄素类物质的水解。吴小崇研究表明,鲜叶在萎凋过程,无论失水与否,多酚氧化酶的活力总趋势是下降的,但是两者的变化动态有所不同。在萎凋起始 6 h 内,保水"萎凋"的多酚氧化酶活性下降较慢,失水萎凋者酶活性下降较快,前者酶活性下降仅为后者的 1/5,可见鲜叶水分含量高,萎凋前期酶活性也高。此后,保水"萎凋"的酶活性呈直线下降趋势,而失水萎凋的则在 8 h 时出现一峰值,8～12 h 间,失水与保水二者酶活性下降趋势一致。然而失水萎凋可改变多酚氧化酶的特性,一是最适 pH 值在萎凋中发生酸移,自然萎凋(失水)的酶活性有两个峰值,第一峰值为 pH 4.5～5.5,第二峰值为 pH 3.5～4.0,失水使酸移加大。二是酶活性最适温度的改变。多酚氧化酶活性在 10 ℃ 和 30 ℃ 各有一个峰值,鲜叶于 30 ℃ 中酶活力最强,自然萎凋叶酶活力最强为 10 ℃,失水降低了多酚氧化酶活性的最适温度。

据对白茶自然萎凋全程多酚氧化酶活性的变化(浸提法)测定,结果如表 6-1。鲜叶萎凋过程,多酚氧化酶总活力下降,然而在 12 h、30 h 分别有一次明显活力高峰。萎凋后第 54 h(第一次并筛后)出现第三次酶活力高峰,这是由于并筛后叶层增厚,微域气候改变,使叶温升高,酶活力又一次上升,随后下降,至 60 h 进行第二次并筛后活力略有上升。

表 6-1　白茶自然萎凋过程多酚氧化酶活力变化

	萎凋时间	0 h	6 h	12 h	18 h	24 h	30 h	36 h	42 h	48 h	54 h	60 h	66 h
重复1	含水率(%)	74.3	68.5	65.2	60.7	53.9	50.3	45.9	38.7	33.5	30.3	28.6	25.6
	酶活力	2.82	3.72	5.10	4.55	3.16	5.74	4.84	3.60	1.98	4.22	1.46	2.43
	相对活性(%)	100	131.9	180.9	161.3	112.1	203.5	171.6	127.7	7.02	149.6	51.8	86.2
重复2	含水率(%)	72.4	68.5	63.2	57.7	51.7	41.6	46.1	37.4	31.5	28.9	26.5	23.1
	酶活力	2.84	3.26	4.28	4.20	3.52	4.78	3.10	2.10	1.75	3.10	1.30	1.74
	相对活性(%)	100	114.8	150.7	147.0	123.9	168.3	109.2	76.8	61.3	130.3	45.8	61.3

白茶品质是在既不促进,也不抑制多酚氧化酶活力条件下,任其内含物自然氧化形成的。在正常条件下,萎凋叶分别于 36 h 和 48 h 各进行一次并筛。首次并筛,避开了前两次酶活力高峰,以免多酚类物质酶性氧化过早、过速而导致芽叶早期红变,也可避免因并筛翻动造成芽叶机械损伤所导致的红变。36 h 后酶活力快速下降,至 48 h 活力降至最低点。此时酶活力过低将影响多酚类物质的氧化,因而进行第二次并筛。并筛后,叶层增厚,叶温略有升高,酶活性也略有上升,促进了多酚类物质适度氧化和转化,以减少茶汤的苦涩味,增加滋味的醇和度。随后酶活力快速下降,萎凋已达适度,应及时终止萎凋,进入干燥工序。这种避开酶活力高峰和适时提高酶活力的工艺,是白茶的独特工艺,它把握着白茶多酚类物质缓慢而轻度的氧化,从而形成白茶浅淡的汤色和甜醇的滋味。

萎凋过程酶的活性变化,既与萎凋进程有关,又受温度的影响。在同一温度条件下,萎凋时间愈长,酶的活性愈高,在不同温度条件下,萎凋温度愈高,酶的活性提高愈快。笔者测定加温萎凋和自然萎凋的多酚氧化酶活性,结果表明白茶加温萎凋过程中,鲜叶失水快,酶活力上升、下降也快。加温萎凋 8 h 左右,萎凋叶的含水量约 55%,此时酶活性最高,而萎凋结束时的酶活性只有 31% 左右(表 6-2)。

表 6-2　白茶加温萎凋中多酚氧化酶活性变化(%)

萎凋时间	0 h	4 h	8 h	12 h	16 h	20 h	24 h
含水率(%)	75.1	63.9	54.2	39.6	33.7	25.6	21.2
酶相对活性(%)	100	161.9	178.2	166.4	112.1	97.8	31.5

多酚氧化酶的活性随着萎凋过程活性逐步下降,这主要是由于一部分酶与氧化了的多酚类结合成不溶性复合物,使酶丧失了催化机能;其次是萎凋过程中有机酸增加,引起 pH 值降低(降到 pH 5.0 以下),酸度提高,多酚氧化酶失去了最适 pH(5.0~5.5)条件。萎凋中多酚类因氧化而减少,即基质减少,酶的活性表现客观上也会相应下降。

在逐步失水的萎凋过程中,一部分水解酶,如过氧化物酶、过氧化氢酶、脱氢酶的活性也明显提高(表 6-3)。

表 6-3　氧化酶类的活性变化(%)

酶类	鲜叶	萎凋叶
多酚氧化酶	100.0	193.8
过氧化物酶	100.0	129.9
过氧化氢酶	100.0	130.8
脱氢酶	100.0	112.2

萎凋过程,不但氧化酶的活性提高,而且水解酶的活性也增强,例如水解淀粉的淀粉酶和磷酸化酶,水解蔗糖的转化酶,水解原果胶的原果胶酶,水解蛋白质和多肽的多种蛋白酶等。其中鲜叶中的糖苷酶主要是 β-糖苷酶,它能催化 β-葡萄糖苷分解成游离的香气成分和葡萄糖,对香气形成具有重要作用。据研究,在加温(35 ℃)下萎凋,酶活性提高较快,约 5 h 达最高值,其活性约为鲜叶的 2 倍。当萎凋叶含水率在 67% 时,酶活性处于较高水平,若继续萎凋,失水加剧,酶活性出现下降趋势。低温(26 ℃)萎凋时,酶活性升高较为缓慢,在萎凋 12 h 内呈增强趋势,到 12 h 可达最大值,约为鲜叶的 2.5 倍,至 14 h 其活力约为鲜叶的 2 倍多。

新工艺白茶萎凋叶经揉捻,机械作用使叶细胞的内部组织受到了破坏,酶的定位和协调作用受扰乱,由于多酚类本身是蛋白质的天然沉淀剂,易使许多酶类产生失活或活性下降。多酚类的酶促氧化及其后继的聚、缩合作用,以及由此而引起的一系列反应,便成为揉捻和萎凋工序过程物质运动的主流。这个由萎凋以水解作用为主导而揉捻开始以后以氧化作用为主导的物质运动主流的转化,决定着新工艺白茶品质特征的形成。

萎凋工序结束,进入干燥工序时。干燥初期,当叶温升高到约 45~50 ℃时,酶的催化作用将十分强烈,能促使部分多酚类在短暂时间内迅速氧化。叶温达到 70~80 ℃时,酶处于热变性状态,催化机能停止,但不一定都成不可逆的热变性。80~100 ℃时,经一定时间,酶的生物学特性才会彻底毁灭。因此萎凋适度的白茶,特别经过轻揉的新工艺白茶,务必迅速终止酶的作用,破坏酶的活性,才能保证在良好萎凋条件下所形成的优良品质。

第二节　白茶制造过程中的多酚类

一、茶多酚总量

茶鲜叶中富含多酚类物质,其含量约占茶鲜叶干重的 26.0%～36.5 %(见表 3-2)。成品白茶的多酚类物质含量约为 18.3%～33.0%,其中陈年白茶的茶多酚含量只有 13.9%。茶鲜叶中多酚类物质主要分为儿茶素(黄烷醇类),黄酮、黄酮醇类,花青素、花白素类;酚酸及缩酚酸类。白茶萎凋过程,芽叶失水,叶细胞膨压丧失,原生质的分散程度、胶体的亲水性和吸膨能力降低,细胞透性增加,细胞膜系统受损,引起多酚类化合物与多酚氧化酶接触,导致黄烷醇类的氧化形成茶黄素、茶红素,茶多酚总量减少(表 6-4、表 6-5)。

表 6-4　白茶自然萎凋过程中茶多酚含量变化

萎凋时间	A	B	C	D
0 h	33.40	31.30	31.50	37.00
8 h	32.90	30.21	31.02	36.90
16 h	31.61	29.00	30.62	36.70
24 h	30.12	27.25	29.07	36.23
32 h	28.96	26.36	28.07	35.90
40 h	26.23	25.13	26.16	34.30
48 h	24.12	24.02	25.36	32.40
56 h	23.91	23.15		
64 h	23.46	22.09		
初烘	23.1	22.12		
足干	22.9	21.96	24.84	31.80

注:A 为福安大白,一芽二叶初展;B 为福鼎大毫,一芽二叶;C 为政和大白,一芽一叶初展;D 为水仙,一芽一叶初展。A、B 处理的萎凋环境:17～23 ℃,相对湿度 65%～78%。C、D 处理的萎凋环境:19～28 ℃,相对湿度 65%～70%。
四个处理均在政和县稻香茶叶有限公司白茶萎凋室进行。

白茶萎凋初期,芽叶失水较快,细胞膜透性增强,多酚氧化酶与过氧化物酶随质体的解体而释放,酶活性增强,多酚类化合物开始氧化形成邻醌,但邻醌又为抗坏血酸所还原。因此,萎凋早期多酚类化合物的氧化还原尚处于平稳状态,没有次级氧化产物的积累。萎凋中后期,叶内水分大量减少,酶活性进一步减弱,内含物的转化逐渐由非酶促作用所替代。通过并筛(或堆放)后,微域温度的升高,加速了内含物的转化与相互作用,多酚类氧化缩合产物的增加,形成了白茶特有的杏黄汤色和醇爽清甜的滋味。

表 6-5　白茶加温萎凋过程中茶多酚含量变化

萎凋时间	E	F	G
0 h	33.20	31.50	26.00
4 h	32.80	31.01	27.00
8 h	32.10	30.56	26.50
12 h	31.90	30.00	26.00
16 h	31.80	29.12	26.30
20 h	30.20	28.33	26.00
24 h	28.00	28.01	
烘干	28.10	27.82	

注:E 为福鼎大毫,一芽二叶;F 为福鼎大毫,一芽二叶;G 为福鼎大白,一芽二叶。E、G
处理在福建品品香茶业有限公司加温萎凋车间进行,萎凋环境:29～32 ℃,相对湿度
57%～62%。F 处理在福建福鼎白琳茶厂加温萎凋车间进行,萎凋环境:29～33 ℃,
相对湿度 54%～61%。

二、儿茶素

茶鲜叶的多酚类物质中,儿茶素的含量最高,约占多酚总量的 70%～80%,白茶原料鲜叶中儿茶素的含量约为 118.7～165.6 mg/g。白茶成品的含量为 78.4～128.6 mg/g。陈年白茶的含量只有 26.66%。茶鲜叶中的儿茶素类主要包括表没食子儿茶素(epigallo-catechin,EGC)、表儿茶素(epicatechin,EC)、表没食子儿茶素没食子酸酯(epigallocatechin gallate,EGCG)、表儿茶素没食子酸酯(epicatechingallate,ECG),其结构如图6-1所示。

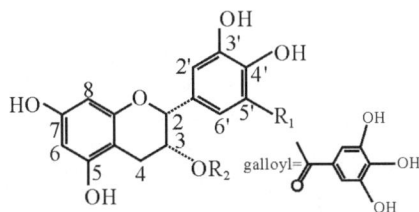

1.R$_1$=R$_2$=H　　　　　表儿茶素(EC)
2.R$_1$=OH,R$_2$=H　　　表没食子儿茶素(EGC)
3.R$_1$=H,R$_2$=galloyl　　表没食子儿茶素没食子酸酯(EGCG)
4.R$_1$=OH,R$_2$=galloyl　表儿茶素没食子酸酯(ECG)

图 6-1　儿茶素结构图

儿茶素属黄烷醇类物质,是 2-2-苯基苯并吡喃的衍生物,性质活泼。其 B 环酚羟基易氧化形成邻醌,而邻醌又很不稳定,易发生复杂的聚合、缩合反应,而形成双黄烷醇类(bisfla-vanols)、茶黄素类(theaflavins)和茶红素(thearubigins)等。儿茶素除了 B 环酚羟基易氧化形成邻醌外,还存在着许多其他活性部位,如 C6、C8 位由于 C5、C7 位羟基以及 1 位氧原子的 p-2π 共轭效应的影响,而呈现出极强的亲核性;C2′、C6′、C4 位由于邻位羟基的吸电子效应,易形成正碳离子,随后氧化成双黄烷醇、原花青素类(proanthocyanidins)、茶红素等,因而使得儿茶素的氧化途径变得极其复杂。白茶加工中儿茶素氧化减少(表6-6、表 6-7)。

表 6-6 白茶自然萎凋过程中儿茶素含量变化(mg/g)

萎凋时间	A	B	C	D
0 h	148.12	140.38	143.51	165.62
8 h	159.29	145.18	141.78	173.63
16 h	159.70	140.38	131.88	171.28
24 h	154.41	149.01	136.04	170.31
32 h	157.45	146.96	129.37	167.55
40 h	152.63	133.5	115.74	136.77
48 h	134.22	116.56	101.03	114.41
56 h	128.29	120.82		
64 h	123.98	117.94		
初烘	120.09	111.78		
足干	115.86	107.6	97.76	113.64

注:A 为福安大白,一芽二叶初展;B 为福鼎大毫,一芽二叶;C 为政和大白,一芽一叶初展;D 为水仙,一芽一叶初展。A、B 处理的萎凋环境:17~23℃,相对湿度 65%~78%。C、D 处理的萎凋环境:19~28℃,相对湿度 65%~70%。

四个处理均在政和县稻香茶叶有限公司白茶萎凋室进行。

表 6-7 白茶加温萎凋过程的茶多酚含量变化(mg/g)

萎凋时间	E	F	G
0 h	141.86	149.00	118.67
4 h	139.62	139.69	121.82
8 h	130.79	143.06	123.07
12 h	144.66	149.96	113.93
16 h	131.58	141.22	108.93
20 h	111.55	129.77	91.72
24 h	101.49	110.21	
烘干	92.79	131.66	

注:E、F 均为福鼎大毫,一芽二叶;G 为福鼎大白,一芽二叶。E、G 处理在福建品品香茶业有限公司加温萎凋车间进行,萎凋环境:29~32 ℃,相对湿度 57%~62%。F 处理在福建福鼎白琳茶厂加温萎凋车间进行,萎凋环境:29 ~ 33 ℃,相对湿度 54%~61%。

结果表明,白茶在萎凋 0~12 h 儿茶素下降较少,18~48 h 近似直线下降,其最终保留比乌龙茶多。茶黄素、茶红素在萎凋前期生成有限,进入中后期则以较大幅度生成。上述各色素成分的综合与协调,形成白茶灰绿或铁灰的干茶色泽、杏黄的汤色,并使滋味变得清淡醇和。

在儿茶素组成中,L-EGCG 和 L-EGC 含量下降幅度最大,其次是 L-ECG,其他儿茶素变化量较少,含量一般也较低(表 6-8)。

表 6-8　白茶初制过程中儿茶多酚类含量的变化

儿茶多酚类	鲜叶		萎凋 32 h		烘干毛茶	
	（mg）	（%）	（mg）	（%）	（mg）	（%）
L-EGC	36.70	100	8.61	23.43	1.83	4.96
D,L-GC	23.74	100	4.91	20.68	0.76	3.16
L-EC＋D,L-C	24.32	100	10.51	46.26	7.59	21.12
L-EGCG	122.56	100	55.19	45.31	31.13	25.42
L-ECG	40.62	100	20.21	49.76	14.77	36.38
总量	247.94	100	109.73	—	56.08	—

三、白茶加工中的黄酮

　　茶叶中的黄酮醇多与糖结合形成黄酮苷类物质，主要有芸香苷、槲皮苷、山萘苷。黄酮类物质色黄，氧化产物橙黄以至棕红。黄酮类物质及其氧化产物对白茶茶汤的色泽与滋味都有一定的影响，对白茶的抗氧化能力有较大影响。用相同原料生产六大茶类，其中黄酮的含量呈现白茶、青茶、红茶、绿茶、黄茶、黑茶依次递减的变化规律。明显可见，采用萎凋工艺的三类茶的黄酮含量均高于采用杀青的三类茶，恰好与茶多酚含量变化方向相反（表 6-9）。其中白茶的黄酮含量最高，是鲜叶的 17.2 倍，这可能是黄酮苷类在长时间萎凋过程中水解的结果。

表 6-9　加工方法对茶类中黄酮类含量的影响（%）

茶类	鲜叶	绿茶	黄茶	黑茶	白茶	青茶	红茶
黄酮含量	0.128	0.119	0.115	0.103	2.205	0.132	0.155

第三节　白茶加工过程中的茶黄素、茶红素、茶褐素

　　白茶萎凋中，儿茶素聚合、缩合反应，而形成双黄烷醇类（bisflavanols）、茶黄素类（theaflavins）和茶红素（thearubigins）等。由于氧化酶与各种多酚类物质处于同一混合体中，因此，在 L-表没食子儿茶素及其没食子酸酯被酶促氧化的同时，其他的儿茶素，也都能被酶促氧化而生成邻醌。所以萎凋中邻醌物质的出现，不只是一两种，而是有多种。邻醌类物质一般呈现棕色或红色，非常不稳定。邻醌很容易还原，具有很强的氧化能力，易于氧化其他物质。在这些氧化过程中，邻醌夺取氧化基质上的氢原子，还原成原来的儿茶素。特别是氧化还原电位比较高的儿茶素，它们被酶促氧化成邻醌后，这种还原作用尤为强烈。白茶加工过程中的茶黄素（TFS）、茶红素（TRS）、茶褐素（TBS）含量总体上升，具体见表6-10、表 6-11。

表 6-10　自然萎凋过程中茶黄素、茶红素、茶褐素含量变化(％)

萎凋时间	A			B			C			D		
	茶黄素	茶红素	茶褐色	茶黄素	茶红素	茶褐色	茶黄素	茶红素	茶褐色	茶黄素	茶红素	茶褐色
0 h	0.16	4.11	3.13	0.07	2.36	1.91	0.16	4.13	1.89	0.11	1.93	1.19
8 h	0.17	4.67	3.20	0.11	2.87	1.64	0.14	4.09	1.96	0.11	1.89	1.27
16 h	0.12	3.16	2.27	0.09	2.88	1.96	0.15	4.16	1.93	0.13	2.05	1.27
24 h	0.13	3.23	2.45	0.09	2.62	1.97	0.13	3.99	1.97	0.12	2.06	1.36
32 h	0.15	3.34	2.68	0.11	3.57	2.17	0.16	4.05	2.15	0.12	2.21	1.57
40 h	0.16	3.39	2.76	0.11	3.35	2.17	0.16	3.93	2.54	0.16	2.31	2.05
48 h	0.21	3.46	3.15	0.12	3.83	2.56	0.16	4.22	3.39	0.22	2.67	3.11
56 h	0.25	3.49	3.36	0.14	3.34	2.65						
64 h	0.22	3.44	3.31	0.13	3.28	2.52						
初烘	0.21	3.38	3.28	0.13	3.24	2.49						
足干	0.20	3.56	3.64	0.13	3.56	2.79	0.2	3.83	3.78	0.23	2.63	3.31

注:A 为福安大白,一芽二叶初展;B 为福鼎大毫,一芽二叶;C 为政和大白,一芽一叶初展;D 为水仙,一芽一叶初展。A,B 处理的萎凋环境:17～23 ℃,相对湿度 65％～78％。C,D 处理的萎凋环境:19～28 ℃,相对湿度 65％～70％。

四个处理均在政和县稻香茶叶有限公司白茶萎凋室进行。

表 6-11　加温萎凋过程中茶黄素、茶红素、茶褐素含量变化(％)

萎凋时间	E			F			G		
	茶黄素	茶红素	茶褐素	茶黄素	茶红素	茶褐素	茶黄素	茶红素	茶褐素
鲜叶	0.15	4.8	3.01	0.17	4.37	3.01	0.12	4.96	3.85
4 h	0.16	4.72	3.41	0.18	4.77	3.31	0.14	5.24	4.01
8 h	0.19	4.82	3.71	0.19	4.5	3.42	0.13	5.14	3.98
12 h	0.17	4.77	3.66	0.19	5.01	3.47	0.18	5.03	4.01
16 h	0.19	4.93	4.02	0.25	5.06	3.85	0.15	5.22	4.39
20 h	0.23	4.72	4.78	0.21	5.07	3.96	0.13	5.18	4.51
24 h	0.23	5.01	4.74	0.24	4.67	4.45			
烘干	0.24	4.94	5.06	0.22	4.74	4.03	0.12	5.21	4.72

注:E,F 均为福鼎大毫,一芽二叶;G 为福鼎大白,一芽二叶。E,G 处理在福建品品香茶业有限公司加温萎凋车间进行,萎凋环境:29～32 ℃,相对湿度 57％～62％。F 处理在福建福鼎白琳茶厂加温萎凋车间进行萎凋环境:29～33 ℃,相对湿度 54％～61％。

一、茶黄素

白茶中的茶黄素类含量一般为 0.1％～0.5％,新工艺白茶的含量最高。它们是白茶茶汤的主要黄色色素,滋味颇辛辣,具有强烈的收敛性。茶黄素的水溶液色橙黄,提纯后成结晶状粉末,色泽金黄。在水中重结晶得到橙黄色针状晶体,熔点 237～240 ℃(分解)。易溶于热水、醋酸乙酯、正丁醇、异丁基甲酮、甲醇等。呈很弱的酸性,颜色不为茶汤提取液的

pH(在正常的数值范围内)所影响。但在碱性溶液中有自动氧化的倾向,且随 pH 值的增加而加强。因分子中有酚性羟基,可进行酰基化和甲基化反应,其中邻位羟基易被高锰酸钾等所氧化。茶黄素进一步转化,产物为茶红素。

　　儿茶素苯骈环化途径如图 6-2 所示。儿茶素通过苯骈环化作用而形成具有苯骈卓酚酮结构的茶黄素类物质。没食子儿茶素(B 环上 3、4、5 位存在 3 个酚羟基)与简单儿茶素(B 环上 3、4 位存在 2 个酚羟基)B 环上的 3,4 二羟基或 3,4,5 三羟基在多酚氧化酶的催化或化学氧化剂的氧化下,各自氧化生成邻醌,再由邻醌间配对进行聚合反应形成茶黄素及其没食子酸酯。另外,邻苯二酚或连苯三酚以及没食子酸等物质也可氧化生成邻醌,从而可与简单儿茶素或没食子儿茶素反应生成茶黄灵(theagallin)或茶黄酸(theaflavic acid)。同时,儿茶素的没食子酰基也可氧化形成茶典烷酸酯(theaflavate)。研究发现,茶黄素没食子酸酯(theaflavin gallate)可继续与 EC 进行苯骈环化反应而生成具有两个和三个苯骈卓酚酮环的茶黄素类物质——theadibenzotropolone 和 theatribenzotropolone;此外,茶黄素可继续发生聚合反应生成具有两个苯骈卓酚酮环的双茶黄素(bistheaflavin)。

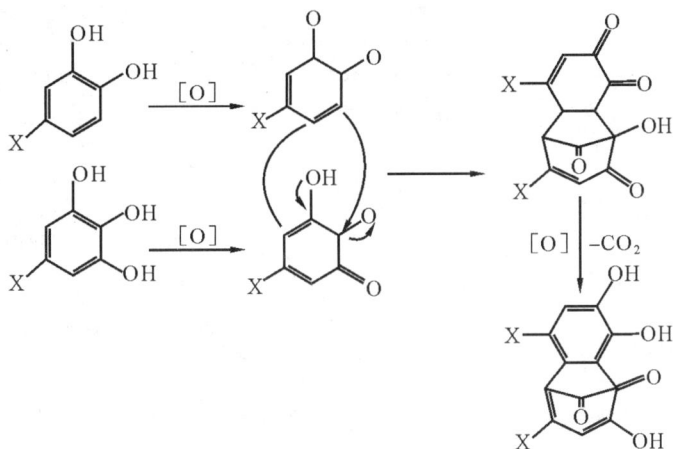

图 6-2　茶黄素形成途径

　　现在从红茶中分离纯化或利用体外模拟氧化体系制备的由儿茶素参与形成的茶黄素类物质已达 25 种之多。茶叶中存在的茶黄素类物质主要为茶黄素、茶黄素-3-单没食子酸酯、茶黄素-3′-单没食子酸酯和茶黄素-3,3′-双没食子酸酯,其结构式见图 6-3。

二、茶红素

　　白茶中的茶红素含量为 3%～6%,以新工艺白茶和陈白茶的含量为最高。茶红素主要由茶黄素进一步氧化而成。载体 D,L-C、L-EC 和 L-ECG 的邻醌存在时,茶黄素受到偶联氧化后而成茶红素。转化过程是在载体的作用下,首先分子中连接于苯骈草酚酮基的联苯三酚核被氧化成邻醌,随后该醌型环被打开,并断脱一个羰基(形成 CO_2),再经一定的结构变化而形成。分离出来的茶红素,测得其分子量为 700 左右。茶红素按其溶解性能,分为 SI 和 SII 两类。SI 和 SII 的吸收光谱非常相似,但与茶黄素比较,吸收光谱则大不相同。茶黄素在 462 nm 处有明显的吸收峰,而茶红素没有。

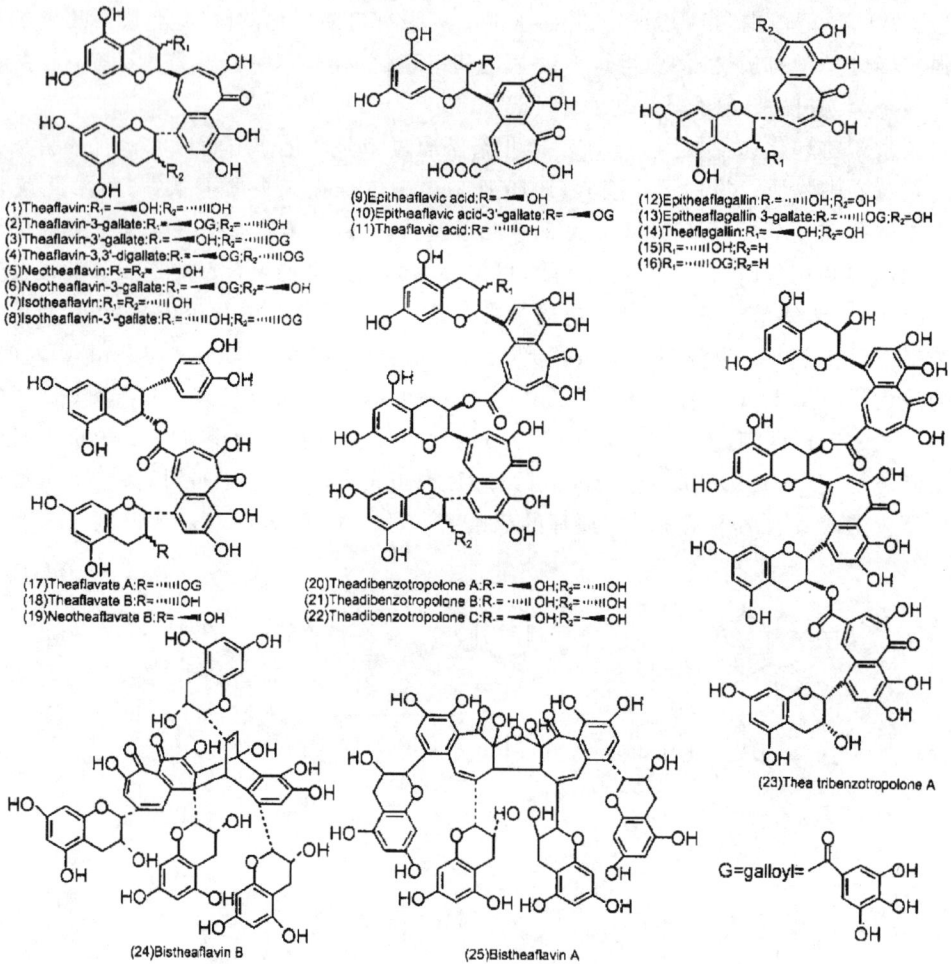

(1)Theaflavin:R₁=━OH;R₂=ıııOH
(2)Theaflavin-3-gallate:R₁=━OG;R₂=ııOH
(3)Theaflavin-3'-gallate:R₁=━OH;R₂=ıııOG
(4)Theaflavin-3,3'-digallate:R₁=━OG;R₂=ıııOG
(5)Neotheaflavin:R₁=R₂=━OH
(6)Neotheaflavin-3-gallate:R₁=ıııOG;R₂=━OH
(7)Isotheaflavin:R₁=R₂=ıııOH
(8)Isotheaflavin-3'-gallate:R₁=ıııOH;R₂=ıııOG

(9)Epitheaflavic acid:R=━OH
(10)Epitheaflavic acid-3'-gallate:R=━OG
(11)Theaflavic acid:R=ıııOH

(12)Epitheaflagallin:R₁=ıııOH;R₂=OH
(13)Epitheaflagallin 3-gallate:R₁=ıııOG;R₂=OH
(14)Theaflagallin:R₁=━OH;R₂=OH
(15)R₁=ıııOH;R₂=H
(16)R₁=ıııOG;R₂=H

(17)Theaflavate A:R=ıııOG
(18)Theaflavate B:R=ıııOH
(19)Neotheaflavate B:R=━OH

(20)Theadibenzotropolone A:R₁=━OH;R₂=ıııOH
(21)Theadibenzotropolone B:R₁=━OH;R₂=ıııOH
(22)Theadibenzotropolone C:R₁=━OH;R₂=━OH

(23)Thea tribenzotropolone A

G=galloyl=

(24)Bistheaflavin B

(25)Bistheaflavin A

图 6-3 茶黄素结构式

　　茶红素的主体是二聚物,不能产生高聚物。茶红素是一类差异极大的异源性物质,它既包括有儿茶素的酶促氧化而产生的化合物,也有儿茶素及其聚合物与蛋白质、氨基酸和糖类之间的非酶性氧化作用的产物。茶红素的分子结构中有两个羧基($-COOH$),因而显酸性。所以萎凋中茶红素含量不断增加时,萎凋叶的酸度也相应逐渐增大。茶红素的阴离子($-COO^-$)颜色比没离解的酸颜色深。因此,茶汤中若加入酸,会降低颜色深度;加碱则反,颜色变深。

　　茶红素形成以后,大部分呈可溶性游离状态,茶叶冲泡时进入茶汤中,成为构成茶汤品质的重要成分。一部分与蛋白质结合,形成不溶于水的棕红色化合物,沉淀存在于叶底中,成为形成白茶红色叶底的主要物质;一部分能进一步氧化或跟其他化合物产生聚、缩合,形成结构更为复杂的暗褐色复合物。

三、茶褐素

　　白茶的茶褐素含量为 $2\%\sim6\%$,其中陈白茶的含量可达 9%。系指一类能溶于水而不溶于醋酸乙酯和正丁醇的褐色色素。它们是一类十分复杂的化合物,除含有多酚类的氧化聚、缩合产物外,还含有氨基酸、糖类等结合物,化学结构及其组成有待探明。

早期 Roberts 等人将白茶的水溶性色素分为茶黄素和茶红素两类,并提出了分光光度定量测定法。但根据 C.B.Casson 和竹尾忠一的改良方法,将水溶性色素分成茶黄素,茶红素和褐色高聚合物三类,它们在不同溶剂中的溶解特性不同,茶黄素溶于醋酸乙酯,茶黄素和茶红素均易溶于正丁醇,而褐色高聚合物则不溶于正丁醇。阮宇成和程启坤研究了茶黄素、茶红素和高聚合物的特性,用分光光度法测得这三类物质溶液的可见光吸收光谱不同,茶黄素在 380 nm 和 460 nm 波长处有明显吸收峰,茶红素在 360～380 nm 处有吸收高峰出现的迹象,高聚合物则只随波长缩短而增大了吸收,没有出现吸收高峰。从吸收光谱特性的差异,说明这三类化合物确属不同性质和不同结构的物质。三类分离物质的浓缩液颜色也有明显差别,茶黄素呈橙黄色,茶红素呈鲜棕红色,高聚合物呈暗褐色。为了区别于茶叶中的其他高聚合物,他们将这类暗褐色的高聚合物命名为茶褐素(theabrownin)。

茶褐素形成以后,部分能与蛋白质结合而沉淀于叶底。

第四节　白茶加工过程中的叶绿素

白茶加工过程中的叶绿素变化与白茶色泽形成关系密切。叶绿素是一类很不稳定的化合物,容易遭受分解破坏,失去原来的绿色。但在白茶加工中,叶绿素的破坏从引起变化的原因来看,一是由于酶(叶绿素酶)的作用所产生的生物化学变化,二是由于非酶作用(如酸性条件、高温水热条件等)所促进的化学变化。而从变化的形式来看,主要一是水解,二是脱镁。

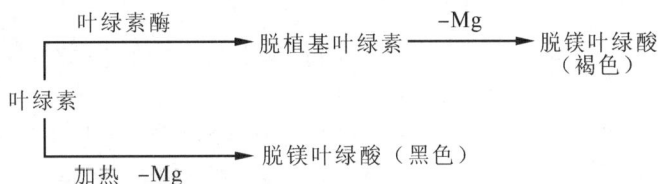

叶绿素是叶绿酸、叶绿醇及甲醇组成的酯,叶绿素 a 与叶绿素 b 之比约为 2∶1～3∶1。叶绿素较不稳定,在酸的作用下生成脱镁叶绿素,脱镁叶绿素 a 为褐色,脱镁叶绿素 b 为褐绿色,使原有的绿色变为黄绿色或褐绿色。叶绿素在分解酶的作用下,分解为脱植基叶绿酸(即甲基叶绿素)和叶绿醇,甲基叶绿酸再脱镁生成脱镁叶绿素。叶绿素也可在叶绿素酶的作用下,生成脱植基叶绿素(即甲基叶绿素)和叶绿醇,再脱镁生成脱镁叶绿酸;或在高温(烘焙)作用下脱镁,形成黑色脱镁叶绿素影响茶叶色泽。

白茶加工中叶绿素的脱镁作用,与多酚类物质的氧化有着密切的联系,萎凋过程儿茶素被氧化形成邻醌,氢离子相对浓度有所提高,为氢取代叶绿素分子中的镁而产生脱镁作用创造了条件。萎凋作用不完全或难萎凋时,茶叶仍会保持着一定的绿色。

在萎凋过程中,叶绿素的破坏主要是酶促水解。并且由于鲜叶不断失水,叶细胞内部向酸性变化,促进了这种水解作用。叶绿素存在于叶细胞内的叶绿体中,并和蛋白质结合成复合体,但极容易分解。在鲜叶大量失水的情况下(或在干燥高温条件下),叶绿素易从蛋白质的结合状态中分离出来,稳定性下降,增加了它的破坏。因此,萎凋中叶绿素的含量出现了明显的减少。

揉捻过程叶绿素的破坏主要是产生脱镁反应。由于鲜叶细胞经揉捻机械破损以后,引起多酚类物质的大量酶促氧化,叶绿素受到多酚类物质强烈氧化还原作用的影响,并且由于揉捻叶继萎凋叶以后,又继续明显地向酸性发展,使叶绿素易于脱镁而成黑色或褐色产物。所以揉捻和萎凋中叶绿素的含量出现迅速而大幅度的下降。

茶叶干燥过程,叶绿素仍存在着脱镁作用,尤其干燥前期,但在高温湿热的作用下,叶绿素会产生热酯解而破坏,含量又进一步削减。

白茶萎凋过程中的多酚类物质产生了复杂的酶促变化,不断形成各种有色氧化产物,加上叶绿素的不断被破坏,颜色也就相应地由青绿逐渐变绿黄、橙黄、铜红以至红褐。因此可以从外观上判断萎凋程度是否适当。

第五节 白茶制造过程中的芳香物质

茶叶的香气,是决定茶叶品质的重要因子。它不仅决定茶叶色香味中的"香",同时又与"味"也有密切的关系。

白茶萎凋过程中,低沸点芳香物质在萎凋前期明显减少,中期有所增加,后期再度下降。如乙酸乙酯、正戊醇、异戊醇等。在低沸点芳香物质减少的同时,中、高沸点的香气成分以成倍、几倍,甚至几十倍明显增加,如沉香醇、二氢茉莉内酯、顺-茉莉内酯、α-萜品醇、乙酸苄酯等,使白茶青气减退,香气出现。萎凋至48 h,高沸点香气成分中含量较多的有苯甲酸(Z)-3-烯酯、橙花叔醇、顺茉莉酮、β-紫罗酮、乙酸苄酯、苯乙醛等。至于吲哚,在萎凋前6 h急剧上升而后逐渐下降,其形成机理尚待研究。

萎凋过程中的生物化学变化,如蛋白质分解成氨基酸,多糖类物质降解成可溶性糖,有机酸的含量变化,酶的活性改变,细胞膜的透性提高等等,对白茶的香气形成具有积极的影响。这些变化及其后果,关系着茶叶中芳香物质先质的数量和种类,并将影响往后萎凋过程产生香气成分的有关机能。

山西贞等研究发现,萎凋期间的 1-戊烯-3-醇、顺-2-戊烯醇、苯甲醇、苯乙醇、反-2-己烯醛、苯甲醛、正己酸、顺-3-己烯酸和水杨酸等,含量显著地或成倍地增加。相关研究也发现萎凋中正己醛比萎凋叶增加了3.1倍,反-2-己烯醛增加了12.2倍等等,但正己醇,顺-3-己烯醇和水杨酸甲酯等成分含量则有所下降。

萎凋中香味成分的形成,是由于空气中的氧和茶叶中的酶及其基质之间的反应所引起的。萎凋中氧化了的儿茶素类,能引起氨基酸、胡萝卜素和亚麻酸等不饱和脂肪酸产生氧化降解而形成挥发性化合物。

干燥工序与白茶的香气形成也有关。在干燥过程中,茶叶水分持续下降,茶温急升,茶叶的酶性氧化过程在一定阶段内是处于加速状态的,此间可产生不寻常的高氧化潜能。这种高氧化潜能,被认为是某种香味只有在干燥过程中才能形成的化学动力。

在白茶的加工过程中,酶的作用、儿茶素等多酚类物质的氧化还原作用,以及水热和酸性等条件,都能引起或促进芳香物质的产生。而从物质的变化反应而言,常见的有氧化还原、化合、分解、酯化、异构化、环化脱氨、脱羧等。

一、醇类的氧化

白茶萎凋促使醇类化合物氧化成醛,再由醛氧化成酸的这种过程。例如脂肪醇的氧化,茶鲜叶中的顺-3-己烯醇(青叶醇),也可被氧化而成顺-3-己烯酸,由青臭气成分变成清香成分。其他脂肪醇也能进行类似的氧化转化。

二、氨基酸的降解

氨基酸类化合物在酶的作用下趋向于分解成挥发性或非挥发性芳香物质(包括形成醛、酸、醇等)。儿茶素的酶促氧化过程参与了茶叶香气的形成。氨基酸在邻醌物质的氧化作用下,产生脱羧基和脱氨基作用而成醛,挥发性醛类物质与白茶的香气有着密切的关系。氨基酸与邻醌的偶合物,一般具有水果香味。如半胱氨酸与邻醌的结合物有果香气味,丙氨酸与邻醌的结合物具有清醇的香气。氨基酸受热的作用还可形成羰基化合物。

三、类胡萝卜素的降解

在白茶加工中,茶鲜叶中的胡萝卜素,或伴随着儿茶素的氧化作用,或因干燥时热的作用,能部分地降解转化成白茶的香气成分。同样地,α-胡萝卜素也可降解成β-紫罗酮和α-紫罗酮,以及2分子的二烯醇。后者还可进一步氧化而成二烯醛。β-紫罗酮具有紫罗兰香,它进一步氧化的产物,包括二氢海葵内酯和茶螺烯酮、5,6-环氧紫罗酮、2,2,6-三甲基环己酮、2,2,6-三甲基-6-羟基环己酮。

将β-胡萝卜素加热时,可以形成10种挥发性物质,这些已被鉴定的化合物包括β-紫罗酮和二氢海葵内酯。

四、高级脂肪酸转化成醛

在白茶萎凋中释放出类脂降解酶,破坏了脂肪-蛋白质结构的细胞膜,并促使类脂释放出脂肪酸。如磷脂胆碱、单半乳糖二甘油酯、双半乳糖二甘油酯和磷脂酰乙醇胺等类脂物质,可分解出亚麻酸、亚油酸和棕榈酸。不饱和脂肪酸在白茶加工中是芳香物质醛和醇的先导物。

五、醇、酸类的酯化

茶叶中的醇类化合物,能与酸类化合物化合而成酯。乙酸与许多醇的酯都具有水果香味,如乙酸乙酯具有怡人的香味,乙酸异戊酯具有梨的香味,乙酸苯甲酯具有茉莉香,苯乙酸乙酯具有蜜甜玫瑰香,苯甲酸甲酯具有强烈花香,香叶醇甲酯具玫瑰香,水杨酸甲酯具冬青油香。

六、羟基酸的脱水

茶叶中的羟基酸,可以在热等的作用下脱水而形成内酯。

七、芳香物质的异构化作用

在茶鲜叶中含量最高的顺-3-己烯醇,它的同分异构体就是反-3-己烯醇。前者具有强烈的青臭气,而后者具有清香。顺-3-己烯醇是绿叶青臭的主体,在 1 kg 茶鲜叶中,其含量可达 10～15 mg。在一定条件下,顺-3-己烯醇能异构化成反-3-己烯醇。

八、糖及其与氨基酸的热化反应

在干燥高温条件下,可溶性糖类物质受热产生化学反应而可转化成香气成分,或与氨基酸互相作用而形成挥发性香气产物,这些我们到讨论糖和氨基酸在白茶加工过程中的变化时,将有所述。

综上所述,白茶加工中香气的形成过程是复杂的。从鲜叶管理开始,每一个加工工艺阶段都有密切的联系。如何认真地对每一工艺技术措施实行严格的操作,是提高茶叶品质的关键所在。

第六节 白茶制造过程中的糖类物质

茶叶中的糖类物质主要有单糖、双糖、多糖。其中可溶性糖主要是单糖和双糖,而多糖主要包括纤维素、半纤维素、淀粉和果胶。

白茶鲜叶采摘后,部分单糖作为呼吸作用的基质被消耗,白茶萎凋前期(36 h 前),糖处于供给与消耗的动态平衡之中,只有代谢所需的能量供应趋于停止时,糖的消耗减少,而此时淀粉水解继续进行,同时还有糖苷类物质的水解生成糖及原果胶水解生成的半乳糖,都为白茶提供了糖的来源。白茶在萎凋初期,糖一方面因水解而生成,一方面因氧化和转化而消耗,此时糖处于生成与消耗的动态平衡中。至萎凋后期,当糖的生成大于消耗时,才有所累积(表 6-12),它对白茶滋味的甜醇有着重大贡献。糖在后期干燥中参与了香气的形成,糖的总量趋于减少。

表 6-12　白茶萎凋过程中糖的变化(mg/g)

萎凋时间	还原糖	蔗糖	总糖量
0 h	8.02	17.26	26.21
12 h	6.44	13.88	20.49
24 h	4.33	14.19	19.27
36 h	4.93	12.89	18.50
48 h	3.66	8.67	12.79
60 h	4.22	10.19	11.95

白茶萎凋开始阶段(历时约 12 h),有一个没有补偿或补偿不足的代谢过程。随后由于细胞失水,酶活性增强,淀粉水解为双糖与单糖,糖消耗于补偿不足的代谢过程,因而导致干物质的损耗,在 60 h 的萎凋中,干物质损耗率约在 4.2%～4.5%(表 6-13)。

表 6-13　白茶萎凋过程干物质变化(%)

萎凋时间	福鼎大白茶		福云杂交系	
	干物率	损耗率	干物率	损耗率
0 h	23.45	—	25.90	—
12 h	23.15	1.3	24.90	3.8
24 h	22.90	2.3	24.90	3.8
36 h	22.90	2.3	24.90	3.8
48 h	22.85	2.6	24.80	4.2
60 h	22.40	4.5	24.80	4.2

可溶性糖是构成白茶茶汤滋味和黏稠度的重要物质,同时,表现在感官上所谓的"甘"。白茶加工过程中可溶性糖的变化如表 6-14、表 6-15,可见加温萎凋缩短时间,有利于增加可溶性糖含量。这结果与上述结果吻合。可溶性糖在白茶加工中的含量变化情况不同,这主要是由于制茶的外界条件等差异所引起的。萎凋叶组织内部既存在诸多糖类物质的水解(成可溶性糖),也存在糖分(单糖和双糖)的无补偿呼吸分解及其他转化。若可溶性糖的来源多于消耗和转化,则总体表现增加,反则呈现减少。

表 6-14　白茶自然萎凋过程中可溶性糖含量变化(%)

萎凋时间	A	B	C	D
0 h	4.75	4.58	5.70	4.29
8 h	4.60	4.19	6.14	4.12
16 h	4.49	4.26	5.55	4.52
24 h	4.67	4.25	5.65	4.71
32 h	5.00	4.66	5.52	4.88
40 h	5.00	4.54	5.60	4.67
48 h	4.89	4.46	5.64	4.43
56 h	4.65	4.15		
64 h	4.91	4.29		
初烘	4.80	4.29		
足干	4.88	4.36	5.54	4.41

注:A 为福安大白,一芽二叶初展;B 为福鼎大毫,一芽二叶;C 为政和大白,一芽一叶初展;D 为水仙,一芽一叶初展。A、B 处理的萎凋环境:17～23 ℃,相对湿度 65%～78%。C、D 处理的萎凋环境:19～28 ℃,相对湿度 65%～70%。
四个处理均在政和县稻香茶叶有限公司白茶萎凋室进行。

表 6-15　白茶加温萎凋过程中可溶性糖含量变化(%)

萎凋时间	E	F	G
0 h	4.15	4.09	4.30
4 h	4.18	4.27	4.45
8 h	4.11	4.43	4.84
12	4.45	4.76	4.65
16 h	4.36	4.59	4.66
20 h	4.23	4.15	4.97
24 h	4.35	4.64	
烘干	4.42	4.58	

注:E、F均为福鼎大毫,一芽二叶;G为福鼎大白,一芽二叶。E、G处理在福建品品香茶业有限公司加温萎凋车间进行,萎凋环境:29～32℃,相对湿度57%～62%。F处理在福建福鼎白琳茶厂加温萎凋车间进行,萎凋环境:29～33℃,相对湿度54%～61%。

一、单糖和双糖在白茶加工中的变化

单糖是一类不能再被水解的最简单糖类物质。在茶鲜叶中,单糖或以游离态存在,或以苷的形式和结合状态存在。双糖是由两个相同或不同的单糖分子缩合而成,在一定条件下,可以水解成单糖。茶鲜叶中的可溶性糖,包括一切单糖、双糖及少量的其他糖类,但较有代表性的是葡萄糖和蔗糖。前者是还原性糖,后者是非还原性糖。

萎凋有利于可溶性糖含量的增加,如鲜叶中含量为0.84%,萎凋叶可增至1.23%,可溶性糖增加的部分,主要是单糖。

鲜叶从茶树上采摘下来以后,不能再借光合作用加工糖类物质,而呼吸作用仍在进行。在酶的作用下,分子量较高的一些双糖和多糖,能水解成分子量较低的单糖,供呼吸作用时消耗基质的需要,糖类总量在不断减少。单糖在这一过程中,实际上也在被消耗减少,但由于其他糖类的水解作用所形成的单糖超过了被消耗的单糖含量,因而单糖含量常常反而增加。

揉捻和萎凋过程,单糖或由于有较多的氧化转化而减少,或由于双糖和多糖有较多的水解而增加。

干燥中水热的作用,一部分大分子的糖类物质,又能进一步热裂解成单糖,因而单糖含量又趋增加。但也有资料证明,在干燥过程的热处理阶段,由于还原性糖对白茶的香气形成起作用,并未发现其含量有所增加。

关于双糖在白茶加工过程中的变化,一般含量趋于逐步减少,这是由于双糖能在酶或热的作用下,水解而成为单糖。例如蔗糖在蔗糖酶的催化下水解成葡萄糖和果糖,或者在蔗糖磷酸化酶的催化后,磷解成1-磷酸葡萄糖和果糖。

由于单糖和双糖都是可溶性糖,就与白茶品质的关系而言,它们不仅是滋味的物质,能给茶汤带以甜醇,而且在白茶的加工过程中,在热的作用下,可与氨基酸作用生成色泽悦目及具花香的物质。

二、多糖类在白茶加工中的变化

茶鲜叶中的多糖类物质,主要有纤维素、淀粉和果胶物质等。多糖的变化对茶叶品质的影响,目前研究资料还不多。

淀粉是一种贮藏物质,但在酶的作用下,可以被水解成可溶性糖,这在植物体中是经常在进行着的一种生物化学作用。在白茶的鲜叶加工中,同样以酶的作用为其特点,被水解而含量逐步减少。淀粉首先在淀粉酶的催化下,水解成糊精、麦芽糖,进而在麦芽糖酶的催化后,水解成葡萄糖,反应是不可逆的。淀粉也可以在磷酸化酶的催化作用下,磷解成1-磷酸葡萄糖,反应是可逆的。但淀粉在白茶加工中的降解,主要是水解作用。

萎凋叶酶促水解的结果,淀粉含量明显减少。如鲜叶中含量为0.40%,萎凋后降至0.25%。揉捻开始以后的萎凋过程,淀粉的含量继续减少。干燥过程中的水热作用,淀粉还会产生热裂解而含量又进一步下降。淀粉是难溶于水的物质,茶叶冲泡时通常不能被利用,营养价值不大。然而,在鲜叶加工过程中,利用酶或水热的作用,促使其产生水解而转化成可溶性糖类物质,这对提高白茶的香气、汤色和滋味,是有一定意义的。

茶叶的果胶物质,也是一类具有糖类性质的高分子化合物,属杂多糖。这类物质包括有原果胶(不溶于水)、果胶素(溶于水)、中性和果胶酸(溶于水,酸性)。原果胶在稀酸作用下,可加水分解形成水化果胶。果胶素和果胶酸,总称为水溶性果胶物质。

在鲜叶组织中,原果胶可在原果胶酶催化下水解成果胶素,果胶素可被果胶酶催化后水解成果胶酸。萎凋中鲜叶的原果胶含量减少,水溶性果胶含量增加(表6-16)。这种减少与增加是有着密切联系的,就是说水溶性果胶的增加,是原果胶产生酶促水解的结果。而这种生化反应,又与萎凋中果胶酶的活性明显增加相一致。但萎凋中果胶物质总量下降,说明果胶物质不仅在自己的各个部分之间互相转化,而且通过分解还形成了其他化合物,如半乳糖和阿拉伯糖等。

表 6-16 白茶加工过程中果胶物质的变化(%)

试样	鲜叶	萎凋叶	萎凋叶	成品茶
水溶性果胶	1.8	2.5	1.3	0.6
水化果胶	2.9	3.4	2.2	1.5
原果胶	8.8	7.1	8.1	7.9
总和(水化果胶+原果胶)	11.3	10.2	10.1	9.4

在揉捻和萎凋过程中,水溶性果胶发生了急剧减少,原果胶却有些增加。这和茶叶萎凋时酸性反应的环境有关,调节 pH 在 5.0~5.5 之间,果胶物质易于凝固,而凝固了的果胶物质不能再转入溶液中。此外,在揉捻和萎凋中,在酶的作用下,果胶素分子中的甲醇基被游离出来,形成果胶酸,而果胶酸能与钙离子等产生结合作用,生成果胶酸盐而沉淀。

茶叶干燥过程,原果胶基本停止增加,水溶性果胶又继续减少,这大概是在热的影响下,局部产生分解。

果胶物质是一类胶体性物质,茶汁或茶汤的黏稠度与它们的存在有关。但研究表明,影响茶汁黏稠度的变化,主要因素是果胶物质的水溶性部分,即水溶性果胶。在白茶加工过程中,茶汁的黏稠度随着萎凋进程而明显增大,揉捻和萎凋中又逐步下降。

第七节　白茶加工过程中的氨基酸与咖啡碱

氨基酸不仅是茶叶的组成成分,而且是活性肽、酶等的重要组分,许多氨基酸本身就具有较强的活性。氨基酸是构成白茶滋味、香气的主要物质之一。

一、白茶加工过程中的氨基酸

白茶萎凋过程中,随着酶活性的提高,叶中蛋白质水解,生成具有鲜味和甜味的氨基酸,氨基酸含量趋于增加。萎凋中后期,当叶内多酚类化合物氧化还原失去平衡时,邻醌生成增加,氨基酸被邻醌所氧化,脱氨、脱羧,生成挥发性醛类物质,为白茶提供香气来源和先质。不同的氨基酸所形成的醛及其生成量是不同的。只有当邻醌形成被抑制后,氨基酸才有所积累。萎凋开始12 h内,鲜叶中的氨基酸有所增加,这是蛋白质水解的结果。这时多酚类物质氧化形成的邻醌量较少,氨基酸被邻醌氧化的量也少。以后随多酚类化合物氧化的进行,邻醌生成量的增加,氨基酸逐渐被氧化分解而减少。至48 h后,邻醌生成量减少,氨基酸才又有所增加。这是因为多酚类物质随氧化而减少和邻醌对酶的沉淀作用,酶促作用减弱,因而邻醌生成量减少,由蛋白质水解生成的氨基酸消耗减少方开始有所积累,至60 h氨基酸才有明显增加。萎凋72 h后其含量可达11.34 mg/g,这也是白茶萎凋时间过短品质不佳的原因之一。

张劲松研究结果表明,白茶加工过程中氨基酸各成分变化复杂。如含量多的茶氨酸与异亮氨酸,加工中变化显著。茶氨酸在萎凋中不但有降解,也有生成;而含量少的氨基酸,前期不断增加,至中后期有增有减,但相对趋于稳定,见表6-17。

表6-17　白茶萎凋过程中氨基酸组分变化(mg/100 g)

萎凋时间	0 h	6 h	12 h	18 h	24 h	30 h	36 h	42 h	48 h	54 h
天冬氨酸	113	98	90	120	136	140	153	137	121	131
茶氨酸	1 006	615	762	855	764	683	897	707	815	758
苏氨酸	23	28	36	49	47	48	52	45	45	49
丝氨酸	32	44	60	87	80	85	88	83	77	77
谷氨酸	206	236	322	344	226	187	167	156	133	139
甘氨酸	3	3	3	4	4	5	5	4	4	4
丙氨酸	15	19	26	47	53	54	59	57	58	61
胱氨酸	14	16	20	27	26	20	25	27	27	27
缬氨酸	17	28	28	56	55	58	59	57	56	59
蛋氨酸	6	6	5	5	3	4	2	3	3	3
异亮氨酸	10	18	26	36	34	37	36	36	35	35
亮氨酸	13	25	35	51	48	50	51	48	46	50
酪氨酸	21	30	34	55	73	74	81	76	87	85

续表 6-17

萎凋时间	0 h	6 h	12 h	18 h	24 h	30 h	36 h	42 h	48 h	54 h
苯丙氨酸	19	34	53	72	64	64	68	58	65	56
赖氨酸	9	17	26	39	33	31	32	27	26	27
组氨酸	5	7	11	20	19	18	10	6	15	17
精氨酸	43	22	28	46	31	30	43	29	34	44
脯氨酸	3	14	23	43	47	46	49	50	40	53

福建产区对白牡丹氨基酸组分、含量及白茶几个品种花色的主要化学成分如表 6-18。

表 6-18 白牡丹游离氨基酸组分 (mg/100 g)

茶样	赖氨酸	组氨酸	精氨酸	天冬氨酸	苏氨酸	茶氨酸	谷氨酸	甘氨酸	丙氨酸	缬氨酸	亮氨酸	异亮氨酸	酪氨酸	苯丙氨酸	丝氨酸	氨基酸总量
政和白牡丹	48.6	20.0	65.6	103.1	39.1	838.3	91.9	4.6	56.2	70.7	50.0	51.6	49.2	82.6	258.0	1 829.5
水吉白牡丹	97.2	17.7	35.2	98.6	37.7	499.3	71.9	3.8	45.2	81.5	53.0	62.2	51.8	64.4	200.0	1 419.5

萎凋方法不同,萎凋叶的氨基酸含量也不同。自然萎凋的萎凋叶氨基酸的含量高于日光萎凋。加温萎凋(32 ℃±2 ℃)与自然萎凋(24 ℃±2 ℃)比较,加温萎凋叶中氨基酸的增长速度较快(表 6-19、表 6-20)。

表 6-19 白茶自然萎凋过程中氨基酸总量变化 (%)

萎凋时间	A	B	C	D
0 h	3.10	2.80	5.40	2.80
8 h	3.10	2.90	5.30	3.20
16 h	3.30	3.10	6.10	3.30
24 h	3.50	3.10	6.20	3.50
32 h	3.50	3.30	6.30	3.50
40 h	3.60	3.40	6.30	3.40
48 h	3.20	3.30	6.00	3.30
56 h	3.20	3.20		
64 h	3.40	3.20		
初烘	3.30	3.40		
足干	3.30	3.10	5.80	3.30

注:A 为福安大白,一芽二叶初展;B 为福鼎大毫,一芽二叶;C 为政和大白,一芽一叶初展;D 为水仙,一芽一叶初展。A、B 处理的萎凋环境:17～23 ℃,相对湿度 65%～78%;C、D 处理的萎凋环境:19～28℃,相对湿度 65%～70%。

四个处理均在政和县稻香茶叶有限公司白茶萎凋室进行。

表 6-20   白茶加温萎凋过程中氨基酸总量变化(%)

萎凋时间	E	F	G
0 h	2.80	3.10	3.45
4 h	3.10	3.30	3.65
8 h	3.30	3.70	4.05
12 h	3.40	3.80	4.00
16 h	3.20	4.00	4.00
20 h	3.40	4.20	4.00
24 h	3.80	4.10	
烘干	4.10	4.30	

注:E、F均为福鼎大毫,一芽二叶;G福鼎大白,一芽二叶。E、G处理在福建品品香茶业
有限公司加温萎凋车间进行,萎凋环境:29～32 ℃,相对湿度57%～62%。F处理在
福建福鼎白琳茶厂加温萎凋车间进行,萎凋环境:29～33 ℃,相对湿度54%～61%。

　　揉捻开始以后的萎凋过程,因产生水解作用,蛋白质的含量继续减少。干燥中因高温水热作用的结果,蛋白质产生热裂解作用,一般含量又进一步下降。氨基酸在萎凋过程中因能与氧化了的儿茶素结合,或转化成香气成分,因而含量逐步减少,干燥中又继续削减。

　　氨基酸的含量增加,对白茶的品质形成有重要的影响:①增进茶汤滋味。这是因氨基酸多数是属于滋味物质,如茶叶中含量最丰富的茶氨酸,就具有味精的鲜爽味,含量较次的谷氨酸,具有酸鲜味。还有其他一些氨基酸,也具有不同程度的鲜爽味。氨基酸是白茶茶汤鲜爽度的重要构成成分。②提高茶叶香气。氨基酸与白茶的香味有着密切的关系,氨基酸在白茶加工中参与茶叶香气的形成。③改进干茶色泽。在白茶干燥工序中的高温作用下,氨基酸参与非酶性褐色反应,与成品茶乌润色泽的形成有关。④氨基酸在白茶萎凋中与儿茶素的邻醌结合而成的有色化合物,对白茶汤色起有良好的影响。

二、白茶加工过程中的咖啡碱

　　咖啡碱是茶叶中生物碱的主要成分,分子结构为1,3,7-三甲基黄嘌呤。咖啡碱能溶于水,易溶于80 ℃以上的热水,能溶于乙醇、丙酮,易溶于氯仿。熔点235～238 ℃,在120 ℃以上开始升华,到180 ℃大量升华成结晶。咖啡碱有强心、兴奋、利尿等药理功效,是茶叶中重要的功能性成分。咖啡碱呈苦味,是构成白茶滋味的重要成分。

　　咖啡碱含量与茶叶嫩度呈正相关,生产白茶的原料愈嫩,咖啡碱含量愈高。白茶加工过程中的咖啡碱含量升高,但在烘干过程中,咖啡碱含量下降(表6-21、表6-22),这可能是白茶萎凋时,结合态的咖啡碱变成了游离态,而烘干时的温度又使咖啡碱升华损失。

表6-21 白茶自然萎凋过程中咖啡碱含量变化(%)

萎凋时间	A	B	C	D
0 h	5.00	4.40	4.00	5.00
8 h	5.10	4.80	4.40	5.00
16 h	5.20	4.80	4.30	5.20
24 h	5.30	4.70	4.30	5.20
32 h	5.30	4.90	4.20	5.10
40 h	5.20	4.80	4.40	5.00
48 h	5.20	5.00	4.40	5.20
56 h	5.20	4.80		
64	5.30	4.80		
初烘	5.20	5.10		
足干	5.20	4.90	4.20	5.10

注:A为福安大白一芽二叶初展;B为福鼎大毫一芽二叶;C为政和大白一芽一叶初展;D为水仙一芽一叶初展。A、B处理的萎凋环境:17～23 ℃,相对湿度65%～78%。C、D处理的萎凋环境:19～28 ℃,相对湿度65%～70%。

四个处理均在政和县稻香茶叶有限公司白茶萎凋室进行。

表6-22 白茶加温萎凋过程中咖啡碱含量变化(%)

萎凋时间	E	F	G
0 h	5.10	4.80	5.20
4 h	5.10	4.90	5.40
8 h	5.20	5.00	5.30
12 h	5.40	5.10	5.40
16 h	5.30	5.30	5.40
20 h	5.50	5.20	5.40
24 h	5.30	5.10	
烘干	5.30	5.30	

注:E、F均为福鼎大毫,一芽二叶;G为福鼎大白,一芽二叶。E、G处理在福建品品香茶业有限公司加温萎凋车间进行,萎凋环境:29～32 ℃,相对湿度57%～62%。F处理在福建福鼎白琳茶厂加温萎凋车间进行,萎凋环境:29～33℃,相对湿度54%～61%。

第八节 白茶干燥过程中的化学变化

白茶萎凋到一定程度,就需要干燥,目前白茶烘干主要是用6CH-16、6CH-20型链板烘干机,温度为100～150 ℃不等,传统是用焙笼烘干或直接晾干。自然晾干的白茶,还具有轻微的生青味,其低沸点的醇、醛类物质含量较高。采用日晒干燥的白茶,产生的日晒味是一种β-甲硫基丙醛的物质,它是含硫氨基酸在维生素B$_2$(即核黄素)的作用下,经氧化分解而生成。用100 ℃以上的高温烘干,带有青气的低沸点醇、醛类芳香物质挥发或发生结构转化,如顺式青叶醇等挥发或异构化,形成反式青叶醇,从青气转为青香。此外,在高温作用下,糖与氨基酸经迈德拉反应,生成呋喃衍生物类、酮类和醛类物质,进而生成吡嗪衍生物,从而形成烘烤香味。

干燥阶段,茶叶中的生化成分发生了深刻的变化,对白茶的品质产生了巨大的影响,不同烘干温度,直接影响白茶的主要生化成分(表6-23)。干燥阶段,在制品含水率低,酶活力微弱或已失活,物质以非酶促氧化作用占主要地位,儿茶多酚类发生转化与异构化,从而减少了茶汤的苦涩。干燥过程,以儿茶素变化为最深刻,其中以表没食子儿茶素没食子酸酯(L-EGCG)和没食子儿茶素(D,L-GC)减少最多,而 L-EC＋D,L-C 有较多的保留,酯型儿茶素的减少使涩味进一步消失,汤滋味更为清醇。

表 6-23   烘干温度对白茶主要生化成分的影响

品种	干燥温度、时间	茶多酚(%)	氨基酸(%)	咖啡碱(%)	水浸出物(%)	可溶性总糖(%)	茶黄素(%)	茶红素(%)	茶褐素(%)	儿茶素总量(mg/g)
政和大白,一芽一叶初展,自然萎凋	30 ℃,60 min	29.70	6.00	4.40	43.70	5.64	0.16	4.22	3.39	101.03
	60 ℃,30 min	27.20	6.00	4.40	42.00	5.61	0.22	3.83	3.78	94.91
	90 ℃,20 min	28.50	6.00	4.40	42.70	5.56	0.19	4.09	3.27	97.76
	120 ℃,10 min	28.30	5.80	4.20	41.40	5.54	0.17	3.85	2.68	110.23
	150 ℃,5 min	29.30	6.05	4.30	44.30	5.41	0.17	4.06	2.82	102.22
水仙,一芽一叶初展,自然萎凋	30 ℃,60 min	32.40	3.30	5.20	45.60	4.43	0.22	2.67	3.11	114.41
	60 ℃,30 min	30.50	3.10	5.10	44.90	4.52	0.23	2.63	3.31	115.13
	90 ℃,20 min	31.80	3.30	5.10	45.60	4.60	0.22	2.34	2.94	113.64
	120 ℃,10 min	31.80	3.30	5.10	46.00	4.41	0.19	2.48	2.61	114.01
	150 ℃,5 min	33.40	3.00	5.10	47.40	4.58	0.19	2.42	2.33	135.44
福鼎大毫,一芽二叶,加温萎凋	30 ℃,60 min	28.90	3.90	5.50	45.00	4.46	0.25	5.09	5.74	95.93
	60 ℃,30 min	28.20	4.00	5.30	44.10	4.31	0.27	4.77	5.76	91.05
	120 ℃,10 min	28.00	4.10	5.30	45.00	4.42	0.24	4.73	5.38	94.95
	15 ℃,5 min	26.90	3.60	5.20	44.00	4.18	0.23	4.78	5.37	81.28

第九节   白茶贮藏过程中的化学变化

由于白茶的外形粗松,与空气接触面积大,因此白茶比较容易陈化,陈化影响白茶品质,但也有民间传说陈白茶的治病效果更好,这种说法是否有科学依据,尚不得而知。表6-24是对两种白茶新茶、陈茶的测定结果。

表 6-24　白茶新茶、陈茶的主要成分比较

样品名称	茶多酚 (%)	氨基酸 (%)	咖啡碱 (%)	水浸出物 (%)	可溶性 总糖(%)	茶黄素 (%)	茶红素 (%)	茶褐素 (%)	儿茶素总量 (mg/g)
一级新工艺白茶	22.40	2.70	4.70	40.60	5.47	0.36	6.39	6.67	101.7
新工艺白茶陈茶	13.90	2.60	4.40	34.70	3.69	0.29	6.00	9.61	26.66
特级白牡丹	30.20	4.03	5.70	45.40	4.56	0.19	3.81	4.01	128.56
高级白牡丹陈茶	25.10	3.00	5.50	42.00	3.51	0.13	4.88	4.62	81.88

注：新茶指 2005 年春茶，测定时间 2005 年 9 月。

新工艺白茶陈茶为 2002 年春末福鼎大毫品种制作，每年有用 120 ℃烘焙。

高级白牡丹陈茶为 1998 年春茶福鼎大毫品种制作，无烘焙，铝塑复合袋包装。

一、白茶陈化变质内因

内因是贮藏过程中茶叶的许多化学成分发生氧化作用，导致茶叶陈化或劣变。影响品质的化学成分主要是茶多酚、氨基酸、叶绿素、维生素、胡萝卜素、氨基酸以及多种香气成分等。

（一）茶多酚及其氧化产物

与茶叶滋味、汤色的关系最为密切，它的含量多少决定着茶汤的汤色、滋味、浓度。白茶贮藏过程中茶多酚继续被氧化、聚合形成茶黄素与茶红素，进而成为褐色素（高聚合物），使红茶汤色加深变暗，贮藏过程中的烘焙促进了白茶多酚类的氧化。

1.茶多酚总量

2002 年的新工艺白茶的儿茶素由 22.4％下降到 13.9％，下降幅度为 37.9％；1998 年的高级白牡丹由 30.20％下降到 25.1％，下降幅度达 16.9％。

2.儿茶素

下降幅度最大，2002 年的新工艺白茶的儿茶素由 101.7 mg/g 下降到 26.66 mg/g，下降幅度达到 73.4％；高级白牡丹的下降幅度也达 36.3％。

3.茶黄素

新工艺白茶由 0.36％下降到 0.29％；高级白牡丹由 0.19％下降到 0.16％。

4.茶红素

新工艺白茶由 6.39％下降到 6.00％；高级白牡丹由 3.81％上升到 4.88％，增幅达到28.1％。

（二）可溶性糖

贮藏后的白茶可溶性糖明显减少，新工艺白茶由 5.47％下降到 3.69％，下降幅度达到32.5％；高级白牡丹由 4.56％下降为 3.51％，降幅达到 23.0％。

（三）咖啡碱

贮藏后白茶的咖啡碱减少，新工艺白茶由 4.7％下降到 4.4％；高级白牡丹由 5.7％下降为 5.5％。

（四）水浸出物

贮藏后白茶的水浸出物减少,新工艺白茶减少明显,由 40.6％下降到 34.7％;高级白牡丹由 45.4％下降为 42％,下降幅度为 7.5％。

（五）氨基酸

茶树中氨基酸多集中于嫩梢中,老叶含量较低,因此级别愈高的茶叶,氨基酸含量也就愈多。茶叶在存放期间,氨基酸会与茶多酚类自动氧化的产物结合生成暗色的聚合物,致使茶叶既失去收敛性,也丧失新茶特有的鲜爽度,变得淡而无回味。白茶贮存中,氨基酸与茶黄素、茶红素作用形成深暗色的高聚合物,同时氨基酸在一定的温度条件下还会氧化、降解和转化,因此贮存时间越长,氨基酸含量下降得越多,茶叶也逐渐失去了新鲜感。新工艺白茶的氨基酸减少不明显,由 2.7％下降到 2.6％。高级白牡丹由 4.03％下降为 3％。

（六）叶绿素的变化

叶绿素是形成白茶色泽的重要成分。贮藏过程中,在光和热的条件下(尤其是紫外线的照射下),易分解,失绿而变褐,形成脱镁叶绿素。一般情况下,脱镁叶绿素含量占 70％时,茶叶色泽出现显著褐变。

（七）维生素 C 减少

维生素 C 是茶叶具有营养价值的重要成分,也是一种易被氧化的物质。其含量多少与茶叶品质关系密切。维生素 C 被氧化后生成脱氧维生素 C,它与氨基酸相互作用,生成氨基羰基,既降低了茶叶营养价值,又使颜色变褐,同时滋味也失去了鲜爽味。

（八）类脂物质的水解与胡萝卜素的氧化

茶叶中约含有 8％的脂肪类物质,在贮藏过程中同样会被氧化、水解而成游离脂肪酸、醛类或酮类,进而出现酸臭味。已有研究证明,随着茶叶中的游离脂肪酸含量增加,不仅茶叶香味显陈,而且汤色也会加深,导致商品价值降低。

茶叶中还有一定含量的类胡萝卜素,这是一类黄色素,成分复杂,是光合作用的辅助成分,具有吸收光能的性质,所以易被氧化。氧化后的产物,成类似胡萝卜贮藏后产生的气味,使茶汤质变。

（九）香气成分的变化

茶叶中的芳香物质是指挥发性的香气成分。茶叶存放时间长,茶叶香气会日渐减低,陈味日渐突出,尤其是新茶特有的清香会荡然无存。在白茶贮存过程中产生一些新的化合物,主要是:1-戊烯-3-醇、顺-2-戊烯酸、顺-4-庚二烯醛和丙醛。除此以外,贮存过程中 β-紫罗酮、5,6-环氧-β-紫罗酮和二氢海葵内酯等胡萝卜素转化衍生而成的成分,这些物质呈现明显陈味。

二、白茶陈化变质外因

（一）温度

温度对茶叶的香气、汤色、滋味、形态均有很大的影响。高温能促使茶叶内部物质发生化学反应,温度越高,反应速度就越快。所以白茶贮存过程,必须注意控制温度和湿度。要使茶叶不变或少变质,应采用低温贮藏。实验证明,贮藏茶叶的最佳温度为 0～5 ℃。茶叶 10 ℃以下有存放,可较好地抑制茶叶褐变进程,防止茶叶陈化变质。温度每升高 10 ℃,新茶陈化的速度要增 3～5 倍。

（二）湿度

茶叶中水分含量超过 6％时,叶绿素会迅速降解,茶多酚会自动氧化,令茶叶变质加速,特别在气温较高、湿度较大的条件下,白茶容易发霉变质,不堪饮用。白茶产区的夏季 7～8 月份间,气温高达 37～39 ℃,相对湿度又较高,要特别注意防止茶叶吸潮。

（三）氧气

茶叶与空气中的氧结合而发生氧化反应的物质,主要是茶多酚中的儿茶素和维生素 C。受氧化的茶叶,会发生质的改变,使茶汤色变红,甚至变褐,使茶失去鲜爽味。暴露在空气中越久,氧化得越严重,茶叶的质量也会变得越差。实践证明,在高温无氧下贮藏,虽外观也发生褐变,但内质变化不大。因此注意茶叶包装的密封性能,有条件的企业可用充氮气或除氧剂防止茶叶氧化。

（四）光线

光是一种热能,茶叶内在物质受到热的作用,可使其发生变化,从而使茶叶变质。所以,在茶叶贮存中,也不能忽视光线对茶叶质量的影响。实验证明:茶叶在透明的容器里放置 10 d(避免日光直射),维生素 C 就会减少 10％～20％;如果用 1 700 lx 荧光灯照射,在25 ℃下放置 30 d,茶叶颜色就会变褐,香气、滋味明显变差,甚至不能饮用。用仪器进行分析,就会发现芳香物质减少,氧化产物增多。如果将茶叶放在日光下晒一天,茶叶的色泽、滋味就有很大的变化,并且有"日臭气味",可使茶叶鲜度丧失。这是因为茶叶在光波 400 nm 以下的紫外线照射下(如 360 nm),就会引起化学反应,影响茶叶的质量。特别是高档茶叶,对光反应特别敏感,这种影响就更大。所以用来贮藏和包装茶叶的容器,要求必须是不透光的。否则变成黄枯色,香气消失,汤色发暗。

（五）防异味

茶叶吸附性强,极易吸收各种异味而影响其品质,贮藏中要严防与有异味物质存放在一起。

六、微生物

白茶叶储藏过程中如果保管不当，严重的时会引起茶叶霉变。霉变的茶叶含有霉菌等生长、繁殖的各种代谢产物，即各种霉素，危害人体健康。引起茶叶霉变的微生物大致有细菌、霉菌和酵母菌三种。茶叶贮藏过程中已检测到的霉菌有青霉、黑曲霉、黄曲霉、芽枝霉、交链孢霉、交链孢霉、镰孢霉、根霉等。

（一）微生物生长繁殖的影响因素

1.水分

水分是微生物生命活动的必需条件。各种微生物所需的水分并不相同，细菌和酵母菌只有在水分含量20%～30%的食品上生长，同时它的芽孢发芽也需要大量水分。因此可以认为，这两种菌类在茶叶上几乎是难以繁殖的。而霉菌则在含水量12%的食品上就能生长，同时只要条件适宜，多数霉菌甚至在低于5%含水量条件下仍能生长。

2.氧气

微生物和其他生物一样，需要进行有氧呼吸，新陈代谢能正常进行。干燥食品上的微生物绝大多数是好气性的，氧的存在有利于它们的生长繁殖，密封断氧，就会使它们窒息而死。但也有对氧气要求不高的霉菌，如灰绿曲霉菌在0.2%氧浓度也能正常生长繁殖。而酵母菌则是兼性厌氧菌，在有氧和无氧条件下都能正常生长。因此，茶叶的隔氧贮藏，不仅可以防霉，而且可以延缓茶叶陈化，可以在较长贮存期间保障茶叶品质不变。

3.温度

温度也是微生物生长繁殖的重要条件之一。一般微生物在(37 ± 2) ℃条件下最适合生长。如果温度过高，繁殖力减退，一般温度在70～80 ℃时，微生物会因蛋白质凝固而死亡。而低温只能暂时迫使停止其生命活动，抑制微生物的分裂繁殖，如温度适宜，又会重新恢复活动。

4.养料

茶叶中含有多酚类物质氨基酸、维生素、蛋白质和糖等化学营养成分，特别是碳、氮物质更是微生物最喜欢的养料。含水量高的茶叶，霉菌需要的水分和养料齐全，成为霉菌生长繁殖的良好基质。

（二）微生物污染茶叶的途径和特征

霉变茶叶微生物的污染主要来源于三个方面：一是在温、湿度适合的空气中飞散着大量霉菌孢子，一经飞到茶叶上，便形成新的霉菌细胞，即以群体结构成絮状或绒毛状的有色菌丝；二是包装容器存放时间过久，包装材料潮湿，产生陈霉味，装茶叶后陈霉味会带至茶叶；三是茶叶的加工方法与霉菌污染有一定关系，高温烘焙的茶叶微生物少，直接晾干或晒干的白茶微生物多。另外，茶叶加工，包装车间，由于环境卫生和操作人员个人卫生等原因，也会使茶叶受霉菌污染。

霉菌菌丝体分为两类，一旦条件适合，营养菌丝体即伸到茶叶体内分泌蛋白酶、淀粉酶和其他酶类，在水和酶的作用下，把茶叶的含碳、含氮等有机物质分解吸收，供其生长繁殖,同时放出热量,散发霉菌味,同时,气生菌丝伸入空气中吸收氧气,并在其顶端形成繁殖的孢子囊,孢子囊破裂,孢子到处飞散,繁殖速度很快。霉菌在温度 10～35 ℃、相对湿度 80％左右就能生长繁殖;温度在 20 ℃以上、相对湿度在 90％以上,霉菌生长繁殖旺盛。

孢子一经飞到茶叶上,只要温、湿度适宜,五天之内即可看到霉点。将含水量 7％茶叶置于 15～24 ℃、相对湿度 80％以上的库房中,一昼夜茶叶含水量上升至 8.5％,第三天水分上升至 10％,第五天水分上升至 11％,即有霉点出现;同样将 7％含水量茶叶置于温度 23～30 ℃、相对湿度 90％以上库房中,一昼夜水分上升到 9.5％,第三天水分上升到 11％,第五天水分上升至 12％,霉点即大量出现。

本章参考文献

[1]宛晓春.茶叶生物化学[M].3 版.北京:农业出版社,2003.

[2]安徽农学院.茶叶生物化学[M].2 版.北京:农业出版社,1988.

[3]顾谦,陆锦时,叶宝存.茶叶化学[M].合肥:中国科学技术大学出版社,2002.

[4]杨贤强,王岳飞,陈留记,等.茶多酚化学[M].上海:上海科学技术出版社,2003.

[5]施兆鹏.茶叶加工学[M].北京:中国农业出版社,1997.

[6]安徽农学院.制茶学[M].北京:农业出版社,1979.

[7]刘谊健,郭玉琼,詹梓金.白茶制作过程主要化学成分转化与品质形成探讨[J].福建茶叶,2003(4):13-14.

[8]李远志.茶叶中多酚氧化酶的性质及其在茶叶加工中的作用[J].食品科学,1988(11):5-9.

[9]吴红梅,萧慧,刘刚,等.多酚氧化酶的研究进展[J].茶业通报,2004(2):62-64.

[10]李觅路.茶黄素形成机理及其开发应用研究进展[J].茶叶通讯,2003(2):38-41.

[11]夏涛.红茶色素形成机理的研究[J].茶叶科学,1999(2):139-145.

[12]陈洪德,张育松,郑金凯.浅析茶叶中的多酚氧化酶同工酶[J].福建茶叶,1995(1):23-26.

[13]李大祥,宛晓春,杨昌军,等.茶儿茶素氧化机理[J].天然产物研究与开发,2006(1):171.

[14]吴小崇.绿茶贮藏中质变原因的分析[J].茶叶科学,1989(2):95-98.

[15]刘湄,方元超.茶叶陈化机理及其影响因素的探讨[J].食品研究与开发,1999(5):3-6.

[16]王登良.绿茶贮藏过程中茶多酚含量的变化与感官品质的关系[J].茶叶科学,1998(1):61-64.

[17]罗星火.茶叶保鲜技术研究进展[J].福建茶叶,2001(2):22-23.

[18]刘莉华,宛晓春,文勇,等.祁门红茶加工过程中 β-葡萄糖苷酶活性变化研究[J].安徽农业大学学报,2003(4):386-389.

[19]夏涛,童启庆,董尚胜,等.红茶萎凋发酵中 β-葡萄糖苷酶的活性变化[J].茶叶科学,1996(1):63-66.

[20]骆耀平,董尚胜,童启庆,等.7个茶树品种新梢生育过程中β-葡萄糖苷酶活性变化[J].茶叶科学,1997(A1):25-28.

[21]骆耀平,童启庆,屠幼英,等.龙井茶摊放过程中β-葡萄糖苷酶活性变化[J].茶叶科学,1999(2):136-139.

[22]郭雯飞.茶叶香气生成机理的研究[J].中国茶叶加工,1996(4):34-37.

[23]唐颢,唐劲驰,李家贤.乌龙茶品质成因的生理生化因子研究进展[J].福建茶叶,2005(3):14-16.

[24]张超,卢艳,李冀新,等.茶叶香气成分以及香气形成的机理研究进展[J].福建茶叶,2005(3):17-19.

[25]李叶云,江昌俊,王朝霞,等.茶叶加工中β-半乳糖苷酶活性变化的研究[J].中国农学通报,2005(4):84-85,118.

[26]刚保中.茶叶的色、香、味、形的形成(二)[J].食品科学,1983(2):19-22.

[27]赵和涛.我国各名茶和茶类中游离氨基酸含量与组成[J].氨基酸和生物资源,1989(3):42-43,27.

第七章　白茶品质检验与调控

第一节　白茶审评用具与程序

　　茶的品质鉴定主要是依靠人们的嗅觉、味觉、视觉。要获得正确的结果,除审评人员要有敏锐的辨别能力、熟练的技术外,还要有适合白茶审评的良好环境、审评设备以及合理的程序和正确的方法,白茶的审评与绿茶、红茶基本相同。

一、审评设备

　　1.审评室
　　要求有均匀、充足的自然光。一般要求背南面北,室内外不能有红、黄、蓝、紫、绿等杂色反光和遮断光线的障碍物等。室内墙壁与天花板粉刷白色,以增强室内光线的明亮度,为了避免窗外反射光的干扰,最好在北面窗外设一向外突出倾斜30°的、黑色形的采光斗,用以遮住外来直射的光线,采光斗高200 cm左右,顶部覆盖5 mm厚透明玻璃,使光线通过斜斗上方玻璃窗射入,评台面受光均匀。审评室内要求干燥、清洁,空气新鲜,四周无异气味和噪声干扰,忌与食堂、化验室、卫生间等相邻。控制室温18～22 ℃,相对湿度52%～60%。审评室的布置有:
　　(1)干评台:用于审评茶叶外形,包括嫩度、条索、色泽和净度。靠窗口设置,用于放置样茶罐、样茶盘,台高90～100 cm,宽50～60 cm,长度不限,台面一般漆成黑色,台下设置样茶柜。
　　(2)湿评台:用于鉴评茶叶内质,包括香气、汤色、滋味和叶底。一般设在干评台后面,台高88 cm,台面宽50～60 cm,边5 cm,台面漆成白色。
　　(3)样茶柜:用于存放茶叶样罐,根据审评室具体条件设置以便利审评工作为原则。
　　2.评茶用具
　　(1)审评盘:也叫样茶盘或样盘,用于审评茶叶形状,用木质或塑料(无毒、不带静电)制成。有正方形和长方形两种,其中正方形盘的长宽各230 mm,边高30 mm;长方形的长、宽、高各为250 mm、160 mm、30 mm。盘的一角有20 mm的缺口。审评毛茶一般采用竹篾制的圆样匾,直径500 mm、边高40 mm。
　　(2)审评杯、碗:审评杯为冲泡茶叶和审评茶叶香气之用;审评碗为装盛茶汤审评汤色和滋味之用。均为瓷质纯白色,大小、厚薄规格必须一致。其杯、碗规格型号、容量依审评茶类不同而不同。如审评红茶、绿茶、白茶、花茶为柱形杯,杯高 6.6 cm 以上,口径 6.5 cm,容量 150 ml、200 ml 或 250 ml,在杯柄对面的杯沿有一半圆形缺口,便于带盖倾倒出茶汤,审评红碎茶的杯为锯齿形,起阻拦茶渣的作用,杯盖上有一小孔。审评碗为广口状,高 5.5 cm,口径 9.2 cm,容量与茶杯容量相等。

3.叶底盘

审评茶叶的叶底之用,用木板制成,大小规格,有 10 cm×10 cm×2 cm 和 12 cm×8.5 cm×2 cm 两种,漆成黑色。

4.其他审评用具

有茶秤、定时钟或砂时计、匙网、茶匙、汤杯、茶盂、茶壶、电炉或炭炉、提桶、脸盆等。

二、审评的关键技术

1.扦样

由于白茶外形粗松,不均匀,因此扦样要十分认真,否则就影响审评结果。在扦样前,要检查每票白茶的数量,分清批次,再从上、中、下及四周各扦取一把,先看外形、色泽、粗细、水分、干嗅香气是否一致,如果不一致,将茶叶倒出匀堆后,再从大堆中扦取。倘若一票毛茶件数量过多,可以抽取若干袋重新匀堆后扦样,扦取的样茶拼拢充分拌匀,作为"大样",再从大样中用对角取样法扦取小样 500 g,供作审评用。称取开汤审评或检验用的样茶,要先将样罐的茶叶全部倒出拌匀,取 200~250 g 在样盘里,再拌均匀后用拇指、食指、中指抓取,每杯用样应一次抓够,宁可手中有余茶,不宜多次抓茶添加,测水分和灰分等检验用的样茶,按规定数量拌匀称取。要求扦样动作要轻,尽量避免抓碎弄断导致走样。

2.评茶用水

水质必须符合国家规定的饮用水标准,如果是城市自来水,可用过滤器进行过滤,有条件的可以用桶装水。审评用热水水温为 100 ℃的沸水。

3.泡茶时间与茶水比

茶水比为 1∶50,泡茶时间 5 min。

三、评茶程序

白茶品质的好坏,等级的划分主要根据茶叶外形、香气、滋味、汤色、叶底等项目,通过感官审评来决定。

1.把盘

俗称摇样匾或摇样盘,是审评白茶外形的首要操作步骤。一般将白茶放入竹篾制的样匾中,双手持样匾的边缘,运用手势作前后左右的回旋转动,使样匾里的茶叶均匀地按轻重、大小、长短、粗细等不同有次序地分布,然后把均匀分布在样匾的茶叶通过反转顺转收拢成为馒头形,这样摇样匾的"筛"与"收"的动作,使毛茶分出上、中、下三个层次,形成上段茶、中段茶、下段茶,按次序往下拨开查看。

2.开烫

俗称泡茶或沏茶,为湿评内质的重要步骤。开汤前应先将审评用的器具洗净,按号码次序排列在湿评台上。称取白茶 3 g 投入 150 ml 的审评杯内(如用 200 ml 容量的审评杯则称取 4 g 样茶),杯盖应放入审评碗内,然后以沸滚适度的开水以慢快慢的速度冲泡满杯,泡水量应与杯口一致。冲泡第一杯起计时,并从低级茶泡起,随泡随加杯盖,盖孔朝向杯柄,过 5 min 按冲泡次序将杯内茶汤滤入审评碗内,倒茶汤时,杯应卧搁在碗口上,杯中残余茶汤应完全滤尽。开汤后应先嗅香气,快看汤色,再尝滋味,后评叶底。

3.嗅香气

一手拿住已倒出茶汤的审评杯,另一手半揭开杯盖,靠近杯沿用鼻轻嗅或深嗅,也有将整个鼻子深入杯内接近叶底以提高嗅觉。为了正确判别香气的类型、高低和长短,嗅时应重复 1～2 次,但每次嗅的时间不宜超过 3 s。另外,审评的杯数不宜过多,否则嗅香的时间拖长,冷热程度不一致,将影响评比结果。每次嗅评时都将杯内叶底抖动翻身,且在未评定香气前,杯盖不得打开。嗅香气应以热嗅、温嗅、冷嗅相结合进行。辨别茶叶香气以温嗅为主,最适合的温度是叶底温度 55 ℃,热嗅主要是辨别茶叶的异杂味和特殊味,冷嗅主要是评定茶叶香气的持久性。为了区别各杯茶叶的香气,嗅评后分出香气的高低,一般将香气好的杯往前推,次的往后摆,此项操作又叫香气排队。

4.看汤色

白茶开汤后,内含成分溶解在水中所呈现的色彩,称为汤色,又称为水色,俗称汤门或水碗。汤色易受到光线强弱、茶碗规格、容量多少、排列位置、沉淀物多少、冲泡时间长短等外界因素影响。如各茶碗茶汤水平不一,应加以调整。如茶汤中混入茶叶残渣,应用网匙捞出,然后用茶匙在碗里打一圆圈,使沉淀物旋集于碗中央,然后开始审评,按汤色性质及深浅、明暗、清浊等评比优次。

5.尝滋味

评汤色后立即进行尝滋味,茶汤温度以 50 ℃ 左右比较符合评味要求,用瓷质汤匙从审评碗中取一浅匙吮入口内,使茶汤在舌头上循环滚动,使茶汤布满舌面。尝味后的茶汤一般不要咽下,尝第二碗时,汤匙中残留的茶液应倒净或在白开水中漂净,不致互相影响,才能正确且较全面地辨别滋味。审评滋味主要按浓淡、强弱、爽涩、鲜滞及纯异等评定优次。

6.评叶底

审评叶底主要是靠视觉和触觉来判别,根据叶底的老嫩、匀杂、整碎、色泽和开展与否来评定优次,同时还要注意有无其他掺杂。评叶底时将杯中泡过的茶叶倒入叶底盘或放入审评盖的反面,也有放入白色的搪瓷盘里。倒时要注意把细碎粘在杯壁、杯底和杯盖的茶叶倒干净,用叶底盘或杯盖的先将叶张拌匀、铺开,观察其嫩度、匀度和色泽的优次。如感到不够明显时,可在盘里加茶汤或清水使叶张漂在水中观察分析。评叶底时,要充分发挥眼睛和手指的作用,通过手指感觉叶底的软硬、厚薄等,再看芽、叶的含量、光泽、匀整等。

第二节　白茶审评

一、白毛茶审评

白茶审评重外形,评外形以嫩度、色泽为主,结合形态和净度。

(1)对比毫心多少、壮瘦和叶张的厚薄。以毫心肥壮,叶张肥嫩为佳,毫芽瘦小稀少,叶张单薄的次之;叶张老嫩不匀、薄硬或夹有老叶、蜡叶为差。

(2)评色泽比毫心和叶片的颜色和光泽,以毫心叶背银白显露,叶面灰绿,即所谓的银芽绿叶,绿面白底为佳,铁板色次之,草绿黄、黑、红色、暗褐色及有蜡质光泽为差。

(3)评形状比芽叶连枝,叶缘垂卷,破张多少和匀整度。以芽叶连枝,稍微舒展,叶缘向叶背垂卷,叶面有隆起波纹,叶尖上翘不断碎、匀正的好;叶片摊开、折皱、折贴、卷缩、断碎的差。

(4)评净度要求不含无蜡叶、老叶、籽及老梗。评内质以叶底嫩度和色泽为主,兼评汤色、香气、滋味。

(5)评汤色比颜色和清澈度,以杏黄、杏绿、浅黄,清澈明亮的佳;深黄或橙黄次之;泛红、红色暗浑的差。

(6)香气以毫香浓显,清鲜纯正的好;淡薄、青臭、发霉、失鲜、发酵、熟老为差。

(7)滋味以鲜爽、醇厚、清甜的好;粗涩、淡薄的差。

(8)评叶底比老嫩,叶质软硬和匀整度。色泽比颜色和鲜亮度,以芽叶连枝成朵,毫芽壮多,叶质肥软,叶色鲜亮、匀整为好;叶质粗老、硬挺、破碎、暗杂、花红、黄张、焦叶红边的为差。

二、白茶精茶审评

白茶精茶有银针白毫、白牡丹、贡眉(出口名称为中国白茶)和寿眉,银针白毫的产量较少,大部分产品是白牡丹、贡眉,都分为特级、一、二、三级。近年来还有一芽一叶的大白茶原料生产的极品白牡丹。

银针白毫和白牡丹在冲泡 2 min 后即可品评。白茶审评重外形兼看内质。外形主要是鉴别嫩度、净度和色泽。银针白毫要求毫心肥壮、具银白光泽。白牡丹外形要求毫心与嫩叶相连、不断碎,灰绿透银白色,叶面灰绿;高级贡眉也要有微显的毫心,凡毫心少,叶片老嫩不匀,红变或暗褐色为次。白毫银针要求香气新鲜,毫香显浓;白牡丹、贡眉以鲜纯,有毫香为佳,凡带青气者为低品;银针白毫的汤色要求碧洁清亮,呈浅杏黄色,白牡丹、贡眉要橙黄清澈,深黄色者次,红色为劣品;白毫银针的滋味要清甜毫味、浓重,白牡丹、贡眉要鲜爽、有毫味,凡粗涩、淡薄者为低品。叶底皆以细嫩、柔软、匀整、鲜亮者为佳,暗杂或带红张者为低品。

三、白茶审评术语

1.外形形状评语

(1)毫心肥壮:指茸毛多的芽白茶,芽叶连枝,其芽形似花朵的花蕊故称为毫心,形容白茶的芽肥嫩壮大,茸毛多。

(2)茸毛洁白:茸毛多、洁白、有光泽。

(3)芽叶连枝、叶缘垂卷:采摘符合规格,制工优良,叶面有龟甲纹隆起,叶缘垂卷是高级白牡丹的外形。

(4)舒展:芽叶柔嫩,叶态平伏伸展。摊展指芽尖瘦小的驻芽叶,或单片叶,叶态平展。

(5)褶皱:叶张不平展,有褶皱痕。

(6)弯曲:叶张不平展,不服帖,带弯曲。

(7)断碎:芽叶分离,不完整。

(8)显毫:芽叶上的白色茸毛,通称"白毫",芽尖含量高的并含有较多的白毫,称为显毫。白茶毫色有银白、灰白。

(9)身骨:指叶质老嫩,叶肉厚薄,茶身轻重,一般芽叶嫩,叶肉厚,茶身重的,身骨好。

(10)匀齐、匀整:匀是均匀,齐是整齐,指上、中、下三段茶的大小、粗细、长短、轻重相近,拼配适当无脱档现象。匀称、匀净与此义相同,匀净又指老嫩整齐,无茎梗朴筋毛和夹杂物。

2.外形色泽评语

(1)银芽绿叶、白底绿面:指毫心和叶背银白茸毛显露,叶面为灰绿色的优质白茶。

(2)墨绿:深绿而少光泽。

(3)翠绿:翠玉色有光泽,是白茶正常的外形色泽。

(4)灰绿:绿中带灰,属正常色泽。

(5)铁板色:深红而暗,似铁锈色,无光泽,萎凋过度,叶色青红,是品质较次的色泽。

(6)草绿色:常见于粗老叶,萎凋不足、过早烘焙制成的白茶。

(7)光润:色泽鲜明,光滑油润,为优良成品所具有的特征。

(8)枯暗:叶质老,色泽枯燥且暗无光泽。

(9)调匀:色泽相当一致,但必须与一个具体评语相结合,如灰绿调匀,与调和含义相同。

(10)花杂:指叶色不一,老嫩不一,色泽杂乱。

3.汤色评语

(1)黄绿:绿中微黄,似半成熟的橙子色泽故有称为橙绿。

(2)杏绿:浅绿色,类似杏子的绿色。

(3)绿黄:绿中黄多的汤色。

(4)浅黄、杏黄:黄色较浅。

(5)深黄:黄色较深。

(6)红汤:汤色发红。

(7)黄暗:色黄而暗。

(8)鲜明:新鲜明亮,略有光泽,但不够浓,亦不淡。

(9)清澈、明亮:茶汤清净透明称为明亮,明亮而有光泽,一见到底,无沉淀或浮悬物,称为清澈。

(10)明净:汤中物质欠丰富,但尚清明。

(11)浑浊:指茶汤中有大量悬浮物,透明度差,难见碗底。

4.香气评语

(1)毫香:白茶的特征香气,指幼嫩的白毫的香味。

(2)鲜浓:香气浓而鲜爽持久。

(3)鲜嫩:香高洁细腻,新鲜悦鼻,为芽叶细嫩的特殊香气,类似毫香。

(4)清高:清香高爽,久留鼻间,为茶叶较嫩且新鲜。

(5)清香:香气清纯柔和,香虽不高,缓缓散发,令人有愉快感。

(6)甜长、香气清高:带甜感而久留。

(7)鲜爽:香气新鲜、活泼,嗅后爽快。

(8)鲜甜:鲜爽带有甜香。

(9)甜纯:香气不太高,但有甜感。

(10)纯和:香气纯净而不高不低,无异杂气味,也可用"纯和"。

(11)钝浊:气味虽然有一定浓度,但滞钝,感觉不快。

(12)粗淡:香气低有老茶的粗糙气,也称粗老气。

(13)浊气:夹有其他气息,有沉浊不爽之感。

(14)高火:干燥温度较高,火温尚可且时间过长,干度十分充足所产生的高火气。

(15)老火、焦气:制茶中火温不当所致,轻微的焦茶气息称老火;严重的称为"焦气"。

(16)闷气:白茶下匾后,堆积时间过长,干燥不及时形成的不愉快的闷味。

(17)异气:焦、烟、馊、酸、陈、霉、油气、铁腥气、木气以及其他劣异气息,或一时难以指明的异杂气,一般要指明具体哪一种气味。

5.滋味的评语

(1)鲜浓、鲜厚:鲜表示鲜洁爽口,浓是茶汤溶质丰富,口味浓厚而鲜快,喉味爽适含香有活力。

(2)鲜爽:鲜洁爽口,有活力,但浓度比鲜浓低些。

(3)甜爽:鲜洁爽口带甜感,有活力。

(4)醇厚:浓纯可口,回味略甜,也可以用醇爽表示。

(5)醇和:味清爽带甜,鲜味不足,刺激性不强。

(6)粗淡:味淡薄滞钝,喉味粗糙。

(7)纯正、纯和:滋味较淡,但属于正常,缺乏鲜爽。

(8)软弱:味淡薄软,无活力。

(9)苦涩:味虽浓但不鲜不醇,茶汤入口,味觉麻木,如食生柿。

(10)水味:口味清淡不纯,软弱无力。

(11)异味:焦、烟、馊、酸、陈、霉等劣异味。

6.叶底的评语

(1)细嫩:芽头多,叶子长细小,叶质幼嫩柔软,主要视其全芽及顶叶含量多少。细嫩应与断碎区别开来。

(2)鲜嫩:叶质细嫩,叶色鲜艳明亮。

(3)匀嫩:叶质细嫩匀齐一致,柔软,色泽调和。

(4)柔嫩、柔软:芽叶细嫩,叶质柔软,光泽好,称为柔嫩。嫩度稍差,质地柔软,手指按之如棉,揿后服帖盘底,无弹性,不容易松起称为柔软。

(5)肥厚:芽叶肥壮,叶肉厚,质软,叶脉隐现。

(6)瘦薄、飘薄:芽小叶薄,瘦薄无肉,质硬、叶脉显现。

(7)粗老:叶质粗大,叶脉隆起,手指按之粗糙,有弹性。叶脉硬化,按后叶张很快恢复原状为"硬挺"。

(8)匀齐:"匀"是色泽调和,"齐"是老嫩一致,匀整无断碎。反之,老嫩、大小、色泽不一致的称"不匀"。

(9)单张:即脱茎的独瓣叶子。"单瓣"与之同义。

(10)短碎:毛茶经精加工大都断成半叶,短碎是指比半叶更碎小的而合于要求的叶片甚少的情况而言,或称破碎。

(11)开展、摊张:冲泡后,卷紧的干茶吸水膨胀而展开成片形,且有柔软感的为开展,"舒展"与此同义,而老叶摊开为"摊张"。

(12)硬杂:叶质粗老而驳。

(13)枯暗:叶色暗沉无光,陈茶叶底多如此。

(14)红暗:红显暗,无光泽。

(15)乌暗:叶片如猪肝色或黑褐色或青暗,是发酵不良的红茶,如整片叶色如此,即称"乌张",叶色如此又不开展称"乌条"。

(16)花青:叶底色不调和老嫩不一致,红里夹青。

7.评语中常用副词

(1)较:用于两茶相比较时,表示品质明显高于标准样,该词可用于褒义词之前,亦可用于贬义词之前,用褒义词之前如浓、较浓,用于贬义词之前如暗、较暗。

(2)稍、略:两词含义基本相同,用于某种形态不正稍有偏差及物质含量不多,程度不深时。可用褒义词亦可用于贬义词之前,如略扁、略弯曲、略烟,条稍松、稍暗、略有回甜、略有花香、稍浓、稍高等。稍与略在程度上无甚区别,用时注意语气和习惯上用法即可。

(3)欠:在规格要求上或某种程度上,不够要求,且程度上较重,即品质差距大些。明显低于标准样茶,这个词只能冠于褒义词之前不能冠于贬义词之前,如欠紧结、欠亮、欠浓、老嫩欠匀等。

(4)尚:品质略低于或稍低于或接近标准样时用之,表示某点不够,这个词也只能冠于褒义词之前,如嫩度尚好、尚浓、尚明亮、尚匀净、尚纯正、尚紧结等。

(5)带:某种程度上轻微时用之,如带有花香、带有烟气、带涩、带扁等。有时可与其他副词连用,如略带花香、略带烟气、略带苦涩,在程度上又比单独使时更轻些。

(6)有:形容某些方面存在,如有茎梗等。

(7)显:形容某方面比较突出,如条索显松、白毫显露、显锋苗等等。

(8)微:是在某种程度上很轻微时使用,如微烟、微焦、微黄、微红、微苦涩等。

四、评茶计分

评茶计分包括评茶和计分两个部分,主要有对样评茶、对样评分。

(一)对样审评

1.对样审评应用范围

用于产、供、销(或购销)的交接验收。其评定结果作为产品交换时定级计价的依据。这种对样评茶是以各级标准样为尺度,根据产品质量的高低,评定出相应的级价。符合标准样的,评以标准级,给以标准价;或高于或低于标准样的,按其质量差的幅度大小,评出相应的级价或档次,级价及档次对样按品质高低上下浮动,如毛茶收购标准样及一部分加工验收标准样属于这一类。

2.对样审评茶的方法

正确的对样评茶,除按一般方法进行审评外,还应采取如下措施:

(1)对样评茶:"三样"即贸易标准样、交货样与参考样。标准样和成交样是依据,但同时应参考时期、同销区、同客户的交货样,这对保持前后期的交货平稳,正确掌握货样相符是行之有效的。

(2)双杯评茶:为使审评结果更加正确,评茶时可采取双杯制,如发现两杯之间有差异时,一般应泡第二次或第三次,直至双杯结果基本一致。

(3)密码评茶:为防止评茶人员的主观片面性,使审评结果更为客观可靠,可采用密码审评。有时可把交货样比作标准样,把标准样比作交货样,互相对比,衡量交货水平。

二、对样评分

评茶计分(简称为评分法)是用来记录茶叶品质优次的方法。评分的高低应以评比样(标准样)为依据,是衡量品质高低的准绳。

评分和评语虽然都是表达茶叶品质优次的方法,但作用不同。评分是以数值直观地表示茶叶品质的优劣,从分数上可以看出被评茶叶质差或级差的大小,但不能看出质差的原因,需用评语作补充。评语是对被评茶叶品质因素的说明,指出高或低于评比样的实况,但不能看出品质差距的程度,须用分数来表达。

(一)评茶记分的方法

评茶记分的方法各个国家不同,有用 30 分制或 0 分制,有增分法和减分法,也有把标准定为最高分或最低分的。对评茶来说分数只是一种表达品质高低的标记,只要统一标准,掌握方法,结果正确,可以任意选用,但必须按照本国该地区惯用的方法来评分,否则失去实用价值。我国现行评茶计分方法有百分法和权分法两种。

1.百分法

(1)将标准样茶的各项品质因子都定为 10 分,其综合平均数 100 分,并与国家核定的标准价格相结合而成为品质系数。评茶时依商品茶比标准样茶品质的高低而增减分数。

例如红碎茶上档每市标准价格为 400 元,每增或减 1 分按 4 元计算,评得 100 分者给予标准价。

(2)以等级实物标准样为依据,100 分为最高分,对各级标准样茶规定一个分数范围,级别与级别的分距均等,例如:一级茶为 91～100 分,二级茶为 81～90 分,三级茶为 71～80 分。以此类减,每个级别距是 10 分。如果每个级别再要分上下两个等,则 96～100 分是一级一等,91～95 分是一级二等。这种评分法,以给分的多少确定等级,计算价格,所以又称等级评分法。

(3)以标准样茶为 100 分,它是对照某个评比样(包括标准样)高低而言,评分只表示加分或减分,表示与评比样知道的差距大小,不能区分等级,因此各级茶的评分可以相同。以百分法为例,符合标准样的评以 100 分,"稍高"的可加 1 分,"较高"者加 2 分,"高"者加 3 分或 3 分以上;反之"稍低者"减 1 分,"较低"者减 2 分,"低"者减 3 分或 3 分以上。评分时应对加分或减分的多少,根据质差大小,给予相应的分差。如有一项减 3 分或几项合计减 3 分者,即评为低于标准样,反之则评为高于标准。加分或减分不能作算术平局。所以又称对样评分。

2.权分法——加权评分法

权分是权衡某审评项目或因子在整个品质中所处的主次地位而确定的分数,这个分数即作权数。由于各类茶的品质要求不同,审评因子所确定的权数是不同的,但大体上有两种方法:一是依各项品质因子主次地位,所确定的最高分,对样评分,评分之和为品质评定的结果,如花茶评比各因子的权数,外形占 20%,香气和滋味占 60%,汤色、叶底各占 10%;也有将香气和滋味分开,香气占 40%,滋味占 30%,叶底占 10%,汤色作参考。二是按百分法评定各因子的分数乘以权数,依除总权数 100 所得的分数为品质的评定结果,白茶的加权评分见表 7-1。

表 7-1 白茶品质权数评分表

项目	外 形				叶 底	
	嫩度	色泽	叶老	净度	嫩度	色泽
权数	给分×30	给分×30	给分×20	给分×20	给分×50	给分×50

评分计算方法:外形、叶底两项目分别各自加权平均。如外形、叶底有一项低丁该级最低分数者,方可进行算术平均。叶态品质因子包括整碎程度;香气、滋味必须符合该级别茶的各个要求。汤色加评语不给分。

$$内质评分 = \frac{内质各项给分 \times 其加权数之和}{内质总加权数}$$

$$外形评分 = \frac{外形各项给分 \times 其加权数之和}{内质总加权数}$$

内质外形都合格后的得分=内质评分+外形评分

第三节 白茶标准样

一、毛茶收购样

毛茶收购样是初制茶在收购或验收时，对样审评其外形内质以确定其等级和茶叶价格的事物依据，我国曾经制定过白茶的收购样见表7-2、表7-3。

表7-2 大白、水仙白毛茶品质感官指标

级别	外形				内质			
	嫩度	色泽	形态	净度	香气	汤色	滋味	叶底
一级二等	一芽二叶初展，毫心多而肥壮	叶面翠绿或灰绿，匀润；叶背有白茸毛，毫心银白	芽叶连枝，叶态平伏、伸展，叶缘垂卷，叶尖跷起，叶面纹隆起	无老叶枝和老梗	鲜嫩清爽，毫香显	橙黄，清澈	鲜爽浓厚，清甜，毫味重	毫心多而肥，叶张软嫩，毫芽连枝，叶脉微红，叶色略带黄绿
二级四等	一芽二叶，毫心多，梢肥壮	叶面翠绿或灰绿，尚匀润；叶背有白茸毛，毫心银白	同上	同上	鲜嫩清爽，有毫香	同上	同上	同上
三级六等	一芽二叶开展，有部分毫心，但梢瘦	部分嫩叶灰绿或暗绿，少部分青绿，极个别红张	芽叶连枝，叶面摊展	同上	鲜醇	橙黄	鲜厚尚清甜	叶张尚软嫩，略有毫心，较瘦，略有红张色尚匀
四级八等	一芽二叶开展，个别三叶，有驻芽尖	青绿、黄绿、暗绿或红暗	部分驻芽连叶、单片叶多，叶面平展	有梗及粗叶蜡质叶	尚鲜醇	橙黄稍红或淡黄	尚鲜浓	叶张稍大、尚软，色黄绿，有红张
五级十等	驻芽叶，稍有瘦小芽	同四级	多单片叶，叶面摊展	同四级	稍粗淡	深黄，稍红或淡黄	尚鲜，稍粗浓或稍淡	叶张稍大、多单片叶，色黄绿微红

表 7-3　小白毛茶品质感官指标

级别	外形				内质			
	嫩度	色泽	形态	净度	香气	汤色	滋味	叶底
一级二等	一芽二叶初展,毫心多而肥壮	叶面灰绿润匀,第一、二叶叶背青白,有茸毛,毫心银白	芽叶连枝,叶态平伏伸展叶缘垂卷;叶面有龟甲纹隆起	无蜡叶和老梗	鲜嫩清爽,毫香显	橙黄,清澈	鲜爽浓嫩,毫味显	毫心多而肥,叶张软嫩,色泽灰绿匀亮
二级四等	一芽二叶占90%,其余是一芽二叶,三叶初展毫心多	叶面灰绿润匀,第一叶,叶背青白,有茸毛,毫心银白	芽叶连枝,嫩叶叶态平伏伸展,叶缘垂卷,叶面有龟纹隆起伏	无蜡叶和老梗	鲜嫩清爽,有毫香	同上	鲜嫩浓爽	毫心多,叶张软嫩,色泽灰绿匀亮
三级六等	一芽两叶占50%,其余是一芽二叶,三叶初展,毫心多	叶面灰绿润匀,第一叶,叶背青白,有茸毛毫心银白	芽叶连枝,嫩叶叶缘垂直卷,叶面略有龟纹隆起状,第三叶面平展	无老梗,有个别蜡叶	鲜嫩清爽	清澈,黄	鲜嫩尚浓醇	有毫心,叶张软嫩,色泽灰绿尚匀亮
四级八等	一芽二叶占30%,一芽三叶占70%,第三叶叶张大,含有芽尖	部分嫩叶为灰绿色,部分为青绿叶个别红张	部分芽叶连枝,脱落单片叶多,叶面平展	无老梗,有个别蜡叶	尚鲜醇	同上	尚鲜醇	尚软嫩,色泽稍灰绿,有个别红张

一、加工标准样

加工标准样是毛茶据以对样加工成精茶使各个花色的成品茶达到规格化的实物依据。加工标准样亦称为加工验收统一标准样,产销双方用以对样评比产品进行交接验收。有的加工标准样与贸易成交样通用。

白茶是通过萎凋过程制成的,叶态自然,成片叶状,芽叶连枝,要求芽叶尽可能保持完整一致,给分范围白牡丹与贡眉相同,特级 110～101 分,一级 100～91 分,二级 90～81 分,三级 80～71 分。白茶加工和验收除以实物标准样为依据外,表 7-4、表 7-5 是白牡丹及贡眉各级品质要求。

表7-4 白牡丹加工标准样各级品质要求

级别		特级	一级	二级	三级
外形	嫩度	毫心多,显壮,叶张细嫩	毫心显,叶张细嫩	有毫心,稍瘦,叶张尚嫩	少数瘦毫心有部分芽尖,叶张稍粗
	色泽	叶面灰绿或翠绿,色泽调和,毫心银白,叶背有白茸毛	灰绿,暗绿尚调和,部分嫩叶背有白茸毛,毫心银白,有嫩绿叶片,铁板片	暗绿,并有黄绿叶及暗红叶	暗红,黄绿,泛红,混杂
	形状	芽叶连枝,匀整,破张少	芽叶连枝稍断,尚匀整,有破张	部分芽叶连枝,破张稍多,尚匀整	部分芽尖连一叶,破张多,叶张平展或稍折皱,粗飘
	净度	无蜡叶、籽及老梗	无蜡叶、籽及老梗	无蜡叶、籽及老梗,有少数嫩绿片和轻片	无蜡叶、籽及老梗,有破张,小形老叶,泛红片,嫩绿片,黄片
内质	香气	鲜嫩纯爽,毫香显	鲜嫩纯爽,有毫香	鲜纯正,略有毫香	纯正,或微粗,或稍带青气
	汤色	清澈,橙黄	清澈,黄	深黄,尚清澈	深红或微红
	滋味	清甜,醇爽,浓厚,毫味足	尚清甜,醇爽,有毫味	醇厚	浓,稍粗或稍粗淡
	叶底	毫心多,肥壮,叶张软嫩,芽叶连枝,叶张整,叶色黄绿,叶梗叶脉微红明亮	毫心稍多,叶张软嫩尚整,叶张微红,尚明亮	稍有瘦毫心,叶张尚软	叶张尚软,破张多,叶色稍红或显黄

表7-5 贡眉加工标准样各级品质要求

级别		特级	一级	二级	三级
外形	嫩度	毫针多,叶张细嫩	有部分毫针,显瘦,叶张细嫩	稍有芽尖,叶张尚细嫩	叶张尚嫩,有少量芽尖
	色泽	灰绿或墨绿,色泽调和,毫针银白色,部分叶背有白茸毛	灰绿、暗绿尚润和,毫针尚银白	暗绿,黄绿泛红、混杂	黄绿、泛红、混杂
	形状	芽叶连枝,匀整,破张少	芽叶尚连枝,有破张,尚匀整	部分芽尖连一叶,破张稍多,尚匀整	破张多,轻飘,平展,尚匀整
	净度	无蜡叶、籽及老梗	无蜡叶、籽及老梗。有嫩绿叶片,铁板片	无蜡叶、籽及老梗。有小黄片、嫩绿叶片,铁板片等	无蜡叶、籽及老梗。有小黄片、小蜡叶,泛红叶
内质	香气	鲜嫩纯爽,有毫香	鲜嫩,纯正有毫香	鲜浓,稍有毫香	粗或稍粗
	汤色	清澈,橙黄	黄,清澈	深黄或微红	深黄或泛红
	滋味	清甜,醇爽	稍鲜甜,醇厚	浓尚醇	浓稍粗或粗淡
	叶底	有毫针,叶张软嫩,匀整,色灰绿匀亮	稍有毫针,叶张软嫩,尚匀整,色灰绿,带红张,稍匀亮	叶张稍软嫩有破张,色黄绿、暗绿或带泛红叶	叶张尚嫩,断张破张多,有暗绿叶或泛红叶

三、贸易标准样

贸易标准样茶主要是茶叶对外贸易中作为成交计价和货物交接的实物依据,白茶出口贸易的合同签订或函电成交,一般凭贸易标准样的等级茶号进行交易,极大地简化了手续。白茶贸易标准样按茶树品种和嫩度组成不同,分为银针白毫、白牡丹、贡眉、寿眉等。如 W902 代表银针白毫,4101 代表寿眉。白牡丹和寿眉按品质优次各分特级和 1～3 级分别制样,编以固定茶号。此外,小包装茶贸易标准样中银针白毫 100 g 听装为 W901。具体品质要求如下:

(一)白毫银针的品质特征

白毫银针外形单芽肥硕,满披白毫,茸毛莹亮,疏松或伏贴,色泽银白或银灰。内质毫香气鲜爽,毫香鲜甜,滋味清鲜醇爽微甜,汤色杏绿或杏黄,清澈晶亮。开汤后,芽尖向上,茶芽徐徐下落,竖立于水中慢慢下沉至杯底,条条婷立,上下交错,望之酷似石钟乳,蔚为壮观。由于茶芽下沉时仍挺立水中,世人比喻为"正直之心"。其品质要求如表 7-6。

表 7-6　白毫银针感官品质要求

级别	项目							
	外形				内质			
	条索	色泽	整碎	净度	香气	滋味	汤色	叶底
特级	肥壮,挺直,毫密	银白闪亮	整齐	洁净	清高持久	清鲜嫩爽	淡绿清亮	幼嫩,肥软,匀亮
一级	圆浑,壮直,毫显	鲜白匀亮	匀整	尚洁净	清醇持久	鲜醇爽口	浅黄明亮	嫩黄,柔软,亮整
二级	圆直,紧实,毫长	灰白黄亮	匀齐	匀净	鲜醇浓郁	浓醇温润	泛黄尚亮	黄嫩,松软,尚整

(二)白牡丹的品质特征

白牡丹的叶张肥嫩,毫心壮实,一芽二叶呈抱心形,叶色面绿背白叶脉微红。内质毫香高长,汤色杏黄清澈明亮,滋味清鲜甜醇。因所供制的品种不同,有大白、小白、水仙白之分。其中大白的叶张肥厚,毫心硕大,色泽翠绿或灰绿,香味鲜醇。

表 7-7　白牡丹感官品质要求

级别		高级	特级	一级	二级
外形	嫩度	叶张幼嫩,毫心多而肥壮,茸毛密	叶张尚嫩,毫白显,茸毛尚浓	叶张较粗,毫心瘦露	叶张粗飘,驻芽稀露
	整碎	芽叶连枝,叶缘垂卷,破张少,匀整	芽叶连枝稍断,叶缘略卷,有破张,尚匀整	芽叶部分连枝,叶缘粗卷,破张稍多,尚匀整	叶张平展或稍折皱,破张多
	色泽	灰绿或翠绿,色泽调和	灰绿或翠绿,色泽尚调和	灰绿欠匀,有黄绿及暗红片	黄绿夹红或枯绿暗杂
	净度	洁净,无老梗、枳及蜡叶	无老梗、枳及蜡叶	无老梗、枳及蜡叶,夹有少数嫩绿片、轻片	无老梗、枳及腊叶,夹杂腊叶
内质	香气	鲜爽,毫香显	纯爽,有毫香	纯正,略有毫香	微粗或带青气
	汤色	淡杏黄,清澈	杏黄,清澈	深黄,尚清澈	微红
	滋味	清甜醇爽,富有毫味	尚清甜醇爽,有毫味	醇厚	平淡稍带粗
	叶底	叶色黄绿,叶脉红褐,叶质柔软鲜亮	叶色灰绿,叶脉暗褐,叶质挺嫩欠匀	叶色绿杂,叶脉褐绿,叶质粗嫩欠匀	叶色暗杂,叶质较粗

(三)贡眉的品质要求

制作贡眉原料采摘标准为一芽二叶至三叶,要求含有嫩芽、壮芽。初制、精工艺与白牡丹基本相同。其内含物与白牡丹相近,但其感官的品质却与白牡丹不同(表7-8)。

表 7-8　贡眉品质感官特征

级别	外形				内质			
	嫩度	色泽	形态	净度	香气	汤色	滋味	叶底
特级	毫针多,叶张细嫩	灰绿或墨绿,色泽调和,毫针银白色,部分叶背有白茸毛	芽叶连枝,匀整破张少	无蜡叶和老梗	鲜嫩醇爽,有毫香	清澈橙黄	清甜醇爽	有毫针,叶张软嫩而整,色灰匀亮
一级	有部分毫针,但显瘦,叶张细嫩	灰绿、暗绿尚调和,毫针梢银白	芽叶尚连枝,有破张,尚匀整	无蜡叶和老梗,有嫩绿片铁板片	鲜嫩浓正,有毫香	黄,清澈	稍鲜甜,醇厚浓顺	稍有毫针,叶张软嫩,尚匀整,色灰绿,带红张,稍匀亮
二级	稍有芽类,叶张尚细嫩	暗绿、黄绿、泛红、混杂	部分芽叶连枝,破张稍多,尚匀整	无蜡叶和老梗有小黄片嫩绿片,铁板片	鲜浓,稍有毫香	深黄或微红	浓,顺尚醇	叶张尚软嫩,有破张,色黄绿、暗绿或带泛红叶
三级	叶张尚嫩,有少数芽尖	黄绿、泛红、混杂	破张多,轻飘平展,尚匀整	无蜡叶、老梗,有小黄片,小蜡叶泛红叶	浓顺或稍粗	深黄或近红	浓,稍粗或稍粗淡	叶张尚嫩,断张,破张多,有暗绿叶或泛红叶

四、新工艺白茶的品质特征

新工艺白茶简称"新白茶"。经轻萎凋、轻揉捻、轻发酵、烘干等工序制成。外形卷缩，略带褶条，滋味甘和稍浓，汤色趋浓，呈深黄或浅橙黄（表7-9）。

表7-9　新工艺白茶的感官品质

级别	项目							
	外形				内质			
	条索	色泽	整碎	净度	香气	滋味	汤色	叶底
一级	粗松尚卷曲	褐绿	匀整	洁净有嫩梗	略显板栗香	醇厚爽适	橙色清澈	匀整舒展
二级	粗张松展	黄褐	尚整	匀净有梗	火香带粗老气	粗爽和淡	暗橙尚清	尚整粗老

第四节　白茶检验

一、白茶法定检验标准

各类成品茶检验工作，是属于商品检验工作的一部分。茶叶检验主要是对进出口茶叶，在质量、数量、包装、卫生的规格及检验方法所作的技术规定，并进行监督管理，实行品质管制，也是从事生产、经营进出口及执行检验的一种共同技术依据。合理的检验标准，对促进茶叶生产的发展，扩大商品流通，保证产品质量，对外贸易，保障消费者利益和身心健康等方面都起着重要的作用。

根据现行实施法定检验的主要的检验项目有：

1.品质条件

主要指产品质量的技术指标。现行标准的品质条件，有外形和内质。外形最低要求按加工验收统一标准样茶执行检验；内质最低要求，品质正常，不得有劣变和异味。

2.水分

银针白毫的出口茶水分不得超过9.0％，白牡丹、贡眉的水分不得超过8.0％。

3.灰分

白毫银针、白牡丹、贡眉出口茶灰分含量不得超过6.5％。

4.粉末

白牡丹、贡眉的出口茶粉末含量不得超过1.0％。

5.包装条件

根据现行标准，出口茶叶包装条件，应符合下列规定：①装盛茶叶的木板箱或胶合板箱，必须符合标准规定的树种、板材、尺寸和结构；②箱内防潮材料必须符合规定；③茶叶包装必须符合牢固、清洁、干燥,无异味的要求。

第五节　白茶的品质调控

　　白茶是茶氨酸含量最高的茶类,因此提高白茶的茶氨酸对于提高茶叶品质具有重要意义。茶氨酸的合成主要在茶树根部,由乙胺与 L-谷氨酸在茶氨酸合成酶的作用下合成。茶氨酸在根部的合成强度同谷氨酸与乙胺的提供程度密切相关。其中丙酮酸和 α-酮戊二酸形成的 L-丙氨酸和 L-谷氨酸是生物合成茶氨酸必不可少的先质,而 L-丙氨酸脱羧形成乙胺的反应只能在根部进行,因此茶氨酸的主要合成部位为茶树根部。但茶树芽叶也有茶氨酸合成酶,只要茶树叶片存在 L-谷氨酸和乙胺,就可以合成茶氨酸。

　　笔者以福云 6 号茶籽(采自福建松溪)、福云 6 号成年茶树(福建农林大学茶学科教基地)为原料,应用砂培试验(茶籽发芽后,进行砂培,在标准营养液中加入不同浓度的盐酸乙胺、谷氨酸,在不同的光照条件培养 25 d,采一芽三叶。采用 L9(3^4)正交试验法与叶面喷施试验(采用随即区组试验布置,一芽一叶时向成年茶树面喷施不同浓度的盐酸乙胺、谷氨酸,配合不同的光照条件,15 d 采一芽三叶)。

　　试验结果表明(表 7-10),总体上砂培处理有利于提高茶叶茶氨酸、咖啡碱、酯型儿茶素含量,但儿茶素总量、简单儿茶素含量减少。

表 7-10　外源诱导福云 6 号实生苗(砂培)主要生化成分的检测结果

处理	茶氨酸含量(%)	咖啡碱含量(mg/g)	儿茶素含量(mg/g)		
			总量	简单儿茶素	酯型儿茶素
A1B1C3	2.037	28.047	75.129	33.612	41.517
A2B1C2	1.978	24.547	63.921	27.099	36.822
A3B1C1	2.204	27.129	70.845	30.392	40.453
A1B2C2	3.652	30.635	58.980	14.945	44.035
A2B2C3	3.141	30.275	52.667	16.967	35.701
A3B2C1	3.745	31.099	54.396	16.503	37.893
A1B3C1	3.974	33.655	57.910	17.115	40.794
A2B3C2	4.497	33.679	68.275	16.229	51.976
A3B3C3	4.086	34.416	65.747	15.577	50.150
CK	2.558	27.377	70.901	31.444	39.457

　　9 个处理的茶氨酸平均含量达 3.257%,比对照提高了 27.33%,特别是 A2B3C2、A3B3C3 处理的提高幅度达 75.80% 和 59.73%,但 A1B1C3、A2B1C2、A3B1C1 处理的含量小于对照,分别只有对照的 79.63%、77.33%、86.16%。

　　咖啡碱平均含量为 30.387 mg/g,比对照提高了 10.99%,其中 A3B3C3、A2B3C2 处理的提高幅度大,分别达 25.71% 和 23.20%,但 A2B1C2、A3B1C1 处理的含量小于对照,分别是对照的 89.66%、99.24%。

　　儿茶素总量平均含量为 63.097 mg/g,比对照减少了 10.85%,其中 A2B2C3、A3B2C1

处理的减少幅度大,达 25.72％和 23.28％,只有 A1B1C3 处理的儿茶素总量略高于对照,提高了 5.96％。

简单儿茶素总量平均含量为 20.938 mg/g,比对照减少了 33.41％,其中 A1B2C2、A3B3C3 处理的减少幅度分别达 52.47％和 50.46％,只有 A1B1C3 处理的儿茶素提高了6.89％。

酯型儿茶素总量平均含量为 42.149 mg/g,比对照增加 6.82％,其中 A2B3C2、A3B3C3 处理的增加幅度分别达 31.73％和 27.10％,而 A2B2C3、A2B1C2 处理的儿茶素分别减少9.52％、6.68％。

对表 7-10 L9(3⁴)正交试验法结果的整理分析见表 7-11,影响茶叶茶氨酸含量的因子由大到小的顺序是:光照、谷氨酸、盐酸乙胺。遮阳可以显著提高茶氨酸含量,B3、B2、B1 处理的茶氨酸含量分别为 4.186％、3.745％、2.073％,强遮阴处理的茶氨酸含量比未遮阳处理高1 倍多。谷氨酸对茶叶茶氨酸含量影响次之,C2、C1、C3 处理的茶氨酸含量分别为3.376％、3.308％、3.088％,变异幅度为 9.33％。盐酸乙胺(处理 A)对茶叶茶氨酸含量影响最小,A3、A1、A2 处理的茶氨酸含量分别为 3.345％、3.221％、3.205％,变异幅度为4.37％。最有利于提高茶叶茶氨酸含量的三因素组合是 A3B3C2。

表 7-11　外源诱导福云 6 号实生苗(砂培)的结果分析

处理	茶氨酸含量(％)	咖啡碱含量(mg/g)	儿茶素含量(mg/g)		
			总量	简单儿茶素	酯型儿茶素
A1	3.221	30.779	64.006	21.891	42.115
A2	3.205	29.500	61.621	20.098	41.500
A3	3.345	30.881	63.663	20.824	42.832
B1	2.073	26.574	69.965	30.367	39.597
B2	3.745	30.670	55.338	16.138	39.210
B3	4.186	33.917	63.977	16.307	47.640
C1	3.308	30.628	61.050	21.337	39.713
C2	3.376	29.620	63.725	19.424	44.278
C3	3.088	30.913	64.514	22.052	42.456
CK	2.558	27.377	70.901	31.444	39.457

三因素中影响茶叶咖啡碱含量的最重要因素是光照强度,盐酸乙胺、谷氨酸对咖啡碱含量影响较小。遮光有利茶叶咖啡碱的积累,B3、B2、B1 处理的咖啡碱含量分别为33.917 mg/g、30.670 mg/g、26.574 mg/g。盐酸乙胺、谷氨酸对咖啡碱含量影响相近,A3、A1、A2 处理的含量分别为 30.881 mg/g、30.779 mg/g、29.500 mg/g,C3、C1、C2 处理的咖啡碱含量分别为 30.913 mg/g、30.628 mg/g、29.620 mg/g,变化幅度小于 5％。

影响儿茶素总量主要因素是光照强度,喷施谷氨酸、盐酸乙胺的影响较小。B1、B3、B2处理的儿茶素总量分别为 69.965 mg/g、63.977 mg/g、55.338 mg/g,变化幅度 20.91％,可见强度遮阳、光照有利于提高儿茶素总量;A1、A3、A2 处理的含量分别为 64.006 mg/g、63.663 mg/g、61.621 mg/g;谷氨酸处理 C3、C1、C2 的含量分别为 64.514 mg/g、63.725 mg/g、61.050 mg/g,变化幅度 3.7％和 6.92％。

光照可明显提高简单儿茶素的含量,提高幅度达 46.86％,但两层遮阳网处理与四层遮阳网处理的差异不大。B1、B3、B2 处理的简单儿茶素分别为 30.367 mg/g、16.307 mg/g、16.138 mg/g；四层遮阳处理光照可明显提高酯型儿茶素的含量，提高幅度达 16.88%，两层遮阳网处理与四层遮阳网处理的差异不大。B3、B1、B2 处理的酯型儿茶素分别为 47.640 mg/g、39.597 mg/g、39.210 mg/g。

在成年茶园福云 6 号茶树上喷施谷氨酸、盐酸乙胺，并进行遮阳处理，结果见表 7-12。

表 7-12　外源诱导福云 6 号成年茶树结果

处理	茶氨酸含量（%）	咖啡碱含量（mg/g）	儿茶素含量（mg/g）		
			总量	简单儿茶素	酯型儿茶素
C1B2	1.389	25.266	88.430	29.037	59.393
C1B1	1.393	23.7926	103.356	33.731	69.625
C1	0.981	20.203	119.039	39.956	79.083
A1C1B2	1.569	25.463	72.991	19.871	53.120
A1C1B1	1.552	24.308	95.333	30.713	64.620
A1C1	1.384	21.489	116.151	39.153	76.998
A1B2	1.483	25.112	84.112	26.900	57.212
A1B1	1.162	22.654	93.540	31.259	62.281
A1	1.079	20.012	112.140	37.426	74.714
CK	0.998	19.847	106.969	36.398	70.572

茶氨酸的检测结果表明：除处理 C1 外，其他处理均提高了茶氨酸含量，其中处理 A1C1B2 的茶氨酸含量比对照提高了 57.21%，处理 A1C1B1 提高 55.51%，所有处理的茶氨酸平均含量为 1.332 mg/g，比对照提高了 33.47%；处理 AC 组合比单一 A、C 处理有利于茶氨酸含量的提高，AC 处理平均值 1.501 mg/g 分别比 A（1.254 mg/g）、C（1.241 mg/g）处理高 20.95%、19.7%、20.95%；遮阳有利于提高茶叶茶氨酸含量，但一层遮阳网与两层遮阳网的差别不显著，遮阳处理平均为 1.425 mg/g，比未遮阳处理的 1.148 mg/g 提高 24.13%，两层遮阳处理的茶氨酸含量为 1.480 mg/g，比一层遮阳网处理高 8.13%；处理 A、C 间的茶氨酸含量差异不显著，分别为 1.254 mg/g、1.241 mg/g。

咖啡碱的试验结果表明，所有处理均提高了咖啡碱含量，咖啡碱平均含量为 23.144 mg/g，比对照提高了 16.61%；遮阳明显提高咖啡碱含量（24.433 mg/g），比未遮阳处理的 20.568 mg/g 高 18.79%。其中，B2 处理系列的咖啡碱平均含量最高达 25.28 mg/g，比对照高出 27.38%；B1 系列处理的咖啡碱含量为 23.585 mg/g，比对照高出 18.83%。处理 AC 组合的咖啡碱含量高于 A、C 单一处理，但不显著；处理 A、C 间的咖啡碱含量差异不显著，AC 组合，A、C 单一处理的含量分别是 23.753 mg/g、22.593 mg/g、23.087 mg/g。

对儿茶素总量的影响。谷氨酸、盐酸乙胺有利于提高儿茶素总量，A1、C1、A1C1 处理的儿茶素总量均高于对照，但效果不显著，平均含量为 115.777 mg/g，比对照高 8.23%；遮阳处理的儿茶素总量显著低于未遮阳处理，且与遮阳程度成负相关。其中，B2 处理系列的儿茶素总量平均含量为 81.844 mg/g，只有未遮阳处理的 70.69%；B1 系列处理的儿茶素总量为 97.410 mg/g，是未遮阳处理的 84.14%。C 单一处理的儿茶素总量高于 A 单一处理，高于 AC 组合，但差异不显著，分别为 103.608 mg/g、96.597 mg/g、94.825 mg/g。

对简单儿茶素含量的影响与儿茶素总量相近。谷氨酸、盐酸乙胺有利于提高简单儿茶素,A1、C1、A1C1 处理的简单儿茶素均高于对照,但效果不显著,平均含量为 38.845 mg/g,比对照高 6.72%;遮阳处理的简单儿茶素显著低于未遮阳处理,与遮阳程度成负相关。其中 B2 处理系列的简单儿茶素平均含量为 25.269 mg/g,只有未遮阳处理的 65.05%;B1 系列处理的简单儿茶素为 31.901 mg/g,是未遮阳处理的 82.12%。C 单一处理的简单儿茶素高于 A 单一处理,显著高于 AC 组合,分别为 34.240 mg/g、31.862 mg/g、29.912 mg/g。

试验结果表明,酯型儿茶素含量与简单儿茶素、儿茶素总量成正相关。谷氨酸、盐酸乙胺有利于提高酯型儿茶素,A1、C1、A1C1 处理的酯型儿茶素均高于对照,但效果不显著,平均含量为 76.932 mg/g,比对照高 9.01%;遮阳处理的酯型儿茶素显著低于未遮阳处理,与遮阳程度成负相关。其中,B2 处理系列的酯型儿茶素平均含量为 56.575 mg/g,只有未遮阳处理的 73.54%;B1 系列处理的酯型儿茶素为 65.509 mg/g,是未遮阳处理的 85.26%。C 单一处理的酯型儿茶素显著高于 A、C 单一处理,分别为 69.367 mg/g、64.736 mg/g、64.973 mg/g。

试验结果还表明,未经诱导的福云 6 号品种,砂培实生苗的茶氨酸、咖啡碱含量显著高于大田种植的成年茶树,其中茶氨酸为 2.558%,是后者(0.998%)的 2.56 倍,咖啡碱的含量为 27.377 mg/g,是成年茶树(19.847 mg/g)的 1.38 倍;但儿茶素总量、简单儿茶素、酯型儿茶素含量均低于大田种植的成年茶树,分别是大田种植的成年茶树的 66.28%、86.39% 和 55.91%。通过外源诱导的砂培实生苗的茶氨酸、咖啡碱含量远大于外源诱导的大田种植的成年茶树,分别是 2.27 倍、1.31 倍。儿茶素总量、简单儿茶素、酯型儿茶素含量则远小于,分别是外源诱导的大田种植的成年茶树的平均值 65.22%、65.42%、63.54%。通过外源诱导可显著提高茶氨酸含量,平均提高 27.33% 以上,尤其大田成年茶树提高明显,为 33.47%,最高可提高 75.8%。通过外源诱导可显著提高茶叶咖啡碱含量,平均提高 10.99% 以上,大田成年茶树诱导提高明显,为 16.61%;最高可提高 27.38%。外源诱导的三因素中,光照强度是影响茶氨酸、咖啡碱、儿茶素的最主要因子(见表 7-13)。

表 7-13　外源诱导福云 6 号实生苗与成年茶树比较

处理	茶氨酸含量(%)	咖啡碱含量(mg/g)	儿茶素含量(mg/g)		
			总量	简单儿茶素	酯型儿茶素
CK 砂培实生苗	2.558	27.377	70.901	31.444	39.457
CK 大田成年茶树	0.998	19.847	106.969	36.398	70.572
MAX 外源诱导砂培实生苗	4.497	33.679	75.129	33.612	51.976
MAX 大田成年茶树	1.569	25.266	116.151	39.956	79.083
MIN 外源诱导砂培实生苗	1.978	24.547	52.667	14.945	35.701
MIN 大田成年茶树	0.981	20.012	72.991	26.900	53.120
X 外源诱导砂培实生苗	3.029	30.387	64.139	20.938	42.149
X 大田成年茶树	1.332	23.144	98.344	32.005	66.338

本章参考文献

[1]湖南农学院.茶叶审评与检验[M].北京:农业出版社,1979.

[2]陆松侯,施兆鹏.茶叶审评与检验[M].3版.北京:中国农业出版社,2001.

[3]张天福.福建白茶的调查研究[J].茶叶通讯,1963(1):43-50.

[4]福建省质量技术监督局.白茶标准综合体:DB35/T 152.1～17—2001[S].2001.

[5]蔡良绥.白茶审评要点[J].中国茶叶,2005(2):27.

[6]蔡良绥.浅谈白茶的审评[J].福建茶叶,2005(1):24.

[7]宛晓春.茶叶生物化学[M].3版.北京:农业出版社,2003.

[8]杨伟丽,肖文军,邓克尼.加工工艺对不同茶类主要生化成分的影响[J].湖南农业大学学报,2001,27(5):384-386.

第八章　白茶的保健品质

第一节　白茶主要功能性成分

一、茶叶主要内含物成分与生理功能

(一)茶叶主要成分

茶叶是一种有益于人体健康的饮料，到目前为止，人们共从茶叶中检测出茶多酚、咖啡碱、蛋白质、维生素、氨基酸、糖类、类脂等约有500多种有机成分，还有K、Na、Fe、Cu、P、F等28种矿物质元素。这些成分大致可分为12大类(如表8-1所示)。这些成分对茶叶的香气、滋味、颜色以及营养、保健功能起着重要作用。茶叶作为饮料，食用的主要是它的水溶性部分。

表8-1　茶树鲜叶的化学组成类别及含量

<table>
<tr><td rowspan="17">茶鲜叶</td><td colspan="3">水分</td><td>75%～78%</td></tr>
<tr><td rowspan="16">干物质22%～25%</td><td rowspan="2">无机物
3.5%～7.0%</td><td>水溶性部分</td><td>2%～4%</td></tr>
<tr><td>水不溶性部分</td><td>1.5%～3%</td></tr>
<tr><td rowspan="14">有机物
93%～96.5%</td><td>蛋白质</td><td>20%～30%:主要是谷蛋白、白蛋白、球蛋白、精蛋白</td></tr>
<tr><td>氨基酸</td><td>1%～4%:已发现26种，主要是茶氨酸、天门冬氨酸、谷氨酸</td></tr>
<tr><td>生物碱</td><td>3%～5%:主要是咖啡碱、茶叶碱、可可碱</td></tr>
<tr><td>茶多酚</td><td>18%～36%:主要是儿茶素，占总量的70%以上</td></tr>
<tr><td>酶</td><td>主要是还原酶、水解酶、磷酸酶、裂解酶、同分异构酶</td></tr>
<tr><td>碳水化合物</td><td>20%～25%:主要是纤维素、果胶、淀粉、葡萄糖、果糖</td></tr>
<tr><td>有机酸</td><td>约3%:主要是苹果酸、柠檬酸、草酸、脂肪酸</td></tr>
<tr><td>类脂</td><td>约8%:主要是脂肪、磷脂、甘油酯、硫脂和糖脂</td></tr>
<tr><td>色素</td><td>约1%:主要是叶绿素、胡萝卜素类、叶黄素类、花青素类</td></tr>
<tr><td>香气成分</td><td>0.005%～0.03%:主要是醇类、醛类、酸类、酮类、酯类、内酯</td></tr>
<tr><td>维生素</td><td>0.6%～0.1%:主要是维生素C、A、E、D、B_1、B_2、B_6、K、H</td></tr>
<tr><td>皂苷类</td><td>0.07%～0.1%</td></tr>
<tr><td>甾醇</td><td>0.04%～0.1%</td></tr>
</table>

（二）白茶的主要功能性成分

白茶所含有的功能性成分主要有茶多酚及其氧化产物、咖啡碱、氨基酸（主要是茶氨酸）等，各类白茶的主要功能性成分测定结果如表 8-2，各成分均具有一定的生理功效。

表 8-2　白茶的主要功能性成分测定结果

样品名称	含量（%）								儿茶素总量（mg/g）
	茶多酚	氨基酸	咖啡碱	水浸出物	可溶性总糖	茶黄素	茶红素	茶褐素	
特级白牡丹	30.20	4.03	5.70	45.40	4.56	0.19	3.81	4.01	128.56
一级白牡丹	29.00	2.70	5.60	44.60	4.52	0.19	3.93	4.49	124
二级白牡丹	29.00	2.60	5.60	44.10	4.55	0.23	4.64	5.1	126.51
三级白牡丹	28.40	2.51	5.42	41.32	4.53	0.25	4.85	5.78	117.89
特级贡眉	24.60	2.60	4.80	41.90	4.93	0.2	4.29	5.08	93.35
一级贡眉	24.30	2.40	4.90	42.20	4.59	0.23	4.17	5.38	92.35
寿眉	18.32	2.11	3.82	39.14	4.57	0.24	4.21	5.41	78.4
一级新工艺白茶	22.40	2.70	4.40	40.60	5.47	0.36	6.39	6.67	101.7
二级新工艺白茶	23.00	2.40	4.30	41.40	5.76	0.38	6.31	6.74	106.59
白毫银针（自然萎凋，福鼎大毫）	31.90	3.40	5.40	44.20	4.06	0.11	2.431	2.37	102.7
白毫银针（加温萎凋，福鼎大毫）	30.30	4.10	5.60	43.40	3.66	0.12	3.41	3.34	96.14
白毫银针（自然萎凋，福安大白）	33.00	4.50	6.10	46.00	3.75	0.16	3.41	3.85	98.81
新工艺白茶陈茶（2002年春末，福鼎大毫）	13.90	2.60	4.70	34.70	3.69	0.29	6	9.61	26.66
高级白牡丹陈茶（1998年春茶）	25.10	3.00	5.50	42.00	3.51	0.13	4.88	4.62	81.88

1.咖啡碱

咖啡碱是一类甲基嘌呤类化合物，白茶的咖啡碱含量约在 4%～6%之间，其中白毫银针的含量高达 6.1%。

茶叶中主要有 2%～5%咖啡碱与少量可可碱（theobromine）和茶碱（theophylline）。咖啡碱是一种中枢神经的兴奋剂，其机理是增加血液中儿茶酚这类刺激物质的合成和分泌。咖啡碱还能使血管中平滑肌松弛，增大血管有效直径，增强心血管壁的弹性和促进血液循环。另外，咖啡碱还有明显的利尿和刺激胃液分泌的作用。由于茶叶中的咖啡碱常和茶多酚成络合状态存在，所以它和游离态的咖啡碱在生理功能上有所不同。对咖啡碱安全性评价的综合报告中的结论如下：在人类的正常饮用剂量下，咖啡碱对人无致畸、致癌和致突变作用；相反，它具有兴奋中枢神经、强心、利尿、松弛平滑肌以及刺激胃酸分泌和促进代谢等功能；同时咖啡碱在人体的半衰期只有 $2.5\sim4.5$ h，可迅速排出体外。美国 FDA 规定咖啡碱的无作用剂量为 40 mg/(kg·d)，这剂量比一般人每日正常摄入的咖啡碱量至少高 10 倍以上，因此饮茶而摄入的咖啡碱量对人是有益无害的。

2.茶多酚

茶多酚是茶叶中酚类及其衍生物的总称，主要由儿茶素类、黄酮及黄酮醇、花青素和酚酸及缩酚酸组成。其中最重要的是儿茶素类化合物，占茶多酚总量的 70％左右。白茶中的茶多酚含量约为 18.3％～33.0％，儿茶素总量 78.4～128.6 mg/g。陈白茶的茶多酚、儿茶素含量较低，分别只有 13.9％和 26.6 mg/g。

这些化合物是茶叶功能的主要活性组分，具有防止血管硬化，防止动脉硬化、降血脂、消炎抑菌、防辐射、抗氧化、抗癌、抗突变、抗衰老等多种功效。茶多酚或其单体可以诱导人肺癌细胞、前列腺癌细胞、大肠癌细胞、表皮样癌细胞、胃癌细胞、肝癌细胞等肿瘤细胞凋亡。茶多酚还可以预防中风病和艾滋病，并能抑制过氧化脂质的形成，提高体内 SOD 和 GSH-Px 等酶系的活力。茶多酚的这些生理活性均在不同程度上与其具有活泼的酚羟基、能清除活性氧自由基有关。茶多酚中的儿茶素及没食子酸酯对人体效应是通过识别蛋白质或多糖的某些结构，从而发生定向结合，以"靶"作用方式达到目标细胞发生作用。

白茶在加工过程中，儿茶素被氧化聚合成茶黄素、茶红素、茶褐素等一系列有色化合物。多酚复合物茶单宁和茶褐素可作为收敛剂和解毒剂（如重金属盐和生物碱中毒），能增强微血管韧性、缓和肠胃紧张与抑制病原体及病毒，并对糖尿病有一定疗效。

3.茶多糖

茶多糖是茶叶复合多糖的简称，一般认为茶多糖具有抗辐射，增强机体免疫力、降血糖、抗凝血、降压等生理功能。茶多糖的单糖组成是以半乳糖、葡萄糖和阿拉伯糖为主，还有木糖和甘露糖等。茶叶复合多糖是一类与蛋白质结合在一起的酸性多糖或一种酸性糖蛋白，以丙酮为溶剂沉淀的茶多糖活性最高，降血糖作用最佳。

成茶中含茶多糖约为 1％，但提取方法不同其含量差别较大，如用热水煮提比用冷水浸提含量高得多。茶叶原料老嫩不同其含量差别也较大，表现出随茶叶原料的粗老程度的增加，茶多糖含量递增，乌龙茶的多糖含量是红茶的 3.1 倍和绿茶的 1.7 倍。白茶的可溶性总糖为 3.5％～5.7％。

4.茶黄素

白茶约含有 0.1％～0.5％的茶黄素。茶黄素是多酚类物质氧化形成的一类能溶于乙酸乙酯的、具有苯苄卓酚酮的化合物的总称。茶黄素有 12 种组分，其中茶黄素（TF）、茶黄素-3-没食子酸酯（TF-3-G）、茶黄素-3,3′-双没食子酸酯（TFDG）等是主要的茶黄素。茶黄素具有良好的生物活性，如抗氧化、预防心脑血管疾病、预防龋齿、防癌抗癌、抗菌抗病毒等。有研究指出：TF-3-G、TF-3-G 和 TFDG 比 EGCG 抑制脂肪氧化酶活性效果更强；茶黄素对龋齿的抑制作用超过儿茶素的各单体。对脂质氧化酶的抑制，TFDG 的抗氧化能力是儿茶素中抗氧化能力最强的 EGCG 的 23 倍。

5.茶氨酸

白茶的氨基酸含量约 2.6％～4.5％，其中茶氨酸占 50％左右。茶氨酸属于酰胺类化合物,化学系统命名为 N-乙基-r-L-谷氨酰胺。现代科学研究发现天然茶氨酸具有多种生理功效,在医药界与保健食品行业引起了极大的兴趣。如影响脑内神经递质的变化,增强记忆力;镇静作用,可能预防神经失调症、失眠症、经期综合征等;保护神经细胞可能用于对脑栓塞、脑出血、脑卒中、脑缺血以及阿尔茨海默病等疾病的防治;降血压作用;增强抗癌药物的疗效;抑制癌细胞的浸润;提高免疫力等。

(1)影响脑内神经递质的变化,增强记忆力。

茶氨酸由 L 系输送系统通过血脑屏障进入脑中。茶氨酸进入脑后会使脑内神经递质多巴胺显著增加。向老鼠的脑纹状体中注射 5 μmol 茶氨酸,其脑中多巴胺释放量增加 2 倍多,注射 10 μmol 时增加近 7 倍。多巴胺在脑中起到重要作用,缺乏时会引发帕金森症、精神分裂症。茶氨酸影响脑中多巴胺等的代谢和释放,相关的脑部疾病也有可能得到调节或预防。神经递质的变化还会影响学习能力、记忆力等。老鼠服用茶氨酸 3～4 个月后,学习能力提高,能在较短时间内掌握要领,对危险环境的记忆力比对照群强。因此,茶氨酸还可通过调节神经递质来提高学习能力和记忆力。

(2)镇静作用,可能预防神经失调症、失眠症、经期综合征等。

咖啡碱是众所周知的兴奋剂。茶叶中含有 2%～4% 的咖啡碱,高于咖啡豆(1%～2%),但是人们在饮茶时感到平静、心境舒畅,而不像喝咖啡那样兴奋亢进。除了咖啡碱与多酚络合,使其吸收缓慢之外,这主要是茶氨酸的镇静作用。茶氨酸的镇静效果可通过测定脑波的变化来确认。脑波分成 α 波、β 波、θ 波、δ 波等。α 波表明大脑的放松状态;β 波为紧张状态;θ 波为浅睡状态;δ 波为熟睡状态。给大鼠注射 5 μmol/kg 以上的咖啡碱后,其大脑 β 波增强,δ 波减弱,α 波与 θ 波无变化,表现处于兴奋状态。咖啡碱的兴奋作用可持续 180 min 以上。投给大鼠咖啡碱后,过 10 min 再投给其 5～50 μmol/kg 的茶氨酸,15 min 后可观察到大鼠脑中的 β 波减弱,δ 波增强,表明咖啡碱的兴奋作用受到抑制。在同样摩尔浓度时,茶氨酸就显示出拮抗咖啡碱的效果。在临床试验中,服用茶氨酸 40 min 后被试验者脑中出现 α 波,说明茶氨酸能使人放松、镇静。同时还发现茶氨酸的镇静作用对容易不安、烦躁的人更有效。现在,茶氨酸对自律神经失调症、失眠症等的预防治疗正在研究中。

经期综合征(简称 PMS)是女性在月经前 3～10 d 中出现的精神及身体上的不舒适的症状。Juneja 等考察了茶氨酸对 PMS 的改善作用,让 24 名女性每日服用茶氨酸 200 mg,2 个月后 PMS 症状有明显改善。如头痛、腰痛、胸部胀痛、无力、易疲劳、精神无法集中、烦躁等症状得到改善。其机理还需进一步调查,可能与茶氨酸的镇静作用有关。

(3)保护神经细胞,可能用于对脑栓塞、脑出血、脑卒中、脑缺血以及阿尔茨海默病等疾病的防治。

随着年龄的增长,脑栓塞等脑障碍的发病率也呈上升趋势。由此引起的短暂脑缺血常导致缺血敏感区发生延迟性神经细胞死亡,最终引发阿尔茨海默病。在沙土鼠的实验中,投给 10 μmol 浓度为 50～500 μmol/l 茶氨酸后并使其处于 3 min 脑缺血状态,发现脑中完好的神经细胞数目比对照群多,并且保护效果随茶氨酸用量的增加而提高,茶氨酸 125 μmol/l 时神经细胞的存活率为 60%,500 μmol/l 时存活率为 90%。这说明茶氨酸能抑制短暂脑缺血引起的神经细胞死亡。兴奋型神经递质谷氨酸过多也会引起神经细胞死亡,这通常是阿尔茨海默病的病因。茶氨酸与谷氨酸结构相近,能竞争细胞中谷氨酸结合部位,从而抑制神经细胞死亡。用鼠的大脑皮层细胞做的试验中,400 μmol/l 浓度的茶氨酸可抑制

50 μmol/l谷氨酸引起的神经细胞死亡。

这些结果使茶氨酸有可能用于对脑栓塞、脑出血、脑卒中、脑缺血以及阿尔茨海默病等疾病的防治。

（4）降血压作用。

给高血压自发症大鼠注射 1 500 mg/g 或 2 000 mg/kg 的茶氨酸会引起血压显著降低，其舒张压、收缩压以及平均血压都下降，降低程度与剂量有关，2 000 mg/kg 时降低约 40 mmHg，但心率没有大变化。然而茶氨酸对血压正常的大鼠却没有降血压作用。脑末梢神经的色胺等胺类物质参与体内的血压调解。摄取茶氨酸后体内的这些物质的量发生改变，如将茶氨酸以每 100 g 体重 200～800 mg 的量投给大鼠，2 h 后观察到其脑中的色胺和 5-羟吲哚乙酸减少，色氨酸增加。茶氨酸可能是通过调节脑中神经递质的浓度来发挥降血压作用。

（5）增强抗癌药物的疗效。

近期的研究表明茶氨酸本身虽无抗肿瘤活性，却能提高多种抗肿瘤药物的疗效。如将 M5076 卵巢癌细胞移植小鼠背部皮下使其长出肿瘤后，单独使用阿霉素时肿瘤无变化。当与茶氨酸一起使用时肿瘤重量减小到对照样的 62%，并且肿瘤中阿霉素的浓度增加 2.7 倍。茶氨酸的作用可能是防止阿霉素从肿瘤细胞中流出，提高在肿瘤细胞中的浓度，从而增强了阿霉素的抗癌效果。并且茶氨酸不增加阿霉素在正常组织中的浓度。茶氨酸增强抗癌效果的作用还在阿霉素对艾氏腹水肿瘤的试验中观察到。茶氨酸与其他抗肿瘤药，如 pirarubicin 或 idarubicin 等合用时，也有增强抗癌疗效的作用。同时茶氨酸的合用还能减轻抗癌药物引起的白细胞及骨髓细胞减少等副作用。

茶氨酸与抗肿瘤药 doxorubicin（简称 DOX）一起使用时，不但提高 DOX 的抗肿瘤活性，而且还提高其抑制肿瘤转移活性。其原理均为防止 DOX 从肿瘤细胞中流出，从而提高了 DOX 在肿瘤细胞中的浓度。

对于茶氨酸是如何阻止 DOX 从肿瘤细胞内往外流这个问题，研究认为谷氨酸盐进入细胞后生成谷胱甘肽，谷胱甘肽会与抗癌药结合而被泵出细胞外。而茶氨酸能减少细胞对谷氨酸的吸收，使细胞中谷胱甘肽的生成量减少，从而抑制了抗癌药物的流出。

这些研究将使癌症治疗有新的发展，利用茶氨酸来减少毒性强的抗癌药物的剂量，减少其副作用，使癌症治疗变得更有效安全。

（6）抑制癌细胞的浸润。

在恶性肿瘤的生长过程中，原生部的癌细胞会通过对周围组织的浸润进行局部扩散，转移到身体的其他部位。抑制癌细胞的浸润是延长患者生命的一个有效手段。用大鼠肠道的中皮细胞为培养基，观察肝癌细胞浸润状况的实验中，添加 25 μmol/l 茶氨酸时，癌细胞的浸润开始受抑制，此抑制作用在 25～400 μmol/l 的浓度之间随着茶氨酸浓度的增加而增强。并且在空腹一夜的大鼠胃中投入茶氨酸（40 mg/100 g 体重）后，其血清也有抑制癌细胞浸润的作用。投入茶氨酸后 0.5 h 采制的血清已有明显的抑制作用，1 h 采制的血清的抑制作用最强，此时浸润的癌细胞数减少了约 30%。此后抑制作用逐渐降低。这与茶氨酸被吸收到体内后在血液中的浓度变化相关。血液中茶氨酸浓度高时，其阻碍癌细胞浸润的能力也就强。

（7）提高免疫力。

茶氨酸是调动人体免疫细胞抵御病毒、细菌以及真菌的主要物质,茶氨酸在人体肝脏内的分解物乙胺,能调动 T 淋巴细胞产生干扰素,而干扰素又是形成人体抵御感染的"化学防线"。

口服茶氨酸由肠道的刷状缘黏膜吸收,吸收的模式与谷酰胺相同,需要钠离子依存的载体,但亲和性比谷酰胺低 7 倍。茶氨酸被吸收后,迅速地进入血液及肝脏、脑等组织,血与肝脏中的茶氨酸在 1 h 前后达到最高,脑中的茶氨酸浓度在 5 h 到达最高,然后逐渐下降,24 h 后这些组织中的茶氨酸都消失了。茶氨酸的代谢部位是肾脏,一部分在肾脏被分解为乙胺和谷氨酸后通过尿排出体外,另一部分直接排出体外。

第二节　白茶的主要生理功能

白茶含有的对人体具有特殊功效的功能性成分,如咖啡碱、茶多酚、茶多糖、茶黄素、茶氨酸等,它们对人体的效应不同,各有侧重。各成分的综合效应在人体的表现主要有:提神、利尿解毒、抗突变、抗肿瘤、预防龋牙、降血脂、抗炎症、抗过敏反应、减肥等。

一、抗突变、抗肿瘤

茶和茶叶组分抗癌活性的科学证据在体外细胞体系研究中业已确定,其分子作用机理正在被进一步阐明。1982 年,Stich 等人用日本绿茶、印度红茶和中国茶经开水冲泡 5 min(茶汤可溶物为 30 mg/ml),以甲基脲亚硝酸盐为诱变剂,用 Ames 实验检测茶汤的抗诱变作用,结果发现茶汤能抑制甲基脲亚硝酸盐的诱变作用,即具有抗诱导作用,其有效组分为单宁、绿原酸和没食子酸类物质,作用与已知抗诱变剂抗坏血酸相当。我国也有人采用 Ames法对茶叶中水浸出物(绿茶)、粗多酚、D-儿茶素、维生素 E、维生素 A 芳香苷、槲皮素和咖啡碱等组分配制成不同浓度进行了诱变和抗诱变试验,初步结果表明绿茶粗多酚的 D-儿茶素有较明显的抗诱变作用,水浸出物、维生素 C 和维生素 E 次之,芳香苷、槲皮素未见抗诱变作用。Stich 等人用亚硝化反应诱变鼠伤寒 TA1535 菌株,结果表明饮用剂量下的茶也具有抑制诱变作用,但亚硝化后再加茶就不显此种作用,说明茶叶抗诱变作用可能主要是保护性机制。

流行病学调查表明,茶叶有防癌作用。静冈县中西部生产绿茶地区的女性和男性的胃癌和其他癌的标准化死亡率显著低于日本全国水平。国外大量的研究表明,不同类别的茶叶(包括鲜叶、红茶、乌龙茶、绿茶)、不同茶叶组分(如热水提取液、茶多酚化合物等)对多种肿瘤(肺癌、胃癌、皮肤癌、乳腺癌、肝癌和食管癌等)均有防护作用。

茶叶中的多酚化合物,特别是 EGCG 和 ECG 是最重要的抗肿瘤组分,此外某些微量元素(如硒)和维生素(如维生素 C、维生素 E)也在起作用。总的来说,茶叶的抗肿瘤机理可归纳为如下 7 个方面:

（1）抗氧化和清除自由基作用。

（2）抑制致癌物的形成。例如，亚硝胺是一种强致癌物，但它是由非致癌物亚硝酸盐和二级胺在人胃的酸性条件下合成的。而茶叶的有效组分可阻断这一反应。

（3）抑制致癌物质的致癌过程。先用绿茶茶多酚、EGCG 处理小鼠皮肤 7 d 后，再用7,12-二甲基苯并蒽、苯并芘、3-甲基胆蒽和 N-亚硝基脲等强致癌物处理小鼠皮肤，16 周后用茶叶组分处理过的小鼠皮肤瘤数量明显减少，处理组为（4.47±0.39）个，未处理组为（11.61±0.57）个。

（4）抑制癌细胞的增殖。绿茶提取物对人胃腺癌细胞具有明显的细胞毒作用，其作用与剂量和接触时间呈正相关，能抑制肿瘤细胞 DNA 合成，阻止由 G1 期向 S 期移进，阻断效应发生于细胞分化早期。用电镜观察发现人胃腺癌细胞体外培养加入 $500~\mu g/ml$ 龙雾茶提取物，大多数癌细胞均出现不同程度的退化坏死，$100~\mu g/ml$ 时几乎所有癌细胞均趋向坏死。

（5）增强免疫机能，间接杀伤肿瘤细胞。茶叶中的有效成分可抑制某些有害酶的活性，如促进致癌过程的鸟氨酸脱羧酶；同时促进一些有益酶的活性，如 SOD 和 GST 等，这些可增强免疫机能。

（6）抑制致癌基和人体 DNA 的共价结合。茶多酚和各种儿茶素衍生物可抑制NADPH-细胞色素 C 还原酶活性，通过和细胞色素 P-450 活化系统作用使亲电子代谢物量减少，从而使与富含电子基团的大分子（如蛋白质、核酸）起共价结合反应的代谢物减少，从而降低了诱变和致癌活性。

（7）抑制致癌过程中引发和促进作用。茶鲜叶提取液、儿茶素-铝络合物、绿茶热水浸出液的乙醚萃取绿茶中的单宁、EGCG 等均有抗癌活性，并且主要表现为抑制致癌的促成过程，同时兼具抑制致癌过程中的引发作用。

二、保护心血管系统

90%以上高血压病属原发性高血压和肾动脉狭窄引起的肾血管性高血压，其形成主要是受肾素——血管紧张素（angiotension）类物质控制，在血管紧张素 Ⅰ 转换酶（ACE）的催化下，将不活化的血管紧张素 Ⅰ 中的末端二肽（组氨酸）切断，变为具强升压作用的血管紧张素 Ⅱ。日本研究表明，发现茶叶中的 ECG、EGCG 和茶黄素（游离茶黄素、茶黄素单没食子酸酯和茶黄素二没食子酸酯）对 ACE 酶有显著的抑制效应。茶叶中的咖啡碱和儿茶素类能松弛血管，增加血管的有效直径，使血管舒张，也起到降血压作用。试验表明，注射茶多糖，使血压下降、心率减慢，并可增加离体冠状动脉流量。茶叶中的谷氨酸在酶促反应下降解生成 γ-氨基酸丁酸（GABA）也有降压作用。

流行病学调查和临床试验都表明，饮茶可降低血浆总胆固醇和低密度胆固醇的含量水平。其机理是儿茶素和咖啡碱参与了机体内的脂肪代谢作用，从而阻止血液中胆固醇及其他烯醇中中性脂肪类物质的积累，具体原因如下：

（1）咖啡碱与磷酸、戊糖等形成核苷酸，它对脂肪具有很强的分解作用。

（2）咖啡碱可促进胃酸和消化液的分泌，从而增加机体肠胃对脂肪的吸收。

（3）儿茶素类化合物可促进人体脂肪的分解，防止血液和肝脏中甾醇和中性脂肪的积累。

日本福兴真弓和村松敬一朗等用高脂和胆固醇饮料喂养大鼠，同时加 0.5% 和 1%

EGCG 饲喂,结果表明,喂饲组体重、血液指标与对照组无显著差异但总胆固醇、游离胆固醇、总类脂和甘油三酸酯含量均明显降低,而粪便中脂化合物和胆固醇排泄量增加,说明EGCG 明显抑制血浆和肝脏中胆固醇升高,促进脂类化合物从粪便中排出。

除脂质沉积外,从血液流交学的角度考虑,血液的高凝状态有助于血栓的形成,因此改变这种高凝状态,可预防血凝和促进纤维蛋白溶解的作用;在各种儿茶素、茶黄素和茶红素具有抗血小板聚集、抗血凝和促进纤维蛋白溶解的作用;在各种儿茶素类化合物中以 EC 的抑制活性最强。茶多糖也可延长复钙的血凝时间。家兔试验表明,茶能改善血液流变学特征和抑制血栓的形成,因而有阻止动脉粥样硬化斑块的形成作用。

有关茶降低胆固醇作用的研究,早在 80 年代初期已被许多日本学者所关注。宫川等人曾报道过当给大鼠用茶提取液处理后可以明显地降低血中胆固醇浓度和有效地抑制中性脂肪浓度上升。木村等人在利用过氧化脂诱发高血脂大鼠为病理模型来探讨茶的作用时也得到了茶会有效地改善血脂代谢的结果。更有意义的是,营养学者岩田等人在对自发性高血压大鼠服用茶提取液时发现,茶可以提高大鼠血清中的高密度脂蛋白浓度,从而使动脉硬化指数得到改善。此外也有一些研究证明,茶可以有效地抑制果糖诱发大鼠高脂血症以及高胆固醇饲料诱发的家兔高脂血症等。

对于茶临床降血脂作用,近年来也不乏有人在研究。例如,松田等人曾分别对健康和具有高脂血症成年男性为临床观察对象,每天服用 7 罐(190 ml/罐)市场商品型罐装茶水,在连续6周的临床试验后得到了与动物实验同样的效果。非常有趣的是,受试者在茶服用6周后,血清中低密度脂蛋白和中性脂肪出现明显降低的同时,高密度脂蛋白浓度相反得到有意义的增加。

有关茶降低血脂的有效成分,一般认为是儿茶素类化合物作为主要活性成分。Matsuda以及 Muramatsu 等人在将儿茶素添加的高脂肪、高胆固醇饲料喂养大鼠的实验证明,与对照组相比儿茶素可以有效地降低大鼠血中以及肝脏中的胆固醇含量。此外,儿茶素也使高密度脂蛋白和低密度脂蛋白比例有显著的改善。福舆等人曾观察排泄粪便中的胆固醇量变化来探讨儿茶素的作用机制。在研究中他们发现,儿茶素可以改善体内胆固醇的机制是儿茶素抑制胆固醇在小肠部位的吸收。这一现象后来又通过 Chisaka 等人使用 ^{14}C 标记胆固醇代谢的实验中得到进一步的证实。Ikada 等人在深入探讨儿茶素抑制胆固醇吸收的机制中又认为,儿茶素抑制胆固醇的吸收作用主要是来自胆固醇在小肠部位的溶解度低下,特别是儿茶素可以降低胆固醇在吸收前所必要的乳化过程。

三、消炎、抑菌及抗病毒

茶叶中的茶多酚等抗菌成分有凝结蛋白质的收敛作用,能与菌体蛋白质结合而致细菌死亡。研究表明,茶叶中的 EGC 和 EGCG 对伤寒杆菌、副伤寒杆菌、霍乱弧菌、黄色溶血性葡萄球菌、金黄色链球菌和痢疾杆菌等病原菌均具有明显的抑制作用。茶叶中的水杨酸、苯甲酸和对香豆酸也均具有杀菌作用。除杀菌和抑菌作用外,茶叶中的有效组分还可消除霍乱弧菌、副溶血弧菌和金黄色葡萄球菌在人体内形成的毒素对人体造成的毒害作用。因此,饮茶对由痢疾杆菌、大肠杆菌、葡萄球菌或其他细菌及病毒导致的腹泻有良好的疗效。另外,茶黄烷醇类除本身有直接消炎作用外,还可促进肾上腺素垂体的活动,降低毛细血管的透性,减少血液渗出,同时对发炎因子组胺具有良好的拮抗作用,起激素消炎作用。

茶提取液可阻止流感病毒在动物细胞上的吸附,因而可减轻流感病毒的侵染。试验表明,红茶汤及茶多酚对人轮状病毒 Wa 有抑制作用。日本研究发现,绿茶所含有的茶多酚可有效抑制艾滋病病毒的增殖。艾滋病病毒会造成人体血液中淋巴细胞的感染,病毒 RNA 会向脱氧核糖核酸转移增殖,并破坏 T4 淋巴细胞。而茶多酚对病毒作用于 RNA 的化学反应具有相当强的阻断作用。

茶叶用来治疗肠炎这个传统中国民间药方至今仍被很多人所采用。松井阳吉等曾经使用致炎物质巴豆油(Croton oil)来诱发小鼠耳部皮肤炎症。在利用这个炎症病理模型探讨茶的抗炎症作用中证明,将 0.5 g/kg 的茶提取液在巴豆油处理 1 h 前进行一次性灌胃投药可以明显地抑制炎症发生,并且可以显著地减少炎症时所出现的血管渗透性增强的现象。

对于茶的外用抗炎症作用也有一些人进行过探讨。中里等人曾用致炎物质角叉胶(carrageenin)诱发大鼠足掌部浮肿作为炎症模型来评价茶的抗炎症作用。他们将角叉胶诱发起炎症的大鼠后腿放入茶提取液中 10 min 浸泡处理。然后测定足部体积的浮肿变化来探讨茶的抗炎症效果。实验结果表明,50 mg/L 浓度的茶提取液外用浸泡可以明显地改善炎症部位的浮肿,并且茶的这一抗炎症作用强于同浓度的绿茶和红茶提取液。中里等人又分别将茶热水提取物进一步用乙酸乙酯以及正丁醇等有机溶剂进行分离来探讨有效成分。结果发现茶的乙酸乙酯提取部分的抗炎活性为最强。因此他们认为茶的抗炎活性成分是特定的单宁(tannine)类化合物。

四、调节血糖水平

周杰等研究表明从粗老茶中提取的茶多糖对小鼠血糖茶多糖有明显降低血糖的作用。日本清水岭夫以链脲佐菌素作为动物糖尿病诱发剂,喂饲绿茶水浸液,结果血糖下降达40%,其效果冷浸出液较热浸出液好,绿茶较红茶好。这是因为茶叶含有茶多糖、儿茶素类化合物和二苯胺等多种降血糖成分的原因。Kenichi 报道,给糖尿病患者饭后饮用 200 ml内含 45 mg 的茶多糖饮料,2 周后血糖浓度显著下降,胆固醇及甘油三酯总含量也有下降,4 周后所有患者都已好转,提示茶多糖可能有修复代谢紊乱的作用。1987 年日本用 ECG 和铝的复合物做小鼠活体试验,500 mg/kg 呈明显的降血糖作用,特别是 0.5% 儿茶素加铝复合物饲喂 45～75 d 后,血糖明显低于对照组。Karawya 研究表明,降血糖的主要有效成分是二苯胺,二苯胺在绿茶中含量 2% 左右,如何开发利用茶残渣中的二苯胺是一项有意义的工作。

另外,酯型儿茶素和茶黄素对 α-淀粉酶和蔗糖酶具有明显的抑制作用,即使在0.5 mmol/l 的低浓度下,仍对降低血糖有良好效果,同时血中胰岛素水平也随之下降。茶叶中的茶多酚和维生素 C 能保持人体微血管的正常坚韧性和通透性,对于微血管脆弱的糖尿病患者,可恢复其正常机能,有利于糖尿病的治疗。倪德江等研究认为在所设定的低、中、高剂量(100 mg/(kg·d)、300 mg/(kg·d)、600 mg/(kg·d))下,各种茶叶 TPS 对 DM 小鼠都有显著或极显著的降血糖效果,其中在低、中等剂量下,茶、红茶 TPS 的降低血糖作用明显优于绿茶 TPS,但在高剂量下差异不明显。

五、增强免疫、抗衰老

给小鼠皮下注射茶多糖,可增强以血清凝集素为指标的体液免疫,促进单核巨噬细胞系统吞噬功能。人体的免疫机制和消化道的微生物区系组成有很大关系,特别是消化道系统的疾病。而饮茶可使消化道中双歧杆菌增殖并促进生长,同时对有害细菌具有杀死和抑制其生长作用,因此饮茶对改善人体消化道的细菌结构、提高对肠道疾病的免疫力有一定的功效。

茶多酚有很强的清除自由基和抗氧化作用,有助于抗衰老。用绿茶提取液和绿茶茶多酚进行的研究表明,它们对自由基和抗氧化清除效果可达98%。在各种儿茶素类化合物中以 EGCG 和 C 清除自由基的效果最好,其中 EGCG 在 0.006 mg/ml 低浓度下对 O_2^- 的清除率达98%。此外,茶多酚还能提高体内抗自由基损伤的酶系 SOD、CAT 和 GSH-PX 等活力,减轻诱发的细胞 DNA 单链断裂的作用。倪德江等研究认为体外清除 O_2^- 和·OH的能力大小依次为乌龙茶>绿茶>红茶。

日本松崎妙子等研究表明,茶叶中儿茶素类化合物具有明显的抗氧化活性,比较它们的抗氧化活性,EGCG>EGC>ECG>EC,羟基愈多其抗氧化能力也愈大。研究还表明,儿茶素的抗氧化能力强于维生素 E、维生素 C 和 BHT 及 BHA,且与维生素 C、维生素 E 有增效效应。Sparnins 等人在饮料中加入速溶茶或茶叶喂饲 ICR/HA 雌性小鼠,发现小鼠的肝脏和小肠中的谷胱甘肽-S-转换酶活性增加,同时抑制多环芳烃化合物共价加成物的形成。用茶多酚和 EGCG 处理小鼠后,发现抑制皮肤线粒体中脂氧和酶活性和脂质过氧化,起抗衰老作用。

六、抗辐射

关于茶叶的防辐射作用最早发现于日本,广岛原子弹爆炸的幸存者中凡常饮茶者其体质状况、白细胞指标以及寿命都明显优于不饮茶或饮茶者。由此相继进行的茶叶防辐射的研究。王清吉等的研究结果表明:茶多酚具有抗辐射作用,茶多酚的多酚性羟基可能是辐射保护作用的结构基础,不同物质所含结构相同或具有类似官能团是具有复合协同增效作用的前提。日本静冈药科大学的林荣一教授等用煎茶(蒸青绿茶)和抹茶(蒸青碾茶)浸出液喂小鼠,研究对 ^{90}Sr 的体内吸收和排出作用,结果发现服用煎茶和抹茶的小鼠尸体内残留的 ^{90}Sr 仅为对照组的1/2,说明煎茶和抹茶有阻止肠道对放射性同位素的吸收和加速其排出。试验表明,用2%茶多酚喂养小鼠,48 h 后可将已渗入骨髓的全部放射性 ^{90}Sr 置换出来并排出体外,而对照组动物在同一时间内仍有 ^{90}Sr 存留。也有资料表明,茶叶中黄酮类物质能吸收放射性 ^{90}Sr 饲料,甚至已深入动物骨髓的 ^{90}Sr 也能被其吸收排出,小鼠饲喂少量含 ^{90}Sr 饲料后,一组饮服含 2%的茶黄酮类复合物溶液,另一组不服,经 48 h 检查,发现前者骨髓中没有 ^{90}Sr 的痕迹,而后者骨髓中发现有 15%的 ^{90}Sr 含量。

辐射损伤的一个重要反应指标是白细胞下降。临床试验表明,饮用绿茶和喂饲茶叶提取物可使患者因辐照治疗而引起的白细胞大幅度下降的现象获得改善。计融等的实验结果显示:茶多酚能显著提高辐照小鼠存活率。给小鼠注射茶多糖 0.2~0.4 mg/只,然后用 700 伦

X射线照射处理,结果30 d存活率注射组为74％,不注射仅为38％,而且发现茶多糖能增加白细胞的数量,改善白细胞分类异常和血小板减少症,对造血功能有明显的保护作用。茶叶中富含多酚类,是很强的供氢体,有减少自由基生成、增强GSH-Px和SOD活性的作用,对辐射损伤有很好的防护作用。张军等研究表明,紫外线照射细胞可使DNA受到损伤,茶多酚具有拮抗这种损伤的作用,可能与其抗氧化等功能有关。

七、抗过敏反应

临床上的过敏反应可根据发病类型分为速发型(Ⅰ、Ⅱ以及Ⅲ型)和迟发型(Ⅳ型)二大类四个分型。其中Ⅰ型过敏反应一般被认为是在抗体IgE参与下,由特定抗原刺激所引起的。具体地说,Ⅰ型过敏反应是一种受抗原刺激的肥大细胞(mast cell),嗜碱性粒细胞(basophil)所释放出的组织胺以及白三烯(leukotriene)等化学物质引起的包括血管扩张,神经刺激等临床反应症状。王蕾等试验表明,红茶抗过敏作用较绿茶强。同时测定其茶叶多酚含量,初步试验表明,茶叶中存在除儿茶素外的其他抗过敏有效成分。茶可以缓解Ⅰ型过敏反应也是其健康机能中的一个主要方面。藤居等人在体外实验的研究中证明茶可以有效地抑制由化学物质Compound 48/80(组织胺刺激剂)或抗原刺激大鼠腹腔肥大细胞时所引起的组织胺释放。在体内实验中,茶对大鼠皮肤被动过敏反应(passive cutaneous anaphy-laxis,pcA)也具有显著的改善作用。他们在分析茶抗过敏反应的有效成分中证明,茶含有的儿茶素和特有的茶多酚是其主要活性成分。藤居等人用具有抗原性化学物质DNFB(2,4-dinitrofluorobenzene)免疫小鼠,5 d后再次使用DNFB去刺激诱发接触性皮肤炎并用来作为Ⅳ型迟发过敏反应模型探讨茶的抑制作用。实验结果表明,在DNFB处理前1 d开始使用茶提取液[0.25 g/(kg·d)或0.5 g/(kg·d)]对小鼠连续7 d灌胃投药可以显著地改善DNFB所引起的小鼠耳部皮肤浮肿,减缓接触性皮肤炎症。此外在接触性皮肤炎的病理组织检查中发现,茶可以有效地减轻炎症部位的真皮浮肿,改善炎症时T细胞以及巨噬细胞等炎症细胞的病理性浸润。从这些研究结果可以推测,茶抑制接触性皮肤炎是通过改善体内免疫细胞功能所完成的。过敏性皮肤炎在临床上也是一种比较常见的皮肤性疾病。据统计,在日本约1/5的人具有这种过敏性体质。特别是新生儿的临床发病率极高,约占20％～30％。虽然发病率随着年龄层的增加而减少,但小儿发病率仍在6％～8％,即使到了青年期的发病率也在3％以上。

日本滋贺医科大学上原正已教授等人在1996年曾对121名过敏性皮肤炎患者进行了茶临床改善作用的试验。他们的结果证明,每天饮用400 ml茶(相当于罐装商品型茶的25倍浓度),连续4周后临床总有效率为64％,获得明显的治疗效果。茶的这一疗效不仅在日本皮肤科学会、过敏症学会上引起了很大反响,而且因许多报纸的转载使人们对茶的健康机能抱有极大的关心。

八、减肥

肥胖症是一种营养失调性疾病。一般认为体内脂肪过剩堆积所表现的肥胖是由于营养摄取过多或是体内蓄存的能源利用不足所引起的。肥胖症不仅给人们在日常生活中带来很多不便,而且也是心血管疾病、糖尿病等成人病发生的一个原因。

近年来在先进国家中人们对如何减肥非常关心。各种减肥运动、饮食方法以及药物疗法等等都在被人们试行着。当然也有很多减肥茶相继出现在市场上。但多数人认为作为减肥方法和减肥作用比较理想的还应是饮用茶。

《本草拾遗》中曾写到饮茶可以"去人脂,久食令人瘦"。真正证实饮茶可以减肥的临床效果还仅仅是近几年的研究成果。1996年福建省中医药研究院对102名男女具有单纯性肥胖的成年人进行了茶的减肥作用的研究。通过6周的实验表明,饮用茶(8 g/d,6周)可以改善肥胖者的体重,有效地减少肥胖者的腰围和皮下脂肪。对于茶的减肥作用机制,Nakahara等人认为茶多酚通过抑制2-葡萄糖苷酶以及蔗糖酶等酶活性因而降低葡萄糖吸收的结果。岩田等人的实验又证明,茶的减肥作用是来自提高体内组织中的 LPL (lipoprotein lipase)活性,进而促进脂肪代谢所完成的。此外茶的减肥作用在一些动物的实验上也得到了证实。

九、提神

茶的提神主要是茶叶中咖啡碱和黄烷醇类的作用,咖啡因竞争结合脑内腺苷受体,抑制了腺苷对受体的激活作用,间接增加了脑内谷酰胺(glutamine)、多巴胺(dopamine)及脑啡肽(endorphin)等脑内生理活性物质的作用,使这些物质得以参加各种中枢兴奋活动。瑞典学者 Svenningsson 曾在 *Acta Physidogica Scandinavica*.杂志上报道过咖啡碱对磷酸加水分解酶具有非常强的抑制作用,增加了细胞内 cAMP 的浓度,提高细胞反应能力。咖啡碱能促进肾上腺素垂体的活动,阻止血液中儿茶酚胺的降解,诱导儿茶酚胺的生物合成,而且这种兴奋作用不受其他因素的影响而降低功效。而儿茶酚具有促进兴奋的功能,对心血管系统具有强大的作用。茶叶中的咖啡碱也可兴奋心脏,促进血液循环。同时茶叶咖啡还能刺激人体中枢神经系统,特别是使处于迟缓状态的大脑皮层转为兴奋状态,并进一步引起延脑的兴奋,从而达到驱除睡意、解除疲劳、集中思路的作用。此外,人体的疲劳感是因为人体肌肉和脑细胞在新陈代谢中产生许多乳酸,当其过量存在时会引起肌肉酸疼硬化、脑细胞活动和思维能力降低,而茶的利尿作用能加速乳酸排出体外,使疲劳的机体得以恢复。茶叶中的咖啡碱还具有增强条件反射的能力,起到提高思维效率的作用。

十、利尿解毒

利尿作用实际上是来自咖啡因作用在肾脏近位尿细管,抑制 Na^+、Cl^- 离子和水的再吸收结果。也有部分是调节肾脏腺苷受体来扩张血管,加大肾血管及增加血管输出方面的作用。茶叶中的槲皮素等黄酮醇类化合物对咖啡碱的利尿作用有增效作用,而所含的 6,8-二硫辛酸也具有利尿和镇吐功效。所以饮茶有利于解毒排泄和水肿缓解。

茶的利尿作用也有利于醒酒,同时茶叶中的咖啡碱和茶多酚可刺激麻痹的大脑中枢神经,有效促进代谢作用,因而饮茶可达到解酒的效果。另外茶叶中,特别是绿茶,含有丰富的维生素 C,它是肝脏分解酒精时的催化剂。茶叶所含维生素 C 还可补充吸烟者体内的维生素 C,而且茶多酚可与尼古丁和焦油(内含苯并芘、二甲基亚硝胺等致癌物)等有害化合物相结合而产生沉淀,还可抑制由气态烟雾引起的损害。试验表明,将茶叶提取物加入烟丝中具有消除尼古丁的作用,而饮茶可加速人体内尼古丁的降解。因此可通过饮茶或在香烟过滤嘴中加入茶叶提取物,来尽可能减少吸烟造成的危害。

十一、消臭助消化

消化不良和吸烟带来的口臭常给人带来不便和烦恼。前者是因为取食后残留在口腔中的食物残渣在酶的作用下产生氨基酸,氨基酸在口腔细菌产生的臭味。口腔局部因素是形成口臭的主要原因,其中以牙周病和舌苔因素为主,另外阻生齿、不良修复体及口腔黏膜病等也是形成口臭的原因。研究表明茶叶中的儿茶素类化合物具有比常用的口腔消毒剂叶绿素铜钠盐更好的消臭效果,同时茶皂苷的表面活性作用具有清洗的效果,可以消除口腔中的食物残渣以及由此而增殖的腐败细菌。此外,茶对吸烟引起的口臭也起消除和减弱的作用。在日本、韩国和我国均已有用茶叶提取物为主要原料制成的口香糖。我国张铁华等研究了从生姜中提取姜油以及从绿茶中提取浓缩液制备新型口香喷剂的方法。制得口味纯正、具有防龋齿、清洁口腔和抗晕效果的口香喷剂新产品。

饮茶不仅能消臭,还有助于消化。西北地区少数民族主食多肉、乳和脂肪,茶叶的消费量也大。Scala 认为,茶能增加胃液的分泌。小鼠饮服茶水 2 d 后胃蛋白酶活力明显增强,普洱茶可加强胃肠对蛋白质的消化吸收,减少小肠对甘油三酯和糖的吸收。咖啡碱和黄烷醇类可松弛消化道,有助于食物消化,预防消化器官疾病的发生。茶还具有吸收有害物质的能力,有"净化"消化道作用。茶叶减脂作用主要也是基于上述消食除腻,减少脂肪的吸收和促进排泄作用。

80 年代中期发现,茶叶对预防人体的消化道溃疡有一定作用。消化道溃疡是由于人体胃蛋白酶的消化作用和胃黏膜的防御作用之间平衡失调所致,而茶叶中的儿茶素类化合物(主要是 EGCG 和 EGC)对胃蛋白酶消化作用的抑制和对胃黏膜防御作用的增强两方面发挥作用,还能抑制胃酸的分泌。

第三节　国内有关白茶保健品质的研究

国内有关白茶保健功效的研究不多,笔者开展了白茶抗氧化的专题研究。本节除了笔者的部分研究成果外,还收集了其他科研人员的相关白茶研究成果。

一、对小鼠 CCl_4 致急性肝损伤的保护

笔者用白茶浸提液饲喂 CCl_4 致急性肝损伤小鼠,结果表明白茶萎凋过程中活性物质的缓慢变化形成的活性成分有利于抑制肝损伤小鼠的 ALT 增高,降低 MDA 的含量,从而对小鼠 CCl_4 致急性肝损起保护作用。

所用的试验动物为清洁级 ICR 小白鼠。茶剂的制备是:一芽二叶标准采摘福安大白茶

鲜叶,分两组——一组 270 ℃滚筒杀青、110 ℃烘干为对照;另一组于环境温度(20±1)℃、相对湿度 65%~70%萎凋室中,萎凋 68 h,110 ℃烘干为白茶样。两者粉碎后,按茶水比 1:30,40 ℃水浴浸提 30 min,过滤成茶剂(分别用 CKS、WTS 表示)。测定 WTS、CKS 的主要生化成分表明(表 8-3)安大白茶鲜叶经过萎凋、烘干制成白茶后,其生化成分发生了极其复杂的变化,茶多酚、儿茶素含量显著减少(P<0.01),减少幅度分别为 33.53%和 42.11%;氨基酸总量则增加了 17.5%(P<0.05),特别是茶色素发生了改变,增加了茶黄素、茶红素、茶褐素等活性成分。

表 8-3　WTS、CKS 的主要生化成分含量测定

样品	茶多酚含量 (%)	氨基酸含量 (%)	咖啡碱含量 (%)	水浸出物含量 (%)	儿茶素总量 (mg/g)	茶黄素含量 (%)	茶红素含量 (%)	茶褐素含量 (%)
对照样(CKS)	33.40±1.13	3.20±0.86	4.23±0.25	43.40±2.10	154.4±12.8	未检出	未检出	未检出
白茶样(WTS)	22.20±1.24**	3.76±0.75*	4.24±0.32	40.10±1.12	88.29±11.9**	0.32±002	1.49±0.13	1.56±0.21

注:*、**分别表示差异显著、极显著水平。

具体方法是:小白鼠每组 8 只,雌雄各半,体重(20±2)g,按体重区组随机分组,分为阴性对照组、CCl_4 模型组、CKS 茶剂组、WTS 茶剂组。两茶剂组都分高[30 ml/(kg·d)]、中[20 ml/(kg·d)]、低[10 ml/(kg·d)]三个剂量等级。常规基础饲料饲养,连续 14 d。阴性对照组、CCl_4 模型组以蒸馏水 20 ml/(kg·d)灌胃;茶剂组按设定的剂量灌胃。每日一次,连续 14 d。实验前 16 h CCl_4 模型组、茶剂组分别腹腔注射 0.1% CCl_4 植物油溶液 20 ml/(kg·d),阴性组腹腔注射植物油,16 h 禁食,不限饮水。抠眼球取血,以颈椎脱臼法处死小鼠,血样静置 2 h,2 000 r/min 离心 10 min,制备血清。准确称取部分肝脏组织,于 4 ℃以质量体积比为 1:9 加生理盐水制备 10%肝组织匀浆,肉眼观察肝脏整体形态,留取肝脏右叶标本于 10%甲醛固定液中。

赖氏法测定血清 ALT/AST 的活性;硫代巴比妥酸法测定肝匀浆中 MDA 含量,肝脏组织非酶性抗氧化系统 GSH 含量测定;用 10%的福尔马林溶液固定肝组织,常规石蜡包埋切片(片厚 5 μm),HE 染色,光镜下观察肝组织病理学变化。将肝组织损伤程度分为 4 级:0 级(-)——肝组织结构正常,无明显变性,坏死及炎症细胞浸润;1 级(+)——肝小叶结构尚正常,可见明显的混浊肿胀,气球样变或脂肪变性,散在点状坏死;2 级(++)——肝小叶结构不清,可见明显的灶状坏死,伴有炎症细胞浸润;3 级(+++)——肝小叶结构不清、可见明显的片状坏死,伴有炎症细胞浸润。

(一)对小鼠血清生化指标的影响

由表 8-4 可见,模型组血清中 ALT 的含量明显高于正常组(P<0.01),说明本次试验的小鼠急性肝损伤造模成功。试验结果表明三种剂量的 WTS 均能极显著地抑制小鼠血清 ALT 的活性(P<0.01),由模型组的 101.869 IU/gprot,下降到 72.567~78.407 IU/gprot,其抑制效果与剂量成正相关(r=0.79);中、低剂量 CKS 的效果不明显,高剂量 CKS 的 ALT 活性显著低于模型组(P<0.05),由模型组的 101.869 IU/gprot 下降到 90.588 IU/gprot。可见 WTS 对抑制小鼠 CCl_4 致急性肝损伤引起的血清 ALT 值升高的作用优于对照(CKS)。

表 8-4　不同剂量 WTS、CKS 对小鼠血清 ALT、肝匀浆 MDA 和 GSH 的影响

组别	剂量 [ml/(kg·d)]	谷丙氨酸转 移酶(IU/gprot)	丙二醛量 (nl/gprot)	谷胱甘肽 (mg/gprot)
正常组	—	89.281 ± 8.328	2.043 ± 0.470	50.639 ± 5.817
模型组	—	$101.869 \pm 12.176\,9^{☆}$	$2.575 \pm 0.443\,6^{☆}$	$37.897 \pm 6.508^{☆☆}$
白茶低剂组 WTS	10	$78.407 \pm 12.626^{△△}$	2.092 ± 0.340	43.904 ± 7.397
对照低剂组 CKS	10	92.449 ± 7.870	2.087 ± 0.342	43.628 ± 5.067
白茶中剂组 WTS	20	$75.358 \pm 6.835^{△△}$	$1.987 \pm 0.557^{△}$	41.774 ± 4.544
对照中剂组 CKS	20	95.425 ± 17.158	2.157 ± 0.643	$45.785 \pm 8.930^{△}$
白茶高剂组 WTS	30	$72.567 \pm 4.056^{△△}$	$1.583 \pm 0.668^{△△}$	$44.901 \pm 7.748^{△}$
对照高剂组 CKS	30	$90.588 \pm 7.731^{△}$	$1.853 \pm 0.331^{△△}$	$48.303 \pm 3.794^{△△}$

(二)对小鼠肝匀浆 MDA 含量和 GSH 活性的影响

实验结果表明(表 8-4),CCl_4 中毒小鼠肝脂质过氧化产物 MDA 水平显著升高($P<0.05$),肝中 GSH 活性极显著降低($P<0.05$)。白茶抑制小鼠肝脂质过氧化产物 MDA 水平升高的效果优于绿茶,白茶低剂组和高剂组均能显著抑制 MDA 的升高($P<0.01,P<0.05$),其抑制效果与剂量成正相关($r=0.76$),而对照的抑制作用只有高剂组的效果显著($P<0.01$),低剂组和高剂组的效果不明显。但白茶提高肝中 GSH 值的作用效果不如对照,对照高剂组、中剂组的 GSH 活性显著提高($P<0.01,P<0.05$),只有高剂白茶组的 GSH 活性才显著提高($P<0.05$)。

(三)对 CCl_4 致小鼠急性肝损伤肝组织病理学的影响

病理切片结果表明,正常对照组小鼠肝组织结构正常,无变性、坏死等病理改变,而 CCl_4 模型组小鼠肝组织结构镜下可见肝细胞不同程度的变性,细胞坏死,呈凝固性,并以环中央静脉分布为主,伴中性粒细胞、单核细胞等炎性细胞浸润,可见桥接坏死形成等病理改变,而白茶、对照各剂量组的肝细胞坏死程度均有减轻,其中 WTS、CKS 高剂组的效果最明显。

经 Ridit 法统计处理(表 8-5),表明白茶与对照都有明显的防止肝损伤作用,其中高剂白茶组与高剂对照组的效果最明显($P<0.01$)。

表 8-5　不同剂量 WTS 对小鼠急性肝组织病理学损伤的影响

组别	剂量[ml/(kg·d)]	n	—	+	++	+++	P
正常组	—	8	8	0	0	0	<0.01
模型组	—	8	0		3	5	—
白茶低剂组 WTS	10	8		5	3		<0.05
白茶中剂组 WTS	20	8		4	4		<0.05
白茶高剂组 WTS	30	8	1	4	3		<0.01
对照低剂组 CKS	10	8		4	4		<0.05
对照中剂组 CKS	20	8		5	3		<0.05
对照高剂组 CKS	30	8	1	3	4		<0.01

白茶对小鼠CCl_4致急性肝损起保护作用的机理可能是白茶只经过萎凋、干燥两道工序,未经过剧烈的机械损伤和热的破坏,本身的自由基含量最低,重要的是白茶生产过程中,茶多酚虽然氧化,但其缓慢氧化过程形成的黄酮类物质却显著增加,而且氨基酸、咖啡碱及可溶性碳水化合物等活性成分也高于其他茶类。黄酮类物质、茶色素等既是构成茶叶品质的重要组分,又是具有抗氧化、抗辐射、降血压等多种药理作用的功能成分。本研究结果表明白茶抑制CCl_4致小鼠肝损伤ALT、MAD增高的效果优于对照,其作用机理可能就是白茶中的茶多酚的氧化产物、黄酮、茶氨酸等活性物质提高肝细胞抗氧化能力,对抗CCl_4引起的膜脂质过氧化,保护肝细胞膜结构的完整及功能,达到拮抗CCl_4肝细胞膜的损害作用。至于对照提高GSH活力作用优于白茶,可能是对照由于鲜叶经杀青、烘干后,保留了较高的茶多酚(TP),而茶多酚(TP)能提高GSH含量。当然由于白茶加工中的物质活性变化也极其复杂,白茶对小鼠CCl_4致急性肝损伤的保护是多种成分的综合体现,其具体机理还有待进一步深入研究。

二、对Con Ac刺激的小鼠脾淋巴细胞[3]H-TbR掺入的影响

陈玉春等研究了白茶等5类茶对ConA刺激的小鼠脾淋巴细胞[3]H-TbR掺入的影响。结果表明,白茶能显著增加或改善正常和血虚小鼠的细胞免疫功能。

该试验选用的茶样为闽北水仙茶、一级茉莉花茶、炒绿、坦洋工夫红茶、寿眉白茶。茶叶用沸水浸泡15 min配成2%茶水。每次实验用茶均为新鲜配制。供试动物为体重20～25 g BALB/C近交系小鼠,雌雄兼用,随机分组。实验组以茶水灌胃,对照组以冷开水灌胃,每次0.6 ml,每日2次,共9 d。血虚动物模型采用烷化毒致动物造血功能受损模型,于小鼠灌胃给茶后第3、6天后肢皮下注射环磷酰胺(CY,2 mg/ml)0.5 ml/只。

具体方法是以微量的细胞培养法测定ConA刺激的小鼠脾淋巴细胞转化反应。第10天时,小鼠颈椎脱白致死。无菌取脾,剪碎、轻磨研制成脾细胞悬液,120目尼龙网过滤,0.83% Tris-NH_4Cl破坏红细胞,洗涤,经台盼兰(trypanblue)染色测定细胞存活率大于95%,再以RPMI1640(含10%人AB混合血清,及青、链、庆大霉素各100 μg/ml,pH 7.2)制成1×10^7/ml细胞悬液。再96孔微量平底细胞培养板(美国,Falcon 3072)中,每孔加入1×10^8/0.1 ml细胞悬液和0.1 ml培养液,ConA(原刀豆球蛋白)最终浓度为12.5 μg/ml。另外不加ConA的孔为对照,均1式3孔,置含5% CO_2的潮湿大气中37 ℃温育72 h。终止培养前16 h加[3]H-TbR[上海原子核研究所,放射性比活度8.51×10^{11} Bq/(mmol·l)]1.85×10^4 Bq/孔。细胞用ZT(Ⅱ)型系列多头细胞样品收获于49型玻璃纤维滤纸上。用LS-7800型Beckman液体闪烁计数器测cpm,结果以cpm表示。结果以cpm或生长指数(GI)表示。GI=实验孔cpm均值/对照孔cpm均值。

（一）对ConA刺激的正常小鼠脾淋巴细胞转化反应的影响

结果表明(表8-6),用2%的茉莉花茶、绿茶、红茶和白茶灌胃,均能使正常小鼠脾淋巴细胞对ConA刺激的增殖反应显著增强,其SI均显著高于正常对照($P<0.025$)。两批实验结果相近。2%的乌龙茶水虽亦能促进增殖反应,但与对照组相比,未达到显著差异($P>0.05$)。提示2%茉莉花茶、绿茶、红茶和白茶水有增强正常小鼠细胞免疫功能的作用。

表 8-6　茶对 ConA 刺激的正常小鼠脾淋巴细胞转化反应的影响

组别	刺激指数 $x\pm SD$	P 值
对照	12±9(6)	
乌龙茶	40±30(6)	>0.05
茉莉花茶	70±40(6)	<0.025
绿茶	39±18(6)	<0.025
红茶	32±12(6)	<0.025
白茶	60±30(6)	<0.025

注:()内数字为试验动物数。

（二）对不同浓度 ConA 刺激的正常小鼠脾淋巴细胞转化反应的影响

图 8-1 显示,除花茶组小鼠脾淋巴细胞对 7.5 和 12.5 $\mu g/ml$ ConA 刺激的 cpm 与对照组相近外,其余 4 个茶组批淋巴细胞对各种浓度 ConA 刺激的 cpm 均不同程度高于对照组。茉莉花茶组在 ConA 浓度为 17.5 $\mu g/ml$ 时,cpm 最高;绿茶、红茶和白茶组则在 12.5 $\mu g/ml$时,cpm 最高。

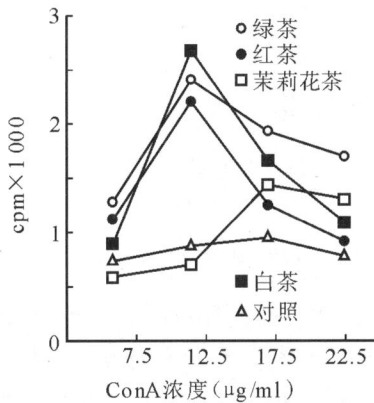

图 8-1　茶对不同浓度 ConA 刺激的正常小鼠脾淋巴细胞转化反应的影响

（三）对 ConA 刺激的血虚小鼠脾淋巴细胞转化反应的影响

结果表明乌龙茶组对血虚小鼠脾淋巴细胞 ConA 刺激的增殖反应虽高于对照组,但二组 SI 相比无显著差异（$P<0.05$）,而其他 4 种茶组的 SI 则均显著高于血虚对照组（$P<0.05\sim0.025$）（表 8-7）。表明 2% 的茉莉花茶、绿茶、红茶、白茶均有显著改善血虚小鼠细胞免疫功能的作用。

表 8-7　茶对 ConA 刺激的血虚小鼠脾淋巴细胞转化反应的影响

组别	刺激指数 $x\pm SD$	P 值
对照	1.66±0.25(5)	
乌龙茶	2.3±1.3(5)	>0.05
茉莉花茶	6±3(5)	<0.05
绿茶	2.6±0.8(5)	<0.05
红茶	2.6±0.7(5)	<0.05
白茶	2.6±0.5(5)	<0.023

注:( )内数字为试验动物数。

（四）对不同浓度 ConA 刺激的血虚小鼠脾淋巴细胞转化反应的影响

在所观察的 3 类茶中,茉莉花茶、绿茶和红茶组的 cpm 明显高于血虚对照组,ConA 为 22.5 μg/ml 时,cpm 最高(图 8-2)。

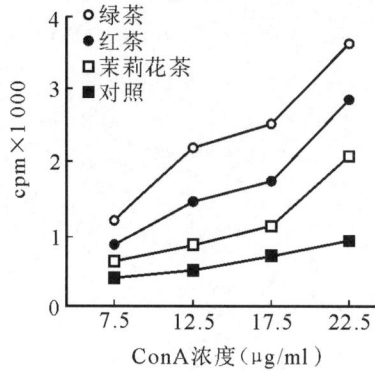

图 8-2　茶对不同浓度 ConA 刺激的血虚小鼠脾淋巴细胞转化反应的影响

陈玉春等认为白茶等能显著增加或改善正常和血虚小鼠的细胞免疫功能的原因,可能是咖啡碱可加速 cAMP 在淋巴细胞内集聚,经 ConA 刺激后的淋巴细胞 cAMP 总量可增加 1.5～3 倍,低剂量 cAMP 可导致 ^{3}H-TbR 掺入增加。此外,咖啡碱具有胸腺素样的作用,可诱导幼稚 T 淋巴细胞分化及成熟。此外小剂量 Cy(10～50 mg/kg)可选择性消除抑制性 T 淋巴细胞,而大剂量可导致白细胞减少及抑制促有丝分裂反应有关。

三、对小鼠脾淋巴细胞分泌集落刺激因子的影响

陈玉春等研究了白茶、红茶对小鼠脾条件培养液(SCM)中集落刺激因子(CSFs)生成的影响。结果认为红茶和白茶均能显著促进小鼠混合脾淋巴细胞分泌 CSFs(0.005<P<0.05),但未能显著提升血虚小鼠混合脾淋巴细胞分泌 CSFs 水平(P 均大于 0.05)。CSFs 是强烈的造血刺激因子,循环中 CSFs 水平升高或活性增强,不仅能促进血细胞的生长、成熟和释放,而且能延长细胞寿命、增加细胞内 RNA 和蛋白质合成。红茶和白茶促进 CSFs 分泌可能是茶抗辐射损伤、保护外周血红蛋白和血象,以及提升放疗后白细胞水平的作用机理之一。

试验所采用的茶叶为坦洋工夫红茶和寿眉白茶,将茶叶用沸水浸泡 15 min,配成 2% 茶

水。供试动物为体重 20～25 g BALB/C 近交系小鼠,雌雄兼用,随机分组。实验组以茶水灌胃,对照组以冷开水灌胃,每次 0.6 ml,每日 2 次,共 9 d。血虚动物模型采用烷化毒致动物造血功能受损模型。于小鼠灌胃给茶后第 3、6 天后肢皮下注射环磷酰胺(CY,2 mg/ml)0.5 ml/只。

具体方法是用单子小鼠脾淋巴细胞制备 SCM,每组 6 只小鼠,分别无菌取脾、剪碎、轻磨,经 120 目尼龙网过滤,及 0.83% Tris-NH$_4$Cl 破坏红细胞,以 RPMI1640(内含 5 mmol/l Hepers,50 μmol/l 2-ME,300 mg 谷氨酰胺和青、链、庆大霉素各 100 μg/ml,pH 7.2)制成 1×10^7/ml 脾淋巴细胞悬液,加 ConA 使成 5 μg/ml,分装于 25 ml 方形螺口培养瓶,置含 5% CO$_2$ 的潮湿大气中 37 ℃温育 48 h,离心收获上清液即为 SCM。每组 6 份,小瓶分装,−20 ℃保存。临用时作 1/2 稀释。用 6 只小鼠的混合脾淋巴细胞制备 SCM:将每组 6 只小鼠的脾脏混合,照上述方法制备混合淋巴细胞悬液,加 ConA 制备 SCM。每组 1 份。临用前均作 1/1～1/32 倍比稀释。骨髓细胞悬液制备,无菌取 8 只小鼠的双侧股骨,用培养液冲洗骨髓腔,混合骨髓细胞悬液过 4 号针头。以含 10% 人 ABA 血清的 RPMI1640 培养液,制成浓度为 3×10^6/ml 的核骨髓细胞悬液。CSFs 测定,取−20 ℃保存的两种茶实验组制备的 SCM,作 1/2 或1/1～1/32 倍比稀释。用骨髓细胞作靶细胞,测定其对 SCM 中 CSFs 的增殖反应。即在 96 孔微量平底培养板(美国 Falcon3072)中,每孔加骨髓细胞3×10^5/0.1 ml 和不同稀释度的 SCM 0.1 ml,对照孔加 0.1 ml 培养液,均 1 份 3 孔。置含 5% CO$_2$ 的潮湿大气中 37 ℃温育 5 d。终止培养前 16 h 加 ^{3}H-TbR[上海原子核研究所,放射性比活度 28 Ci/(mmol·L)]0.5 μC/孔。细胞用 ZT(Ⅰ)型系列多头细胞样品收集器于 49 型玻璃纤维纸上,用 LS-7800 型 Beckman 液体闪烁计数器测 cpm。结果以 cpm 或生长指数(GI)表示。GI＝实验孔 cpm 均值/对照孔 cpm 均值。

(一)茶对正常小鼠脾淋巴产生 CSFs 的影响

结果表明在 SCM 均作 1/2 稀释时,两种茶无论 cpm 或 GI 均高于对照组(表 8-8),其中白茶组极接近显著差异($t=2.060\ 9$,$0.05 < P < 0.1$),红茶组未达到显著差异($0.05 < P < 0.4$)。表明白茶和红茶在一定程度上有促进正常小鼠脾淋巴细胞产生 CSFs 的作用。

表 8-8 茶对正常小鼠脾淋巴细胞产生 CSFs 的影响

	动物数	cpm		GI	
		$x \pm SD$	P 值	$x \pm SD$	P 值
对照	6	4 873±1 372		2.91±0.82	
红茶	6	6 258±2 251	<0.4>0.05	3.74±1.34	<0.4>0.05
白茶	6	7 445±2 749	<0.1>0.05	4.45±1.68	<0.4>0.05

注:①以每只小鼠脾淋巴细胞诱导 CSFs。
②各种茶实验组诱导的 CSFs 上清均作 1/2 稀释。

(二)茶对正常小鼠混合脾淋巴细胞产生 CSFs 的影响

在 SCM 均作 1/1～1/32 稀释时,两种茶无论 cpm 或 GI 均显著高于对照组($0.001 < P < 0.01$)(表 8-9)。图 8-3 显示 SCM 作 1/4 稀释时,红茶和白茶组的 CSFs 活性最高。提示红茶和

白茶均有显著促进正常小鼠脾淋巴细胞产生 CSFs 的作用。

表 8-9　茶对正常小鼠混合脾淋巴细胞产生 CSFs 的影响

	cpm		GI	
	$x\pm SD$	P 值	$x\pm SD$	P 值
对照	3 139±1 717		2.43 ±0.96	
红茶	6 023±530	＜0.05	3.70±0.32	＜0.01
白茶	7 911±1 518	＜0.01	4.72±0.91	＜0.05

注:①以 6 只小鼠脾混合淋巴细胞诱导 CSFs 上清。

②表中数字为含 CSFs 上清 6 个倍比稀释度(1/1～1/32)的 cpm 或 GI 均值。

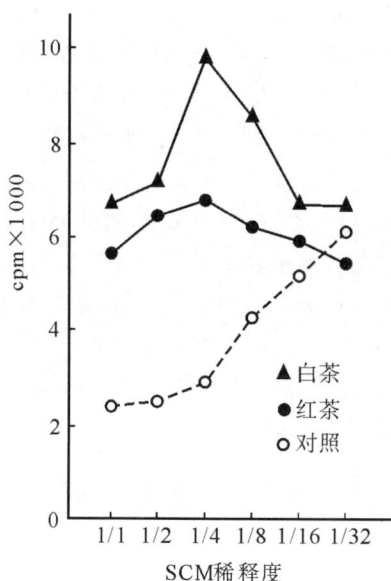

图 8-3　对正常小鼠混合脾淋巴细胞产生 CSFs 的影响

(三)茶对血虚小鼠混合脾淋巴细胞产生 CSFs 的影响

红茶和白茶均未能明显提高血虚小鼠混合脾淋巴细胞产生 CSFs 的水平(表 8-10)。

表 8-10　茶对血虚小鼠混合脾淋巴细胞产生 CSFs 的影响

	cpm	
	$x\pm SD$	P 值
对照	3 520±1 197	
红茶	4 125±1 227	＞0.05
白茶	2 823±1 083	＞0.05

注:①以 6 只小鼠脾混合淋巴细胞诱导 CSFs 上清。

②表中数字为含 CSFs 上清 6 个倍比稀释度(1/1～1/32)的 cpm 或 GI 均值。

陈玉春等推测白茶等促进 CSFs 分泌中是由于茶叶中的脂多糖对骨髓造血功能有明显保护作用,脂多糖、茶单宁、速溶茶(茶叶中可溶性物质的总和)有抗辐射损伤的效能。此外,茶叶中含有大量蛋白质、叶酸和维生素 B_{12},蛋白质在水制茶过程中,在酸的作用或酶的催化下水解成水解蛋白。在造血过程中,核酸和核蛋白的生物合成需有维生素 B_{12} 的参与。叶酸能纠正造血机能障碍,胞核代谢核细胞分裂异常。

四、对正常和血虚小鼠脾淋巴细胞产生白细胞介素-2 的影响

陈玉春等实验结果表明白茶能显著促进正常小鼠脾淋巴细胞、正常小鼠混合脾淋巴细胞、血虚小鼠脾淋巴细胞、血虚小鼠混合脾淋巴细胞分泌 IL-2(白细胞介素)水平。而 IL-2 是一种具有广泛免疫调节作用的淋巴因子,它能支持细胞毒 T 细胞、抑制性 T 细胞、辅助性 T 细胞、核骨髓 T 细胞的持续生长,活化 NK 细胞,激活已被淋巴细胞活化的杀伤细胞(LAK)。促进 T 淋巴细胞产生淋巴细胞、γ-干扰素、诱导细胞毒 T 淋巴细胞(CTL)的产生等,IL-2 这种广谱的生物学效应,可能与饮茶调节机体免疫功能、抗肿瘤、抗病毒核抑制细菌生长的作用机理有关。

(一)对正常小鼠脾淋巴细胞产生 IL-2 的影响

以 ConA 活化的小鼠的脾淋巴细胞作靶细胞,测定其对每只正常小鼠脾淋巴细胞分别诱导的 IL-2 上清的增殖反应。结果表明(表 8-11),在每组 6 份 IL-2 上清均作 1/4 稀释时,5 个茶组 cpm 均值明显高于对照组,二者相比均有显著差异($0.005<P<0.05$),表明白茶等茶均有显著促进正常小鼠脾淋巴细胞产生 IL-2 的作用。

表 8-11 对正常小鼠脾淋巴细胞产生 IL-2 的影响

组别	受试动物数	cpm	
		$x\pm SD$	P 值
对照	6	$3\,400\pm1\,200$	
乌龙茶	6	$7\,000\pm2\,200$	<0.005
茉莉花茶	6	$6\,600\pm1\,900$	<0.005
绿茶	6	$8\,000\pm4\,000$	<0.025
红茶	6	$5\,000\pm1\,200$	<0.05
白茶	6	$5\,000\pm1\,000$	<0.05

①以每只小鼠脾淋巴细胞诱导 IL-2 上清。
②各种茶试验组诱导的 IL-2 上清均作 1/4 稀释。

(二)对正常小鼠混合脾淋巴细胞产生 IL-2 的影响

实验组 6 个稀释度的 cpm 均值显著高于对照组($0.001<P<0.005$),表明 5 类茶均有显著刺激正常小鼠混合脾淋巴细胞产生 IL-2 的作用(表 8-12,图 8-4)。

表 8-12 对正常小鼠混合脾淋巴细胞产生 IL-2 的影响

组别	cpm	
	$x \pm SD$	P 值
对照	2 000±230	
乌龙茶	3 300±1 000	<0.001
茉莉花茶	4 300±1 000	<0.001
绿茶	9 000±1 900	<0.001
红茶	7 000±3 000	<0.005
白茶	4 000±1 800	<0.005

①以 6 只小鼠混合脾淋巴细胞诱导 IL-2 上清。

②表中数字为 IL-2 上清 6 个倍比稀释度(1∶1～1∶32)的 cpm 均值。

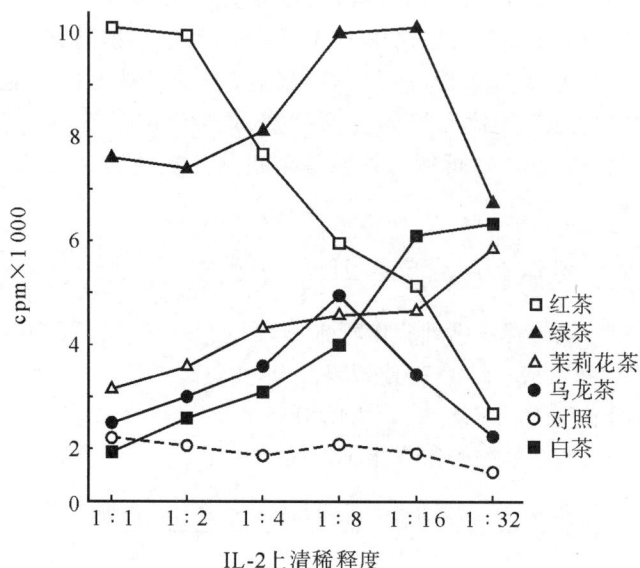

图 8-4 稀释浓度对正常小鼠混合脾淋巴细胞产生 IL-2 的影响

(三)对血虚小鼠脾淋巴细胞产生 IL-2 的影响

结果表明(表 8-13),在各组 IL-2 上清均作 1/4 稀释时,5 个茶组 cpm 均值明显高于对照组($0.001 < P < 0.005$),表明 5 类茶均有显著提升血虚小鼠脾淋巴细胞产生 IL-2 的作用。

表 8-13 对血虚小鼠脾淋巴细胞产生 IL-2 的影响

组别	受试动物数	cpm	
		$x \pm SD$	P 值
对照	6	870±290	
乌龙茶	6	2 100±700	<0.005
茉莉花茶	6	1 900±500	<0.005
绿茶	6	2 400±700	<0.001
红茶	6	2 200±500	<0.001
白茶	6	2 200±800	<0.05

①以每只小鼠脾淋巴细胞诱导 IL-2 上清。

②各种茶试验组诱导的 IL-2 上清均作 1/4 稀释。

（四）对血虚小鼠混合脾淋巴细胞产生 IL-2 的影响

5 类茶实验组 6 个稀释度的 cpm 均值显著高于对照组,但仅红茶和白茶组差异显著(0.025＜P＜0.05)(表 8-14,图 8-5)。表明红茶、白茶有显著提升血虚小鼠混合脾淋巴细胞生成 IL-2 的水平,乌龙茶、茉莉花茶、绿茶的作用则不明显。

表 8-14　对血虚小鼠混合脾淋巴细胞产生 IL-2 的影响

组别	cpm	
	$x\pm$SD	P 值
对照	1 200±600	
乌龙茶	1 500±500	＜0.05
茉莉花茶	1 800±600	＜0.05
绿茶	1 900±1 000	＜0.05
红茶	2 200±500	＜0.025
白茶	2 200±800	＜0.05

①以 6 只小鼠混合脾淋巴细胞诱导 IL-2 上清。
②表中数字为 IL-2 上清 6 个倍比稀释度(1∶1～1∶32)的 cpm 均值。

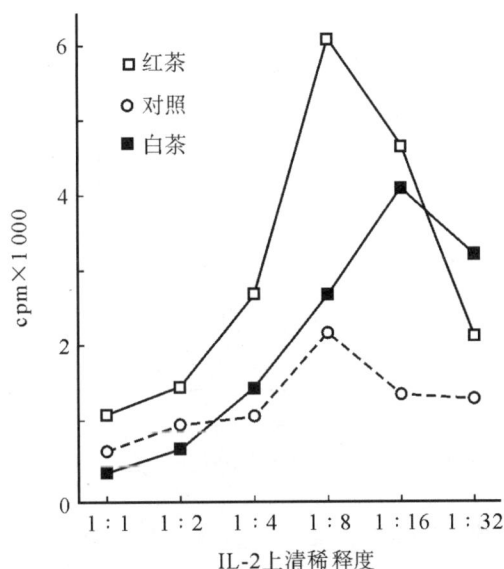

图 8-5　对血虚小鼠混合脾淋巴细胞产生 IL-2 的影响

陈玉春等认为白茶等能显著促进正常核血虚小鼠脾淋巴细胞核混合脾淋巴细胞分泌 IL-2,故 IL-2 也可能是茶促进淋巴细胞活化的产物之一。

五、对小鼠血清红细胞生成素水平的影响

陈玉春等研究了白茶对小鼠血清 EPO 水平的影响。结果表明白茶可以显著提高小鼠血清 EPO 水平。EPO 是一种由肾脏内皮细胞和上皮细胞产生的造血生长因子,其空间构

型与生长激素相似,本质是糖蛋白。血清 EPO 来源于肾脏,具有存活因子,分化原和分裂原三重生物学活性,对骨髓红系造血干细胞的正常分裂、分化及红细胞的成熟和释放起关键作用。可以说,无 EPO 的存在就不可能有红细胞的生成。白茶能显著提升血清 EPO 水平,证明其对红细胞的造血过程有促进作用。

试验选用的白茶为特级白牡丹,茶叶用沸水浸泡 15 min,配成 1%、3% 和 5% 茶水。每次实验用茶均为新鲜配制。阳性参照物为西洋参 20 g,切成薄片,先后加蒸馏水 1 000 ml 和 500 ml,分别煮沸 2 h 和 1.5 h,合并两次药液,用 8 层纱布过滤,水浴蒸发至 400 ml,其最终浓度定为 0.05 g/ml。供试动物为体重 20～23 g 的 IcR 小鼠,雌雄兼用(由上海实验动物中心提供,清洁级),随机分为对照组、西洋参组、1% 白茶组、3% 白茶组和 5% 白茶组,用块状饲料喂养。

实验方法是实验组小鼠分别以不同浓度的茶水灌胃,阳性对照组和阴性对照组分别以 5% 的西洋参或冷开水灌胃,每次 1 ml,每日 2 次,连续 7 d 或 14 d。小鼠以股动脉无菌放血,按常规方法收集血清,经 56 ℃灭活 30 min 后,在 -20 ℃下保存。胎肝细胞悬液的制备:选用体重为 30～35 g 的雌性成熟小鼠,与有生殖能力的雄性小鼠,按 1∶1 合宠,观察阴栓形成。无菌剖腹取胎龄准确为 13～14 d 的胎鼠。将 8～10 只胎鼠的肝脏置于培养皿,加数毫升 RPMI-1640 培养液(补充 1% 胎牛血清,5 mmol/l。Hepers,50 μmol/l。2-ME,300 mg谷氨酰胺,及青、庆大霉素 100 U/ml,链霉素 100 μg/ml,pH 7.2),用不带针头的注射器轻轻吹打,使之成均匀的细胞悬液,静置 2～3 min,再用带 4 号针头的注射器将细胞悬液吸出,制成单个胎肝细胞悬液。用 RPMI-1640 液洗 2 次,调节细胞浓度为 2×10^6/ml,作为测定 EPO 活性的反应细胞。绘制 EPO 标准曲线:rh-EPO(D、MAZAI 公司出品,2 000单位/瓶)按 5、10、40、160 毫单位/毫升(mU/ml)稀释,以供绘制 2.5 mU/ml、5 mU/ml、20 mU/ml、80 mU/ml 的标准曲线。在坐标纸上画出 EPO 剂量与 ^{3}H-TdR 掺入的剂量反应曲线。在标准的 EPO 剂量反应曲线上,根据样品的 cpm 数计算出相应的 EPO mU/ml 数。

结果表明,在灌胃 7 d 时,西洋参阳性对照组和 3 种不同浓度白茶组的小鼠血清 EPO mU/ml 数均显著高于对照组($P < 0.01$),其中尤以 1% 浓度的白茶效果更好(表 8-15)。

表 8-15　白茶对小鼠血清红细胞生成素水平的影响

组别	灌胃 7 d		灌胃 14 d	
	动物数	EPO mU/ml ($x \pm SD$)	动物数	EPO mU/ml ($x \pm SD$)
对照	6	5.4±1.1	5	9.2±0.9
5% 西洋参	6	8.7±1.6	5	50±40
1% 白茶	6	15.4±1.3	6	70±40
3% 白茶	6	6.9±1.6	6	40±15
5% 白茶	6	8.8±2.7	6	30±30

陈玉春等认为机体缺氧是肾内皮细胞和上皮细胞分泌 EPO 的始动因素。人参在缺氧情况下,可使肾脏尽快释放红细胞生成素酶,作用于肝内使红细胞生成素原加速转变为红细胞生成素,刺激骨髓红系干细胞生成幼红细胞,并加快成熟为红细胞。白茶可能具有相似作用。

六、白茶中自由基的研究

刘国根等用 ESR 法测定了黄茶、绿茶、红茶、青茶、黑茶、白茶、苦丁茶、七叶参的自由基含量,探讨了不同茶类自由基含量产生差异的原因。

检测结果表明各类茶叶中的自由基含量有明显差异,其自由基含量高低依次为黑茶、青茶、红茶、黄茶、绿茶、白茶(表 8-16)。产生这种差异的原因可能是白茶仅通过日晒、烘干两道工序,加工时温度较低,因此,能保留较多的多酚类物质,降低了多酚类的氧化程度,自由基含量最低;红茶的萎凋、"发酵"工序目的在于促进多酚类的酶性氧化,使多酚类大量转化为醌类物质,所以自由基含量大量增加,比白茶、绿茶分别高出 3.47 倍、1.71 倍;茯砖茶以黑毛茶为原料,鲜叶虽经过杀青,但初制工序中的"渥堆"实为"后发酵"作用,并在精加工成砖时,其蒸制过程较长,尤其是在"发花"过程中,有大量的微生物参与,这可能是该茶样中自由基含量远高于其他茶的主要原因。

表 8-16　不同成茶的 ESR 波谱主要参数

样品	质量(mg)	峰高(mm)	中心磁感应强度(10^{-1})	共振频率(GHz)	峰宽(10^{-4} T)	g 值	Ng($10^{17}\,g^{-1}$)
白毫银针茶	96.7	9.5	3.365 2	9.439	11.2	2.003 5	1.41
古丈绿茶	139.5	21.6	3.365 0	9.439	11.2	2.003 7	2.22
炒青绿茶	134.1	21.8	3.365 1	9.440	11.2	2.003 7	2.33
屯绿珍眉茶	174.7	85.0	3.365 2	9.441	11.2	2.003 5	6.99
茉莉花茶	128.7	41.2	3.365 2	9.440	11.1	2.003 5	4.60
红条茶	130.0	57.1	3.365 0	9.441	11.2	2.003 5	6.31
红碎茶	137.1	65.2	3.365 1	9.440	11.1	2.003 5	6.83
乌龙茶	115.6	28.0	3.365 1	9.440	11.1	2.003 5	9.70
普洱茶(6 级)	147.5	70.8	3.365 1	9.440	11.1	2.003 5	6.90
茯砖茶	169.3	238.0	3.365 0	9.440	11.2	2.003 6	20.20
黄茶	137.3	32.0	3.365 1	9.440	11.1	2.003 5	4.60
苦丁茶(粉末)	150.8	75.2	3.365 3	9.440	11.2	2.003 5	7.16
七叶参	143.7	83.1	3.365 1	9.441	11.2	2.003 7	8.31

由于加工过程不同,自由基含量也有差异。如茉莉花茶和珍眉茶,加工过程中须进行烘焙等再制工序,故其自由基含量高于绿毛茶(古丈绿茶、炒青绿茶);红碎茶因组织破碎较重,提高了多酚类的氧化程度,故自由基含量高于红条茶;普洱茶和茯砖同属紧压茶,但前者的蒸制过程短,故自由基含量低于后者。另外,其他植物制成的保健茶,如七叶参、苦丁茶,自由基含量高于白茶、绿茶等茶类,而与乌龙茶接近。

七、加工工艺对主要生化成分的影响

杨伟丽等采用同地点、同品种、同嫩度的鲜叶,同时加工成六种茶类的茶样,分析比较其

主要生化成分含量差异。探讨白茶加工工艺对茶叶主要功能性成分的影响。

所选用的品种为毛蟹春茶、以驻芽 2、3 叶为主的鲜叶为原料,分别按炒青、鹿苑茶、湖南黑茶、白牡丹(白茶)、铁观音和工夫红茶加工方法加工成六大茶类。

结果表明(表 8-17)所加工的六类茶中,可溶性碳水化合物,除白茶比鲜叶含量有所增加以外,其余五类茶普遍减少,降幅为 10.3%～31.6%,尤以红茶含量最少。鲜叶氨基酸含量为 1.59%,加工后只有白茶明显增加,比鲜叶增加将近 1 倍,且比其余五类茶含量高 1.13～2.25 倍,而以红茶中含量最低。以上变化说明,可溶性碳水化合物和氨基酸在六种茶类的差异均与加工技术和品质风味的形成分不开。

茶多酚和黄酮含量变化,茶多酚与黄酮类物质既是构成茶叶品质的重要组分,又是具有抗氧化、抗辐射、降血压等多种药理作用的功能成分,它们在六类茶中的含量很重要。但茶多酚在六大茶类中变化不一(表 8-17),其含量依绿茶、黄茶、黑茶、白茶、青茶、红茶的顺序依次递减,而且前三类茶比后三类茶的含量平均高 58.6%,其中差异最大的是绿茶和红茶,相差 1.8 倍。黄酮的变化则不同,依白茶、红茶、青茶、绿茶、黄茶,黑茶顺序递减。白茶中含量比黑茶中几乎多 1 倍。

表 8-17　六类茶的主要生化成分含量(%)

茶类	可溶性碳水化合物	氨基酸	茶多酚	黄酮	咖啡碱	水浸出物
鲜叶	11.78	1.592	23.59	0.128	3.44	45.6
绿茶	9.97	1.475	22.49	0.119	3.38	44.4
黄茶	10.57	1.361	16.71	0.115	3.09	27.6
黑茶	9.45	1.375	15.51	0.103	3.01	24.7
白茶	12.50	3.155	13.78	2.205	3.86	31.9
青茶	9.06	1.425	12.78	0.132	3.09	27.9
红茶	8.06	0.970	7.93	0.155	2.09	23.9

水浸出物和咖啡碱含量差异,同质鲜叶加工成六类茶样,黑茶和红茶的水浸出物含量均比鲜叶减少 45% 以上,这可能与黑茶渥堆中微生物的大量生长繁殖,需要消耗大量营养物质有关,与红茶萎凋用于呼吸作用的消耗以及发酵时可能转化成不溶性的大分子物质等作用分不开。

咖啡碱是构成茶汤滋味的重要组分,而且具有强心、利尿、解毒等药理功能。它在六种茶类加工过程中的含量变化差异不大,其含量均保持在 3% 左右。只有白茶比鲜叶的含量增加,而且还比其他五类茶含量高 14%～29%。

儿茶素是茶叶中极为重要的品质成分,又是茶叶中具有医疗、保健作用的生理活性物质。以相同原料加工而成的六类茶中,除 L-ECG 和 GCG 以外,儿茶素总量及其他组分的含量(表 8-18),绿茶、黄茶、黑茶、青茶、白茶、红茶均呈现依次递减的变化规律。除个别茶类外,儿茶素总量的变化基本上与茶多酚的变化呈对应关系。还明显可见,采用杀青工艺的茶类,其儿茶素含量均高于采用萎凋技术的茶类,平均相差 85%,含量最多的绿茶比含量最少的红茶多 2.43 倍。此变化表明,茶叶内源酶的酶性氧化对茶多酚、儿茶素及其组成的影响是决定性的,而且远远超出了杀青茶类加工过程中的非酶性氧化及其他作用的影响。

表 8-18　六类茶的主要儿茶素成分含量(％)

茶类	L-EGC	DL-C	L-EC	L-EGCG	L-ECG	GCG	总量
绿茶	2.467	0.723	0.759	5.220	0.940	1.105	11.214
黄茶	2.244	0.492	0.665	4.389	0.941	0.681	9.412
黑茶	1.762	0.491	0.604	3.762	0.717	0.602	7.938
白茶	0.210	0.176	0.049	2.406	0.615	0.473	3.929
青茶	1.137	0.303	0.451	2.470	0.474	0.381	5.216
红茶	0.102	0.097	0.175	0.467	0.181	0.050	1.072

　　试验表明,六大茶类中黄酮的含量呈现白茶、青茶、红茶、绿茶、黄茶、黑茶依次递减的变化规律。明显可见,采用萎凋工艺的三类茶的黄酮含量均高于采用杀青的三类茶,恰好与茶多酚含量变化方向相反。但是,却同样反映了六大茶类品质特征的化学实质。

　　试验结果表明,氨基酸和可溶性碳水化合物含量均以白茶中最高。与鲜叶比较,氨基酸增加98％,可溶性碳水化合物增加6％以上。而在红茶中,氨基酸却减少39％,可溶性碳水化合物下降32％。这两种化学成分在青茶中减少也很明显。可是,白、青、红三类茶同样是以茶叶内源酶为生化动力,使其内含成分发生一系列生化变化,但为什么会有如此大的差异呢? 最重要的原因是白茶加工中适度地激发、利用了内源酶活性,有利于氨基酸、可溶性碳水化合物的形成、积累;而红茶加工中酶性氧化激烈,这些物质的分解、转化量多,保留量相对较少。其次,红茶和青茶加工中,即使氨基酸和可溶性碳水化合物的形成也比较多,但由于它们可能被直接或间接转化为香气或其他滋味物质而减少。如加热烘炒,可使氨基酸、果胶和糖脱水成为香气物质;还可通过美拉德反应形成糖胺化合物,或者是多种氨基酸被儿茶素的氧化产物邻醌氧化脱氨、脱羧成为相应的芳香醛等等,以致氨基酸和可溶性碳水化合物在红茶和青茶中明显减少。

　　咖啡碱含量在六类茶中的变化趋势与氨基酸的变化类似,也是以白茶中最多,比含量最少的红茶多1/3,而其他茶类差异不大。由此可见,尽管咖啡碱容易升华,但它的变化受内源酶的酶促作用影响要比非酶促作用大,这可能与咖啡碱系嘌呤碱杂环化合物具有环状结构而比较稳定的性质分不开。

　　六类茶的黄酮的含量变化差异与茶多酚有别,呈现出萎凋的三类茶含量高于杀青的三类茶,这可能与影响黄酮和茶多酚变化的主要动力不同有关。

　　另外,在六类茶中未被氧化的茶多酚、儿茶素的含量均以绿茶保留量最高,红茶最低,而且杀青的茶类均高于萎凋的茶类。显而易见,这两种成分的减少,主要受内源酶的酶促作用支配。如本试验中,尽管黑茶历经48 h渥堆(由于堆小),渥堆叶内含成分在大量微生物胞外酶的酶促作用下,还伴随长时间的水热作用,可是其茶多酚、儿茶素含量仍然比红茶分别高96％和6.4倍。可想而知,黑茶渥堆中,上述两种动力的作用相加也不及红茶加工中内源酶的酶促作用的影响深刻而复杂。因此,茶鲜叶的主要化学成分对六大茶类色、香、味形成的影响,主要取决于是否利用内源酶活性和激发、利用其活性的程度。

　　本试验结果表明,以相同原料加工成六类茶,影响风味品质的主要成分氨基酸、咖啡碱、黄酮及可溶性碳水化合物等,均以白茶的含量最高,红茶中含量最低。水浸出物含量除绿茶外,也是白茶中较多,红茶中最少。而茶多酚和儿茶素含量却以绿茶含量最多。由此可见,为有效地利用茶叶的营养和药理成分,喝白茶受益更多,喝红茶不及绿茶、青茶和黄茶。但从风味品质和功能成分的有效利用两方面综合考虑,既能品味到各种各样的茶叶风味,又能充分利用多种、多量的有效成分,则以品饮绿茶、青茶、黄茶为佳。若是加工成液体茶饮料,不妨采用各类茶的半成品为原料,有利于兼顾品质风味和有效成分,做到两全其美。若是提取分离某种功能成分,工厂不便于直接采用鲜叶为原料,则可初制成白茶,以白茶为原料,使有效成分得到充分利用。

第四节　国外有关白茶保健品质的研究

国外有关白茶的报道不多,主要集中于白茶的保健功能研究。为了使读者能获得原始资料的信息,本节尽可能保持原文,供读者参考。

一、Inhibition of β-catenin/Tcf activity by white tea, green tea, and epigallocatechin-3-gallate（EGCG）: minor contribution of H_2O_2 at physiologically relevant EGCG concentrations

Biochemical Biophysical Research Communication. 2002，296(3):584-588

Wan-Mohaiza Dashwood[a], Gayle A. Orner[a] and Roderick H. Dashwood

Linus Pauling Institute，Oregon State University，Corvallis，OR 97331-6512，USA

Department of Environmental and Molecular Toxicology，Oregon State University，Corvallis，OR 97331-6512，USA

Abstract: Epigallocatechin-3-gallate（EGCG）is the major polyphenol present in white tea and green tea. Recently，it was reported that the addition of EGCG and other tea polyphenols to cell culture media，minus cells，generated significant levels of H_2O_2，with the corollary that this might represent an "artifact" in cell culture studies which seek to examine the chemopreventive mechanisms of tea. We show here that in cell growth media with and without serum，and in growth media containing human embryonic kidney 293（HEK293）cells plus serum，physiologically relevant concentrations of EGCG（$\leqslant$25 μM）generated H_2O_2 with a peak concentration of the order of $10\sim12$ μM. However，addition of 20 μM H_2O_2 directly to HEK293 cells transiently transfected with wild-type or mutant β-catenin constructs and TCF-4 had no significant effect on β-catenin/TCF-4 reporter activity or β-catenin expression levels. In contrast，$2\sim25$ μM EGCG inhibited β-catenin/TCF-4 reporter activity in a concentration-dependent fashion and there was a concomitant reduction in β-catenin protein levels in the cell lysates without changes in TCF-4 expression. The inhibition of reporter activity was recapitulated by white tea and green tea，each tested at a 25 μM EGCG equivalent concentration in the assay，and this was unaffected by the addition of exogenous catalase. The results indicate that physiologically relevant concentrations of tea and EGCG inhibit β-catenin/TCF-4 reporter activity in HEK293 cells due to reduced expression of β-catenin and that this is unlikely to be an artifact of H_2O_2 generation under the assay conditions used here. These data are consistent with the findings from in vivo studies, showing the suppression of intestinal polyps by tea, via an apparent down-regulation of β-catenin and Wnt target genes.

Author Keywords: β-Catenin; TCF-4; Wnt signaling; Tea; EGCG

二、 Inhibition by white tea of 2-amino-1-methyl-6-phenylimidazo [4, 5-b] pyridine-induced colonic aberrant crypts in the F344 rat

Nutrition and Cancer. 2001, 41(1/2):98-103

Santana-Rios G, Orner GA, Xu M, Izquierdo-Pulido M, Dashwood RH.

Linus Pauling Institute, Oregon State University, Corvallis, OR 97331, USA.

Abstract: There is growing interest in the potential health benefits of tea, including the anticarcinogenic properties. We report here that white tea, the least processed form of tea, is a potent inhibitor of 2-amino-1-methyl-6-phenylimidazo[4,5-b]pyridine (PhIP)-induced colonic aberrant crypts in the rat. Male Fischer 344 rats were treated for 8 wk with white tea (2% wt/vol) or drinking water alone, and on alternating days in experimental Weeks 3 and 4 the animals were given PhIP (150 mg/kg body wt p.o.) or vehicle alone. At the end of the study there were 5.65 +/- 0.81 and 1.31 +/- 0.27 (SD) aberrant crypt foci per colon in groups given PhIP and PhIP + white tea, respectively ($n=12$, $P<0.05$). No changes were detected in N-acetyltransferase or arylsulfotransferase activities compared with controls, but there was marked induction of ethoxyresorufin O-deethylase, methoxyresorufin O-demethylase, and UDP-glucuronosyltransferase after treatment with white tea. Western blot revealed corresponding increases in cytochrome P-450 1A1 and 1A2 proteins. Enzyme assays and Western blot also revealed induction of glutathione S-transferase by white tea. There was less parent compound and 4'-hydroxy-PhIP but more PhIP-4'-O-glucuronide and PhIP-4'-O-sulfate in the urine from rats given PhIP + white tea than in urine from animals given carcinogen + drinking water. The results indicate that white tea inhibits PhIP-induced aberrant crypt foci by altering the expression of carcinogen-metabolizing enzymes, such that there is increased ring hydroxylation at the 4' position coupled with enhanced phase 2 conjugation.

三. Potent antimutagenic activity of white tea in comparison with green tea in the *Salmonella* assay

Mutation Research. 2001, 495(1/2):61-74

Gilberto Santana-Rios, Gayle A. Orner, Adams Amantana, Cynthia Provost, Shiau-Yin Wu and Roderick H. Dashwood

中国白茶

Linus Pauling Institute, Department of Environmental and Molecular Toxicology, Oregon State University, 571 Weniger Hall, Corvallis, OR 97331-6512, USA

Department of Pharmacy, Xavier University, New Orleans, LA 70125, USA Department of Biochemistry and Biophysics, Oregon State University, Corvallis, OR 97331, USA

Abstract: There is growing interest in the potential health benefits of tea, including the antimutagenic properties. Four varieties of white tea, which represent the least processed form of tea, were shown to have marked antimutagenic activity in the *Salmonella* assay, particularly in the presence of S9. The most active of these teas, Exotica China white tea, was significantly more effective than Premium green tea (Dragonwell special grade) against 2-amino-3-methylimidazo[4,5-f]quinoline (IQ) and four other heterocyclic amine mutagens, namely 2-amino-3,8-dimethylimidazo[4,5-f]quinoxaline (MeIQx), 2-amino-3,4,8-trimethyl-3H-imidazo[4,5-f]quinoxaline (4,8-DiMeIQx), 2-amino-1-methyl-6-phenylimidazo[4,5-b]pyridine (PhIP), and 3-amino-1-methyl-5H-pyrido[4,3-b]indole (Trp-P-2). Mechanism studies were performed using rat liver S9 in assays for methoxyresorufin O-demethylase (MROD), a marker for the enzyme cytochrome P4501A2 that activates heterocyclic amines, as well as *Salmonella* assays with the direct-acting mutagen 2-hydroxyamino-3-methylimidazo[4,5-f]quinoline (N-hydroxy-IQ). White tea at low concentrations in the assay inhibited MROD activity, and attenuated the mutagenic activity of N-hydroxy-IQ in the absence of S9. Nine of the major constituents found in green tea also were detected in white tea, including high levels of epigallocatechin-3-gallate (EGCG) and several other polyphenols. When these major constituents were mixed to produce "artificial" teas, according to their relative levels in white and green teas, the complete tea exhibited higher antimutagenic potency compared with the corresponding artificial tea. The results suggest that the greater inhibitory potency of white versus green tea in the *Salmonella* assay might be related to the relative levels of the nine major constituents, perhaps acting synergistically with other (minor) constituents, to inhibit mutagen activation as well as "scavenging" the reactive intermediate(s).

Author Keywords: *Salmonella* assay; Tea polyphenols; Heterocyclic amines; Catechins; Caffeine; EGCG; IQ; PhIP

四. New Study Shows Tea Extract Protects Skin; White Tea Extract Reveals Anticancer, Anti-aging Properties

Source: University Hospitals of Cleveland

Posted: January 30, 2003

Cleveland (January 27, 2003) —— Scientists at University Hospitals of Cleveland and Case Western Reserve University have proven that ingredients in white tea are effective in boosting the immune function of skin cells and protecting them against the damaging effects of the sun. The discovery that white tea extract protects the skin from oxidative stress and immune cell damage adds another important element in the battle against skin cancer.

Elma Baron, MD, is Director of the Skin Study Center at UHC and CWRU. "We found the application of white tea extract protects critical elements of the skin's immune system, " Dr. Baron says. "Similar to the way oxidation causes a car to rust, oxidative stress of the skin causes a breakdown in cellular strength and function. The white tea extract protects against this stress. This study further demonstrates the importance of researching how plant products can actually protect the skin." Dr. Baron worked with Seth Stevens, MD, principal investigator for the study.

As part of the study, scientists applied a white tea extract cream to one patch of skin on the subject's buttock (skin that is not ordinarily exposed to much sunlight), while another area was left unprotected. Both areas were then exposed to artificial sunlight. Researchers then reapplied the white tea extract to the area previously coated. Three days later the scientists compared the patches of skin on a cellular level.

Here's what they looked for: In the immune system, the Langerhans cells in the outer layer of the skin (epidermis) are the outermost reach of the immune system, and are the first to recognize foreign agents. They are the sentinel cells or watchdog cells, essential in detecting germs and mutated proteins produced by cancerous cells; but, because of their location, the Langerhans cells are very sensitive to damage by sunlight. Scientists in the study found the white tea extract protected against the Langerhans cell obliteration that was observed in the sun-exposed skin not treated with the extract. The investigators then tested whether the preserved immune system cells in the white tea extract-protected skin would still function properly after exposure to sunlight; they discovered the immune function was indeed restored by the extract. They also found that the DNA damage that can occur in cells after exposure to sunlight was limited in the skin cells protected by the white tea extract.

Researchers believe that white tea extract's anti-oxidant properties are the reason the extract was effective; if so, it also suggests that the agent may provide anti-aging benefits. The same process of oxidative stress in skin cells that leads to immune system damage can also promote skin cancer and photo damage, such as wrinkling or mottled pigmentation.

Kevin Cooper, MD, is chairman of the department of dermatology at UHC and CWRU. "We know that younger skin tends to be able to resist the oxidative stress associated with exposure to the destructive rays of sunlight. The white tea extract also appears to build the skin's resistance against stresses that cause the skin to age."

The results offer promise in the battle against skin cancer, the most common form of cancer in the United States with more than one million new cases diagnosed every year.

The Skin Study Center at UHC and CWRU has studied the benefits of another form of tea that has protective effects. Researchers found that ingredients in green tea decreased the direct effects of sunburn. This newest study is the first of its kind involving white tea. White and green teas contain the highest amounts of antioxidants of all tea varieties, but white tea is actually the least processed form of tea and is rarely used in consumer products.

This study was funded by Origins Natural Resources, a division of The Estee Lauder Companies (ELC).

五. White Tea Beats Green Tea in Fighting Germs

Source: American Society for Microbiology

Posted: May 28, 2004

NEW ORLEANS—May 25, 2004—New studies conducted at Pace University have indicated that White Tea Extract (WTE) may have prophylactic applications in retarding growth of bacteria that cause Staphylococcus infections, Streptococcus infections, pneumonia and dental caries. Researchers present their findings today at the 104th General Meeting of the American Society for Microbiology.

"Past studies have shown that green tea stimulates the immune system to fight disease." says Milton Schiffenbauer, Ph.D., a microbiologist and professor in the Department of Biology at Pace University's Dyson College of Arts & Sciences and primary author of the research. "Our research shows White Tea Extract can actually destroy in vitro the organisms that cause disease. Study after study with tea extract proves that it has many healing properties. This is not an old wives tale, it's a fact."

White tea was more effective than green tea at inactivating bacterial viruses. Results obtained with the bacterial virus, a model system; suggest that WTE may have an anti-viral effect on human pathogenic viruses. The addition of White Tea Extract to various toothpastes enhanced the anti-microbial effect of these oral agents.

Studies have also indicated that WTE has an anti-fungal effect on Penicillium chrysogenum and Saccharomyces cerevisiae. In the presence of WTE, Penicillium spores and Saccharomyces cerevisiae yeast cells were totally inactivated. It is suggested that WTE may have an anti-fungal effect on pathogenic fungi.

Several findings in the new study are of particular interest:

* The anti-viral and anti-bacterial effect of white tea (Stash and Templar brands) is greater than that of green tea.

* The anti-viral and anti-bacterial effect of several toothpastes including Aim, Aquafresh, Colgate, Crest and Orajel was enhanced by the addition of white tea extract.

* White tea extract exhibited an anti-fungal effect on both Penicillium chrysogenum and Saccharomyces cerevisiae.

* White tea extract may have application in the inactivation of pathogenic human microbes, i.e., bacteria, viruses, and fungi.

六、White Tea－A New Cancer Inhibitor

Foods Food Ingredients J.jp.No.200(2002)

Roderick H. Dashwood

Linws Pauling Institute，Oregon State University Weniger 503，Corvallis OR 97331-6512，U.S.A

Summary：

白茶—新たながん抑制剤

がんや慢性病予防などの健康促進機能を持つものとして、お茶への関心が集まっている。様様な品種のお茶のがん抑制活性が調べられているが、白茶は最近になってようやく研究が行われるようになってきたものである。白茶は、最もシンプルな加工行程で作られる弱前発酵茶であり、他のお茶より葉に対する芽の比率が高い。

予備試験として実施されたPhIPなどのヘテロサイクリックアミン系変異原性物質を用いたAmes試験において、ある品種の白茶は抗変異原活性を有することが示された。もた、白茶はPhIP誘発ラット大腸異常腺窩巣（ACF）を抑制したが、これは白茶が肝臓の酵素を誘導し、発がん物質の速やかな代謝と解毒作用、すなわち、体内からの排泄速度を高めた結果である。

白茶と緑茶のイニシエーション後の効果を調べるために、Apcマウス（結腸直腸がんのモデル動物）を用いた腸のポリープ形成能を、その抑制剤であるスリンダクと比較検討した。白茶または緑茶を与えたマウスでは、スリンダクと同様に、有爲なポリープ形成抑制効果ガ視察され、さらに重要なことに、白茶とスリンダクの組合せはより効果的な抑制効果を示した。これらのマウスの腸では、β–cateninの発現が減少しており、その結果としてβ–catenin/Tcfシグナル伝達系の標的がん遺伝であるc–Junおよびcyclin D1の発現も同様に抑制されていた。

これらの結果は、緑茶と同様に、白茶が発がん物質への曝露後の抑制剤として機能しているはかりでなく、曝露している間の阻害剤としても機能していることを示している。さらに、薬+食事の併用療法、例えば非ステロイト系抗炎症剤スリンダクとお茶の併用療法が、どちらかの単独療法よりも、がんの化学的予防（Chemoprevention）への効果的なアプローチである可能性を示唆している。

（一）Introduction

Tea is one of the most popular beverages in the world，and the popularity has increased recently with reports of potential health benefits against such chronic diseases as cardiovascular disease and cancer. The health benefits of tea have been attributed to one or more of the following mechanisms：(a) alteration of enzymes involved in drug metabolism and carcinogen activation or detoxification，(b)inhibition of the activated metabolites of carcinogens and mutagens，(c)scavenging of reactive oxygen species and NO，(d)modification of signal transduction pathways，and (e)alterations in cell cycle checkpoints and apoptosis[3~11]. Through these mechanisms，tea has demonstrates protective properties in animal models of skin，lung，esophageal，and GI cancers[12~15].Investigations of the inhibitory，protection of tea included several that focused on protection against the mutagenic and carcinogenic effects of heterocyclic amines[15~20].

Heterocyclic amines are potent mutagens created during the cooking of meat and fish[21].Some heterocyclic amines2-amino-3-methylimidazo[4,5-f]quinoline(IQ) and 2-amino-1-methyl-6-phenylimidazo [4, 5-b] pyridine [PhIP]，induce tumors of the colon in experimental animals，and for this reason they have been used as model compounds for the study of events that occur during colon carcinogenesis[22~24]. Previous studies in the F344fat[15] showed that green tea and black tea protected against IQ-induced aberrant crypt foci(ACF), which ate putative preneoplastic lesions in the colon. Green tea was more effective than black tea , suggesting that the degree of protection might be related to the extent of tea processing. One hypothesis, therefore, is that in the fight against cancer and other chronic diseases, tea with the least degree of processing might prove to be more beneficial, and in particular, white tea . This paper provides a mini-review of recent work on the antimutagenic and anticarcinogenic properties of white tea, including studies in transgenic animals.

(二) Processing of tea

White tea is the least processed from of tea and differs in several ways from other types of tea. In most cases, the industry standard is to pick "two leaves and a bud", but high quality white tea contain primarily buds and few leaves (Fig.1). In addition , white tea are simply steamed and dried, producing a pale, slightly sweet beverage minus the grassy or more robust flavors of other teas. This contrasts with all other teas, which pass through an initial withering stage(Fig.1). Green tea ,white tea ,which is popular in Japan and neighboring countries, is produced when the leaves are panfried or steamed, rolled, shaped, and dried. When tea is panfried or steamed, polyphenol oxidases in the leaf become inactive, and this prevents compounds such as epigallocatechin-3-gallate(EGCE) from undergoing oligomerization (oxidation) to more complex polyphenols, such as theaflavins and thearubigins[25]. However, if the leaves are deliberately bruised or rolled to facilitate partial or full oxidation, respectively , this produces oolong and black teas with a darker color and unique flavor characteristics. Because green tea, with its higher content of catechins, was more effect than black tea in inhibiting IQ-induced ACF in the rat[15] , we hypothesized that white tea also might exhibit chemopreventive properties against hetero-cyclic amines.

(三) Antimutagenic activity of white teas in vitro

Initital experiments compared the inhibitory activities of four different white tea varie-ties brewes for various times and testes in the Salmonella assay (Fig.2).

The teas exhibited good antimutagenic activity IQ in the presence of an exogenous ac-tivation system (aroclor-induced rat liver S9), with Mutan White and Exotica China White varieties being more potent than Silver Needle and Flowery Pekoe teas . In most of the an-timutagens, although Exotica China White tea (referred to hereafter as "Exotica") showed increasing inhibition with brew time up to 5 minutes(Fig.2). Exotica tea therefore was se-lected for further study,including direct comparison with green tea.

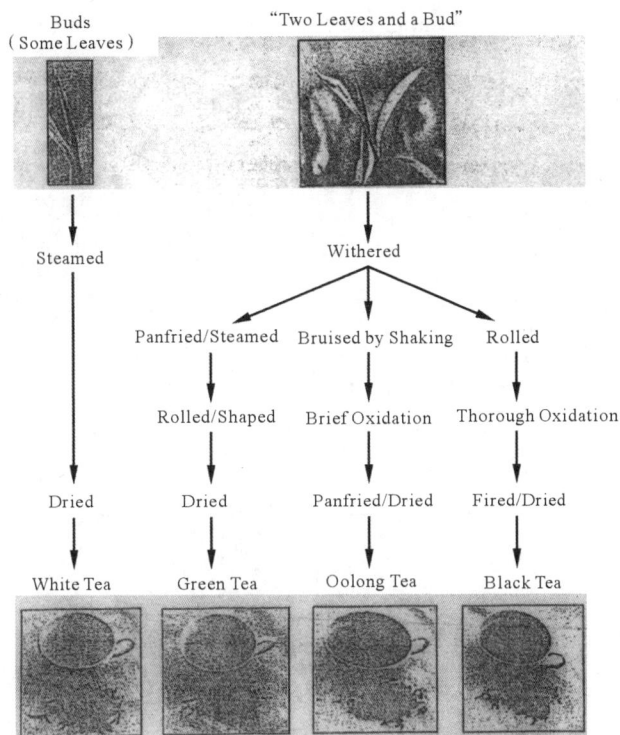

Fig. 1

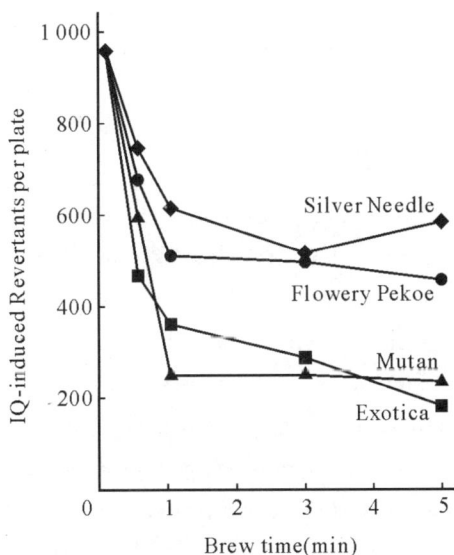

Fig. 2

Exotica white tea and Dragonwell Special Grade Premium Green tea ("green tea"), each brewed for up to 10 minutes at 2% w/v (2 g tea leave per 100 ml hot water), were tested against IQ in the presence of S9. Dragonwell green tea, a looseleaf variety, was less effective than Exotica white tea against several heterocyclic amines, including MeIQx, Trp-P-2,4,8-DiMeIQx,and PhIP (Fig.3). In general, the antimutagenic activities of both teas increased with concentration, and at the maximum concentrations tested in the assay, neither tea gave evidence .

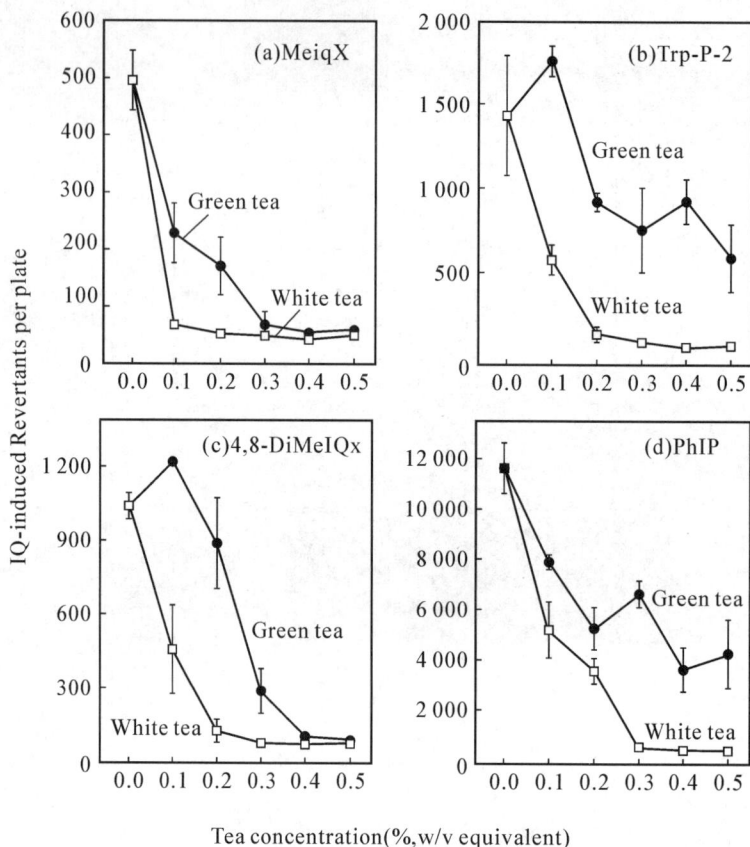

Fig. 3

Because white tea contains a higher content of buds than leaves, it was possible that the greater antimutagenic activity of white tea was due to antimutagens in the buds. To test this hypothesis, the leaves and buds were carefully separated and made into cut (ground) tea. Cut and uncut teas containing both leaf and bus were also tested: uncut teas are usually high quality, loose-leaf varieties whereas cut teas are "fine" and may be may used in tea bags. When tested against IQ in the presence of S9, the cut form of Exotica tea was more effective than uncut, and the cut leaf was more inhibitory than cut buds(Fig.4). Thus, the greater antimutagenic activity of white tea versus green tea is unlikely to be due to the buds, although the fact that Exotica tea is a cut variety could be important, since the greater surface area allows for faster release of antimutagens. Another factor, however, may be the content of polyphenols in white versus green teas.

Separation of teas by HPLC and characterization of the polyphenol content using LC-MS showed that the major constituents in green tea were also present in white teas, including a high content of EGCG and other catechins[26].The nine major constituents present in both white and green teas were as follows: gallic acid, theobromine, theophylline, epigal-

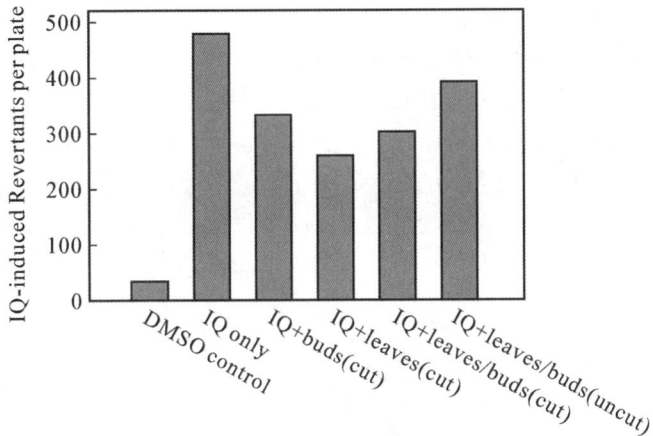

Fig. 4

locatechin, catechin, caffeine, EGCG, epicatechin, and epicatechin gallate. Interestingly, when these nine compounds were mixed to make "artificial" teas, the artificial tea was less potent against IQ than the original complete tea, indicating that minor constituents in the teas, although present at lower concentrations, may be important in explaining the greater antimutagenic potencies of white versus green tea[26].

（四）Anticarcinogenic activity of white tea in rats

As a way to test for in vivo anticarcinogenic activity, made F344 rats were given PhIP. PhIP plus white tea, or vehicle plus white tea as part of an 8-week study (Fig.5). Two weeks after the start of the experiment, three rats in each group were selected at random to study changes in hepatic carcinogen metabolizing enzymes. After this, rats in the first two groups were given PhIP by oral gavage, 150 mg/kg on alternating days, for a total of five treatments per rat. Animals in the third group were given the equivalent volume of vehicle alone. As part of this study, urine was collected for the period 0～48 h after the final dose of PhIP. In order to examine changes in carcinogen metabolite profiles. At the end of 8 weeks, ACF were scored as described before, in the green tea/black tea studies[15].

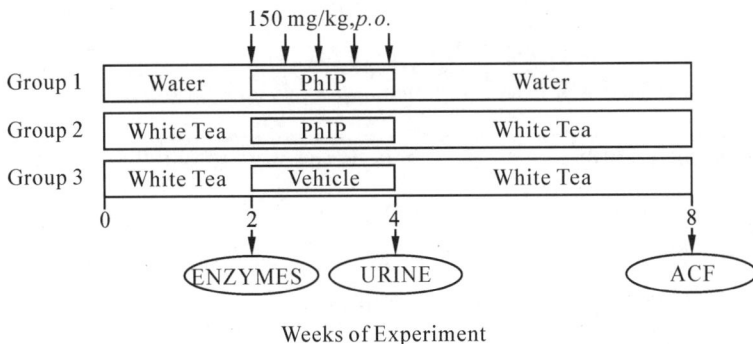

Fig. 5

Results from this experiment confirmed the anticarcinogenic activity of white tea in vivo. At the end of 8 weeks, rats given PhIP alone had on average 5.65 ± 0.81 ACF/colon (mean$\pm$SD,$n=12$), and this was reduced significantly to 1.31 ± 0.27 in the group given PhIP plus white tea (Fig.6).None of the rats given vehicle and white tea had AC. According to the criteria reported previously[15], white tea had no significant effects on the overall size of ACF, based on the mean number of aberrant ctypts/focuss, or on the distribution of ACF within each size category(data presents).

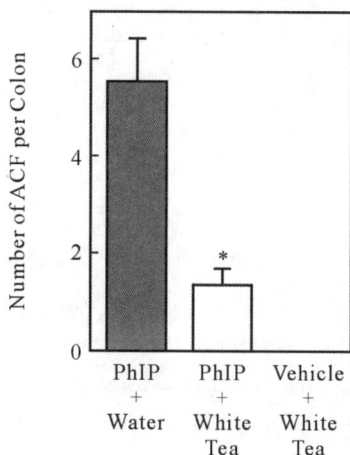

Fig. 6

White tea markedly changed various liver enzyme activities(Fig.7). Strong induction was seen for ethoxyresorufin O-deethylase (EROD) and methoxytesorufin O-demethylase (MROD). Which are markers of cytochtomes P450 IA1 and LA2, respectively. UDP-glucuronosyl transferase (UDPGT) was also induced ($**$ P, 0.01), as was glutathione S-transferase (GST),$*$ P, 0.05. However, N-acetyltransferase (NAT) and arylsulfotransfrtase (AST) enzymes were not altered significantly (Fig.7). These findings were paralleled by concomitant changes in protein levels in Western blots (not shown), and the urinary metabolites and lower levels of N-conjugated metabolites. Thus when administered during carcinogen exposure, white tea altered the levels of hepatic enzymes, such that the carcinogen, PhIP, was detoxified and rapidly excreted, and this contributed to the anticarcinogenic activity seen in the colon. The results clearly supported a protective role for white tea against eh earliest morphological changes in colon cancer, namely, aberrant crypts.

（五）Antitumorigenic activity of white tea and green tea in mice

The previous section described how white tea protected against PhIP-induced ACF in the rat, when tea was given at the time of carcinogen exposure. Three questions remained to be addressed, which may summarized as follows.

Does white tea offer protection when given after the carcinogen exposure?

Does white tea protect against later stage (tumors), in genetically predisposed animals?

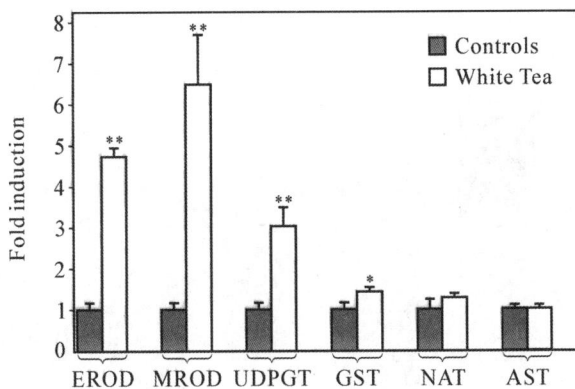

Fig. 7

How does white tea compare with green tea, as well as with other chemopreventive agents?

To answer these questions we used Apc^{min} mice, which are genetically predisposed to intestinal polyp formation due to the impaired function of a truncated Apc protein. These mice respond well to tumor suppression by non-steroidal anti-inflammatory drugs (NSAIDs), such as sulindac. Msle Apc^{min} mice and wild-type mice were assigned to the following treatment groups: water (controls), white tea (1.5%).Tea and tater were changes every other day, and AIN-93 diet was given ad libitum. Mice remained on the experimental treatments for 12 wks. At the end of the study, the number, and size, and locations of polyps in the intestine were recorded, and a section of normal-looking tissue and up to six polyps were removed and frozen for molecular work.

Treatment with sulindac, green tea, or white tea each produced 50% suppression of intestinal tumor multiplicity compared with Apc^{min} controls given water alone. This inhibition was highly significant(Fig.8,** $P < 0.001$), Mice treated with the combination of white tea and sulindac with tea or sulindac alone (Fig.8,** $P < 0.025$). As expected, wild-type mice had no macroscopically visible tumors.

Western blots were performed to compare polyps versus normal-appearing intestinal mucosa, probed with antibodies to β-catenin, cyclin D1, and c-Jun (Fig.9).All three proteins were highly elevated in polyps compared with normal tissue, in all treatment groups. Howerer, in animals treated with sulindac, tea, or tea plus sulindac, these proteins were markedly reduced in the normal mucosa(e.g see red boxes in Fig.9). β-Actin lecels were constant and unaffected by tea or sulindac treatment (data not presented).

These results suggest that white tea or green tea might complement sulindac (or related NSAIDs) in cancer prevention, and that lower doses of NSAIDs might be possible due to complementary mechanisms associated with the tea treatment. This is important because so the toxicity associated with prolonged NSAID treatment in some patients; by using lower doses of NSAIDs in combination with tea (and possibly other dietary factors) it should be feasible to achieved good efficacy with fewer side effects. The mechanism of

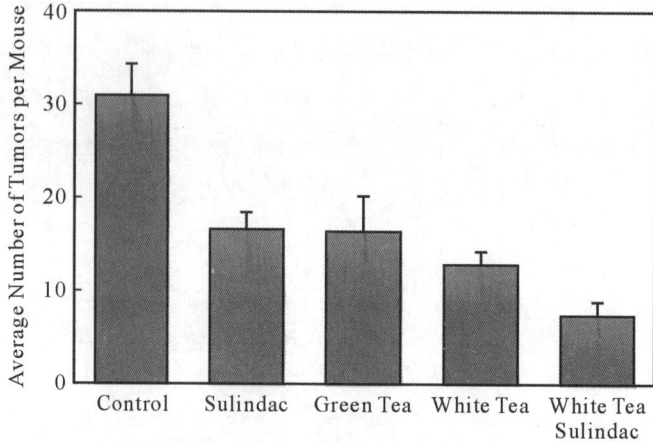

Fig. 8

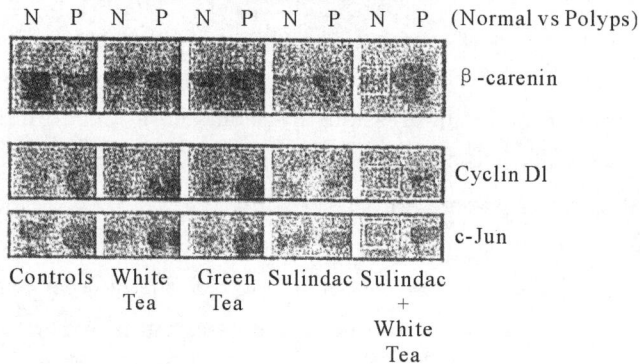

Fig. 9

protection remains to be further elucidated, although the preliminary evidence suggests that there is a lowering of β-catenin levels in the intestinal mucosa. This protein, together with Apc, plays a critical function in normal GI tract homeostasis, as evidenced by the fact that most human colon cancers have mutations in one or other of the corresponding genes. Indeed, the Apc gene has been called the gatekeeper of colon and rectal cancers[27].

Mutation in these genes lead to over-expressing of β-catenin, which subsequently binds to Tcf/Lef transcription factors and activates target genes such as cyclin D1, c-myc and c-Jun. Indeed, we showed that there was a concordance between over-expression of β-catenin and of Cyclin D1 and c-Jun proteins in polyps from Apc^{min} mice (Fig.9). Tea and sulindac treatment caused a reduction in these proteins, supporting a chempreventive effect in the GI tract.

（六）Conclusions

White tea, the least processed type of tea, was shown to exhibit potent antimutagenic activity in vitro against several heterocyclic amine mutagens, including PhIP, and altered the metabolism of PhIP in vivo such that there was an increase in detoxified metabolites excreted. As a consequence，white tea protected against the formation of PhIP-induced ACF，which are putative preneoplastic lesions in the colon. White tea and green tea were equally effective against spontaneous polyp formation in the Apc^{min} mouse，an animal model that is genetically predisposed to tumor formation in the GI tract. Importantly，both teas were as effective as sulindac，and the combination of white tea plus sulindac gave significant，additive suppression of poly formation. This tumor suppression was accompanied by reduced expression of β-catenin and two β-catenin/Tcf target genes in the intestinal mucosa，namely cyclin D1 and c-jun. The data give reason for optimism that NSAID/tea，and possibly other combined drug/diet interactions，might provide enhanced cancer chemoprevention.

Acknowledgments

I would like to thank the various personnel who have worked on the white tea project，most notably Gayle A. Orner，Giberto Santana-Rios，and Meirong Xu，as well as Stash Tea Co. of Portland，Oregon，for providing teas used in the reseach. The work was supported in part by grants CA65525 and CA80176 from the US National Cancer Institute.

References（略）

本章参考文献

[1]郑金贵.农产品品质学:第一卷[M].厦门:厦门大学出版社,2004.

[2]郑建仙.功能性食品:第二卷[M].北京:中国轻工业出版社,1999:679-688.

[3]杨贤强,王岳飞,陈留记,等.茶多酚化学[M].上海:上海科学技术出版社,2003.

[4]吕毅,郭雯飞,倪捷儿,等.茶氨酸的生理作用及合成[J].茶叶科学,2003,23(1):1-5.

[5]林智.从茶叶抗病毒的研究:谈茶氨酸的生产与应用前景[J].中国茶叶,2003(3):4-5.

[6]刘国根,罗泽民,邱冠周,等.茶叶中自由基的研究[J].湖南农业大学学报,1999,25(4):290.

[7]杨伟丽,肖文军,邓克尼.加工工艺对不同茶类主要生化成分的影响[J].湖南农业大学学报,2001,27(5):384-386.

[8]陈玉春,高依卿.5类茶叶对 Con A 刺激的小鼠脾淋巴细胞^{3}H-TdR 掺入的影响[J].茶叶科学,1993,13(2):157-160.

[9]陈玉春.5类茶叶对正常和血虚小鼠脾淋巴细胞产生白细胞间素-2 的影响[J].茶叶科学.1994,14(1):59-64.

[10]陈玉春.红茶和白茶影响小鼠脾淋巴细胞分泌集落刺激因子的实验研究[J].福建中医学院学报,1994,4(4):22-24.

[11]陈玉春,王碧英.白茶对小鼠血清红细胞生成素水平的影响[J].茶叶科学,1998,18(1):159-160.

[12]SANTANA-RIOS G，ORNER G A，XU M R，et al. Inhibition by white tea of 2-amino-1-methyl-6-phenylimidazo[4,5-b]pyridine-induced colonic aberrant crypts in

the F344 rat[J]. Nutrition and cancer, 2001, 41(1/2):98-103.

[13]SANTANA-RIOS G, ORNER G A, AMANTANA A, et al. Potent antimutagenic activity of white tea in comparison with green tea in the Salmonella assay[J]. Mutation research, 2001, 495(1/2):61-74.

[14]DASHWOOD W M, ORNER G A, DASHWOOD R H.Inhibition of β-catenin/Tcf activity by white tea, green tea, and epigallocatechin-3-gallate (EGCG): minor contribution of H_2O_2 at physiologically relevant EGCG concentrations[J]. Biochemical biophysical research communication, 2002, 296(3):584-588.

[15]Roderick H, Dashwood. White tea: a new cancer inhibitor[J]. Foods and food ingredients journal of Japan, 2002:19-25.

[16]何桂霞,李玲,肖锦仁,等.藤茶总黄酮对四氯化碳致急性肝损伤小鼠的保护作用[J].湖南中医学院学报,2004,24(4):7-8.

[17]苏畔,丁晓雯,敬璞,等.浅谈茶多酚的保健功能[J].福建茶叶,2000(2):42-43.

[18]张星海,沈生荣,杨贤强.茶多酚对心脑血管疾病防治作用的研究进展[J].福建茶叶,2001(4):24-27.

[19]胡秀芳,杨贤强,陈留记.茶多酚对皮肤的保护与治疗作用[J].福建茶叶,2000(2):44-45.

[20]胡秀芳,杨贤强,陈留记.茶多酚对皮肤的保护与治疗作用(续)[J].福建茶叶,2000(3):47-48.

[21]陈南,姜能座.茶多酚在医药和食品中的应用进展[J].福建茶叶,1999(3):37-39.

[22]王蕾,李晚谊.不同加工方式茶叶的抗过敏活性[J].云南化工,2003,30(1):29-30,33.

[23]计融,钟凯,李业鹏,等.茶多酚对辐照后小鼠生存状况与血中白细胞数影响的研究[J].卫生研究,2002,31(5):394-395.

[24]杨志博,松井阳吉,庄丽莲,等.乌龙茶的生物活性成份咖啡咽[J].福建茶叶,2001(2):42-43.

[25]汪东风,谢晓风,王泽农,等.粗老茶中的多糖含量及其保健作用[J].茶叶科学,1994,14(1):73-74.

[26]肖悦,刘天佳.茶多酚对口腔细菌致龋力影响的实验研究[J].广东牙病防治,2002,10(1):4-6.

[27]林征,吴小南.茶调脂作用及其机制研究进展[J].海峡预防医学杂志,2003,9(6):26-28.

[28]林智,庄丽莲,胡一秀,等.乌龙茶减肥功效的研究现状[J].茶叶科学,2001,21(1):1-3.

[29]施渔根,刘婀莉.茶氟抗龋及其开发利用[J].茶叶,1990,16(2):4-5.

[30]胡秀芳,杨贤强.儿茶素对癌细胞凋亡作用的研究[J].茶叶科学,2001,21(1):26-29.

[31]倪德江,陈玉琼,谢笔钧,等.绿茶、乌龙茶、红茶的茶多糖组成、抗氧化及降血糖作用研究[J].营养学报,2004,26(1):57-60.

[32]郭丽.乌龙茶多糖的研究和开发利用[J].福建茶叶,2003(4):23-24.

[33]萧伟祥,萧慧.茶多糖生物活性与结构的研究进展[J].中国茶叶,2002,24(1):14-15.

[34]陈玉霞,郭长江.茶多酚降血脂作用及其机制研究进展[J].中国食物与营养,2006(4):47-49.

[35]李冬青,闫芳.茶多酚药理作用研究进展[J].中国误诊学杂志,2006(4):621-623.

[36]朱桂勤,李建科.茶多酚的功能研究进展[J].食品研究与开发,2005(1):33-35.

[37]陈昕映,莫俶茜.茶多酚:优良的抗氧化自由基清除剂[J].茶叶,1998(4):217-218.

[38]朱旗,施兆鹏,袁伟健.茶在防治胃癌中的作用[J].茶叶通讯,2000(3):15-18.

[39]褚敏,梁景平,朱彩莲.茶多酚、鞣酸抗细菌生长、粘附能力的研究[J].现代口腔医学杂志,2001,15(2):127-128.

第九章　有机白茶生产技术

第一节　有机白茶茶园建设

一、有机白茶茶园的生态环境质量

有机白茶茶园是有机白茶生产的基础,是采用与自然和生态法则相协调种植的茶园,其生产技术的应用强调使茶园的生态系统保持稳定性和可持续性。有机白茶茶园可以是常规茶园的转换,也可以是荒芜茶园的改造恢复,或是新种植茶园。有机白茶茶园必须符合生态环境质量,要求远离城市和工业区以及村庄与公路,以防止城乡灰尘、废水、废气及过多人为活动给茶叶带来污染。茶地周围林木繁茂,具有生物多样性;空气清新,水质纯净;土壤未受污染,土质肥沃。具体要求:

(1)茶地的大气环境质量应符合 GB 3095—1996 中规定的一级标准的要求;

(2)茶地的灌溉水质量应符合 GB 5084—1992 中规定的旱作农田灌溉水质要求;

(3)茶地的土壤环境质量应符合 GB 15618—1995 中规定的 Ⅰ 类土壤环境质量,主要污染物的含量限值(mg/kg)为:镉(Cd)≤0.20 汞;(Hg)≤0.15;砷(As)≤15;铜(Cu)≤50;铅(Pb)≤35;铬(Cr)≤90。

二、有机白茶茶园的土壤要求

有机白茶茶园土壤要求自然肥力高,土层深厚,土体疏松,质地砂壤,通透性能良好,不积水,营养元素丰富而平衡。

三、有机白茶茶园的生态环境保护

有机白茶茶园与常规农业区之间必须有隔离带。隔离带以山、河流、湖泊、自然植被等天然屏障为宜,也可以是道路、人工树林和作物,但隔离带宽度不得小于 9 m,如果隔离带上种植的是植物,必须按有机方式栽培。对基地周围原有的林木,要严格实行保护,使它成为基地的一道防护林带。若基地周围原有的林木稀少,要营造防护林带。

对茶园中原有的树木,只要对茶树生长无不良影响,应当保留并加以护育,使之成为茶园的行道树或遮阴树。茶园中原有树木稀少的,要适当补种行道树或遮阴树。在山坡上种植茶树,山顶、山谷、溪边须留自然植被,不得开垦或消除。在坡地种植茶树要沿等高线或修梯田进行栽种,对梯地茶园梯壁上的杂草要以割代锄,或在梯壁上种植绿肥、护梯植物。新建茶园坡度不超过25°。

四、常规茶园向有机茶园转换

若常规茶园的生态环境质量符合有机白茶标准,经24～36个月的转化期,可以从常规茶园转化为有机白茶茶园。在转换期间,按有机白茶标准的要求进行有机种植,不使用任何禁止使用的物质。同时,生产者必须有一个明确的、完善的、可操作的转化方案,该方案包括:

(1)茶园及其栽培管理前3年的历史情况。

(2)保护和改善茶园生态环境的技术措施。

(3)能持续供应茶园肥料、增加土壤肥力的计划和措施。

(4)防治和减少茶园病虫害的计划和措施。

经有机认证机构认证,可以颁发"转换期有机茶"证书。在转化计划执行期间,有机白茶认证机构将对它进行检查,若不能达到颁证标准要求,将延长转化期。生产者的第1块茶园获得有机颁证后,其余的茶园原则上应在3年内全部转换成有机茶园。已转换的有机茶园不得在有机茶园和常规茶园之间来回反复。荒芜3年以上重新改造的茶园可视为符合最低要求而减免转化期,新开垦荒地种植的茶园也可减免转化期,可以直接申请认证;如果有可以信服的材料证明近3年内的生产管理技术符合有机白茶标准最低要求的,可以申请认证。

五、有机茶园的开辟

1.茶园规划

道路系统的设置。为使茶园管理和运输方便,根据整体布局,需设置主干道和次干道,并相互连接成网。

排水系统的设置。在茶园上方与山林交界处横向设置隔离沟,以隔绝雨水径流,两端与天然沟渠相连;顺坡设置纵沟,可利用原有溪沟,以排除茶园中多余的地面水;与茶行平行设置横沟,坡地茶园每隔10～15行开一条横沟,以蓄积雨水浸润茶地,并排泄多余雨水入纵沟。

茶园地块划分。一般以不超过10亩为宜,茶行长度以不超过50 m为宜。

坡地茶园的等高梯级设计。坡度15°以上的山地宜开成水平梯级茶园,梯面宽度最小1.5 m,种植2行茶树的应为3 m左右。

2.茶园开垦

首先清理地面上零星的树木、竹子、小灌木、乱石、土堆等;然后初垦,开垦深度50 cm以上,除尽树根、竹鞭、杂草、宿根等;在种植前进行一次复垦,进一步清理地面,复垦深度30 cm以上。

3.茶树种植

有机白茶茶园种植的品种应适合当地的环境条件,并根据生产需要考虑品种搭配。禁止使用基因改良工程生产的种子、种苗。引进茶苗、种子应严格按国家标准检疫。

种植方式以单行条栽或双行条栽为宜,单行条栽规格:150 cm×33 cm,每丛定植 2～3 株,约 4 000 株/亩;双行条栽规格:150 cm×40 cm×33 cm,每丛定植 2～3 株,约 600 株/亩。

种植时期以秋季和早春为好,即霜降前后或惊蛰至春分。种植前按茶行行距划线开沟,深 25 cm,施足有机肥,如菜籽饼 150～200 kg/亩。茶苗尽量带土移栽,减少伤根,移栽时土壤要踏实,浇足定根水,盖土与泥门相平,移栽后及时定剪,定剪高度为 15～20 cm。

4.苗期管理

根据天气情况,成活前隔 5～7 d 浇水一次,防止干旱。

行间铺草或种植绿肥,防止杂草生长和水土流失。

冬季培土壅根,根部铺草防冻。

浅耕松土,勤除杂草,防止草荒。

如有缺苗,应及时补齐,防止缺株断行。

第二节　有机白茶茶园的土壤管理

一、行间铺草覆盖

茶园行间铺草一举多得,是有机白茶生产中最重要的土壤管理措施。

二、精耕细作勤除杂草

生产有机白茶的茶园大多水热条件好,四周生态条件也好,杂草极易滋长。有机白茶茶园要求人工除草。

三、饲养蚯蚓

茶园饲养蚯蚓优点很多,它可吞食茶园枯枝烂叶,使未腐解的有机肥料变成粪便,促进土壤有机物的腐化分解,加速有效养分的释放,提高土壤肥力。

其次,蚯蚓的大量繁殖和生长,可疏松土壤,增加土壤孔隙度,有利茶树根系的生长。此外,蚯蚓躯体具有含氮很高的动物性蛋白质,在土壤中死亡腐烂,是很好的有机肥料。茶园饲养蚯蚓是有机白茶生产的重要土壤管理措施之一,其具体做法一般分两个步骤,先在蚯蚓床中培养虫种,然后放养到茶园。

1.虫种培养

先在茶园地边挖几个长 3～4 m、宽 1.0～1.2 m、深 30～40 cm 的坑,坑底铺上 10 cm 左右较肥的壤土。壤土上放一层稍经堆腐的枯枝烂叶、青草、谷壳、畜栏粪便及厨房垃圾等作为蚯蚓的食料,做成蚯蚓床。在食料上再铺上 10～15 cm 的肥土,每天浇点水,使蚯蚓床保持 50%～60% 的含水量,约过半个月,使食料充分腐烂。然后,从肥土地里挖取收集蚯蚓,挖开蚯蚓床的盖上,把收集到的蚯蚓接种到蚯蚓床内,每平方米接种 30～50 条。以后经常浇水,保持床内湿润,经过数月后,蚯蚓开始在床内大量生长繁殖,即可作为茶园接种用。

2.放养茶园

先在茶园行间开一条宽 30～40 cm、深 30 cm 的放养沟,沟里铺放堆沤肥、草肥、栏肥、树枯枝落叶、稻草等物,加上少量表土拌和均匀。然后挖出蚯蚓床中的蚯蚓、蚯蚓粪便及剩余的枯枝落叶等杂物,一起分撒到茶园放养沟中,盖上松土、浇水,让蚯蚓逐步自然生长繁衍。每年结合茶园施基肥,检查一次蚯蚓生长情况并加稻草、杂草、枯枝落叶等蚯蚓食料,如发现蚯蚓生长不良,要继续放养,直到生长繁衍正常为止。

四、间作绿肥

有机白茶茶园间作绿肥的主要目的是改良茶园土壤理化性质,增加有机肥源,不断提高茶园土壤肥力,为有机白茶生产创造良好的土壤条件,促进茶树生长。茶园种植绿肥,要避免与茶树争肥、争水、争光等现象的发生,要根据绿肥习性、茶园土壤特点、树龄及气候特点等因素,因地制宜地选好绿肥种类和适合的品种。对 1～2 年生幼龄茶园要选用矮生或匍匐型绿肥,如伏花生、绿豆等,既不妨碍茶树生长,又有利于水土保持;对于 3～4 年生茶园,可选用早熟、矮生的绿肥,如身红豆、黑毛豆、小绿豆等,可防止与茶树形成生长竞争的矛盾。对于华南茶区,既作肥料又作茶苗遮阴物的绿肥,要选用秆高、叶疏、枝干呈伞状的山毛豆、木豆等。在长江以北茶区既作肥料又作为土壤保湿用的绿肥,可选用毛叶首子等。坎边绿肥以选用多年生绿肥为主,长江以北茶区可种紫穗槐、草木樨,华南茶区可选用爬地兰、无刺含羞草,长江中下游广大茶区可选用紫穗槐、知风草、霜落、大叶胡桂子等。有机白茶茶园间作绿肥,既要使绿肥高产优质,又不妨碍茶树本身的生长发育,因此必须合理间作,掌握好栽培技术。

1.不谋农时,适时用种

这是茶园绿肥高产、优质的重要环节。我国大部分茶区,冬季少雨,气温较低,茶园冬季绿肥如果播种太晚,在越冬前绿肥苗幼小,根系又浅,抗寒抗旱能力弱,易受危害,从而影响产量。如浙江茶区,茶园间作紫云英,以秋分至寒露播种为宜。在适宜的播种期内,如水分和气候条件许可,要力争早播,有利于产量和品质的提高。

2.不碍茶树,合理密植

因地制宜,合理密植是茶园成功间作绿肥的关键。如果间作密度过大,虽然可以充分利用行间,获得绿肥高产,但会影响茶树的生育。反之,如果间作太稀,则不能充分利用行间空隙,绿肥产量低,改土效果受影响。如何正确处理茶树与绿肥两者之间的关系,实行合理密植极为重要。多年的实践证明,茶园间作绿肥宜采用绿肥行间适当密播,绿肥与茶树之间保持适当距离,尽量减少绿肥与茶树之间的矛盾。在长江中下游广大茶区间作绿肥,条栽茶园夏季绿肥宜采用"1、2、3 对应 3、2、1"的间作法,即一年生茶园间作 3 行绿肥,二年生茶园间作 2 行绿肥,三年生茶园间作 1 行绿肥,四年生以后,茶园不再种绿肥。至于冬季,由于茶树与绿肥之间矛盾少,可以适当密植。如采用油菜、肥田萝卜、紫云英、管子混播或采用豌豆、肥田萝卜、黄花苜蓿混播,绿肥之间可取长补短,互相依存,有利抗寒和抗旱,产量可比单播高出 40%～70%。

3.接种根瘤菌,提高绿肥质量

在新垦茶园或换种改植茶园土壤中,能与各种豆科绿肥共生的根瘤菌很少,茶园间作冬季绿肥产量不高,质量也差,因此在间作绿肥时,要选用相应的根瘤菌接种。据试验,新茶园间作冬季绿肥紫云英时,用根瘤菌接种的比不接种的可增产 5%～10%。此外,在一般红壤茶园中,由于钼的含量低,导致绿肥根瘤菌发育不良,固氮能力弱,如果在根瘤苗接种时拌以钼肥,可大大提高绿肥固氮能力。据贵州省茶叶研究所的试验,茶园间作春大豆,用钼肥拌根瘤菌播种,绿肥的固氮能力可提高 25.8%～28.5%。

4.及时刈青,减少矛盾

各种绿肥,尤其是夏季绿肥中的高秆绿肥,株体高大,后期生长迅速,吸收能力强,常会妨碍茶树正常生长。这时,就需要通过刈青来解决。据福建省农科院茶叶研究所的试验,在老式茶园中间作大叶猪屎豆等高秆绿肥,如果不及时刈青利用,对夏、秋茶影响很大,可减产 50%左右,如及时数次刈割理青,可使茶叶产量提高 17%～23%,效果十分显著。

五、肥料的使用准则

(1)禁止使用化学合成肥料,禁止使用城市垃圾和污泥,禁止使用医院的粪便、垃圾和含有害物质(如毒气、病原微生物、重金属等)的工业垃圾。

(2)人畜禽粪尿等使用前必须经过无害化处理,如高温发酵,以杀灭各种寄生虫卵和病原菌、杂草种子,去除有害的有机酸和有害气体,使之达到无害化卫生标准。严禁使用不腐熟的人粪尿。

(3)有机肥原则上就地生产就地使用,外来有机肥确认符合要求后才能使用。商品化有机肥、有机复混肥、叶面肥、微生物肥料等在使用前必须明确已经得到有机认证机构的颁证或认可。叶面肥料最后一次喷施必须在采摘前 20 d 进行。使用微生物肥料时要严格按照使用说明书的要求操作。

(4)所有有机或无机(矿质)肥料,应按对环境和茶叶品质不造成不良后果的方法使用,同时应截断一切因施肥而携入的重金属和有机污染物的污染源。

六、允许使用的肥料

1.有机肥
畜禽粪(经过无害化处理)、绿肥(利用栽培或野生的绿肥植物作肥料)、其他肥料(如腐酸类肥、饼肥、沼气液肥和残渣等)。
2.微生物肥
如根瘤菌肥料、固氮菌肥料、磷细菌肥料、硝酸盐细菌肥料、复合微生物肥料等。

3.半有机肥(有机复混肥)

加入适量的微量营养元素制成的有机肥料。

4.无机(矿质)肥

如矿物钾肥、矿物磷肥(磷矿粉)、燃烧磷酸盐(钙镁磷肥、脱氧磷肥)、白云石、石膏。

5.叶面肥

微量元素的叶面肥(以 Cu、Fe、Mn、Zn、B、Mo 等微量元素及有益元素为主配制的肥料)和含有植物生长辅助物质的叶面肥(用天然有机物提取液或接种有益菌类的发酵液,再添加一些腐殖酸、藻酸、氨基酸等配制的肥料)。

6.其他肥料

不含有毒物质的食品、纺织工业的有机副产品,以骨粉、骨酸废渣、氨基酸残渣、家禽家畜加工废料,制糖废料制成的肥料。

七、有机肥料的无害化处理

在有机肥料中,有些如人畜粪便常常带有各种病原菌、病毒、寄生虫卵及恶臭味等,有些如杂草等常常带有各种病虫害传染体及种子等,因此用于有机白茶茶园一般都要经过处理,变有害为无害。目前,有机肥料无害化处理有物理方法、化学方法和生物方法 3 种。物理方法如暴晒、高温处理等,但养分损失大,工本高;化学方法如用化学物质除害,在有机白茶生产中不能采用;生物方法如接菌后的堆腐和沤制,在有机条生产过程中是唯一可采用的方法。有机肥料无害化处理的堆、沤方法也很多,如 EM 堆腐法、自制发酵催熟堆腐法、工厂化无害化处理等。

1.EM 堆腐法

EM 是一种好氧和嫌氧有效微生物群,主要是由光合细菌、放线菌、酵母菌、乳酸菌等组成,在农业和环保上有广泛的用途,它具有除臭、杀虫、杀菌、净化环境、促进植物生长等多种功能,用它处理人畜粪便作堆肥,可以起到无害化作用。其具体方法如下:

(1)购买 EM 原液,按清水 100 ml、蜜糖或红糖 20~40 g、米酪 100 ml、烧酒(含酒精 30％~35％)100 ml、EM 原液 50 ml 的配方制成备用液。

(2)将人畜粪便风半至含水量 30％~40％。

(3)取稻草、玉米秆、青草等,切成长 1.5 cm 的碎片,加少量米糠拌和均匀,作堆肥时的膨松物。

(4)将稻草等膨松物与粪便按质量 1∶10 混合搅拌均匀,并在水泥地上铺成长约 6 m、宽约 1.5 cm、厚 20~30 cm 的肥堆。

(5)在肥堆上薄薄地撒上一层米糠或麦麸等物,然后再洒上 EM 备用液,每 1 000 kg 肥料洒 1 000~1 500 ml。

(6)按同样的方法,上面再铺第 2 层,每一堆肥料铺 3~5 层后上面盖好塑料薄膜发酵。当肥料堆内温度升到 45~50 ℃时翻动一次,一般要翻动 3~4 次才能完成。完成后,一般肥料中长有许多白色的霉毛,并有一种特别的香味,这时就可以施用。一般夏天要 7~15 d 才能处理好,春天要 15~25 d,冬天则更长。肥料中水分过多会使堆肥失败,产生恶臭味。各地要根据具体条件,反复试验、摸索才行。

2.自制发酵催熟堆腐法

如果当地买不到 EM 原液,也可以采用自制发酵催熟粉代替,采用自制发酵催熟堆腐法处理。其方法如下:

(1)发酵催熟粉的制备。准备好所需原料:米糠(稻米糠、小米糠等各种米糠)、油饼(菜籽饼、花生饼、蓖麻饼等)、豆粕(加工豆腐等豆制品后之残渣,无论何种豆类均可)、糖类(各种糖类和含糖物质均可)、泥类或黑炭粉或沸石粉和酵母粉,并按米糠 14.5%、油饼 14.0%、豆粕 13.0%、糖类 8.0%、水 50.0%、酵母粉 0.5%的比例配方。先将糖类添加于水中,搅拌溶解后,加入米糠、油饼和豆粕,经充分搅拌混合后堆放,在 60 ℃以上的温度下发酵 30~50 d。然后用黑炭粉或沸石粉按重量 1:1 的比例进行掺和稀释,仔细搅拌均匀即成。

(2)堆肥制作。先将粪便风平至水分达 30%~40%。将粪便与稻草(切碎)等膨松物按重量 100:10 混合,每 100 kg 混合肥中加入 1 kg 催熟粉,充分拌和均匀,然后在堆肥舍中堆积成高 1.5~2.0 m 的堆肥,进行发酵腐熟。在此期间,根据堆肥的温度变化,可以判定堆肥的发酵腐熟程度。当气温 15 ℃时,堆积后第 3 天堆肥表面以下 30 cm 处的温度可达70 ℃,堆积 10 d 后可进行第 1 次翻混,翻混时,堆肥表面以下 30 cm 处的温度可达 80 ℃,几乎无臭。第 1 次翻混后 10 d,进行第 2 次翻混,翻混时,堆肥表面以下 30 cm 处的温度为60 ℃。再隔 10 d 后,第 3 次翻混时,堆肥表面以下 30 cm 处的温度为 40 ℃,翻混后的温度为 30 ℃,水分含量达 30%左右,之后不再翻混,等待后熟。后熟一般 3~5 d,最多 10 d 即可。后熟完成,堆肥即制成。这种高温堆腐,可把粪便中的虫卵和杂草种子等杀死,大肠杆菌也可大为减少,达到有机肥无害化处理的目的。

3.工厂化无害化处理

如果有大型畜牧和家禽场,因粪便较多,可采用工厂化无害化处理。主要是先把粪便收集集中,然后进行脱水,使水分含量达到 20%~30%。然后把脱水过的粪便输送到一个专门蒸汽消毒房内,蒸汽消毒房的温度不能太高,一般为 80~100 ℃,太高易使养分分解损失。肥料在消毒房内不断运转,经 20~30 min 消毒,杀死全部的虫卵、杂草种子及有害的病菌等。消毒房内装有脱臭塔除臭,臭气通过塔内排出。然后将脱臭和消毒的粪便配上必要的天然矿物,如磷矿粉、白云石、云母粉等进行造粒,再烘干,即成有机白茶肥料。其工艺流程如下:

粪便集中→脱水→消毒→除臭→配方搅拌→造粒→烘干→过筛→包装→入库。

总之,在有机白茶生产中,肥料品种受到很大的限制。为了确保有机白茶的高产优质,在幼龄期除了施用农家有机肥之外,必须强调和重视间作豆科植物。成园后要加强有机肥的施用,特别要重视含氮量高的有机肥,如菜籽饼肥、鱼粉、豆饼肥、蚕蛹、血粉及屠宰场的下脚料等。根据土壤性质和养分含量,可适当选施一些天然矿质肥料,如磷矿粉、白云石粉、云母粉、矿产钾盐等。有条件的地方可以施用有机茶专用肥。在茶树生长季节,为了促进生长,提高品质,也可以喷施通过微生物技术过程产生的氨基酸液肥等。

此外,要充分发挥茶树自身物质循环的优势,大力推广修剪枝叶回归茶园的措施。因为修剪是茶树栽培的重要措施,修剪下来的枝叶有机质含量很高,养分含量丰富,是茶园很好的有机肥源。每年修剪下来的枯枝落叶都要设法归还给土壤,可直接作肥料深翻入土,也可作茶园土壤覆盖物铺于土壤表面。这是茶树依靠自身物质循环,自力更生解决有机白茶肥源的一种有效方法,在国外许多生产有机茶的国家已广为推广应用。这种方法经济、易行、有效,应大力推广。

第三节　有机白茶茶园病虫害的控制

有机白茶茶园禁止使用一切化学合成的农药,而农药的使用源于茶园病虫害的防治。茶园病虫的发生和危害又是影响茶叶产量和品质的重要因素。如何利用茶树自身的生长环境条件,通过采用农业措施、物理措施和生物防治等方法,建立合理的茶树生长体系和良好的生态环境,提高茶园系统内的自然生态调控能力,从而抑制茶园病虫害的暴发,不仅是有机茶生产过程中的一个重要技术环节,也是有机农业的一个重要原则。

一、有机白茶茶园病虫害控制的原理

茶树是一种多年生常绿植物,一经种植可连续生产几十年甚至上百年。在现有的栽培管理条件下,一般茶园均能形成树冠茂密郁闭、小气候比较稳定的特殊生态环境,使得茶园中的生物群落结构较其他生态系统复杂,生物种类和数量要丰富得多。这些条件有利于保护茶园生态系统的平衡和生物种群的多样性。

农药是茶园生态系统的外来物质,有潜在的干扰生态系统的危险。长期以来,在农药使用过程中只注意病虫防治的本身,而忽视对茶园环境的作用。从 20 世纪 60 年代有机氯农药在茶园中的大量使用到 90 年代拟除虫菊酯农药的普遍推广,不仅未能有效控制茶园病虫的危害,反而引起茶园病虫区系发生急剧变化,危险性病虫不断发生,茶叶中农药残留、害虫抗药性和再猖獗问题越来越突出。同时,对茶园土壤、微生物、有益昆虫直至高等动物等产生不良的影响,干扰了茶园的次生态系统,致使茶园生态平衡遭到破坏。因此,要保护茶园良好的生态环境,当前茶园病虫防治中应减少农药的使用量乃至不使用化学农药是关键。

尽管茶园中有多种病虫害存在,但通常有 1～3 种是关键病虫。它们的主要特点是:①病虫的危害期与茶树芽叶生长期同步;②对茶树的危害超过了茶树的补偿能力和忍受限度;③种群数量经常活动在经济阈值范围上下或完全超过。因此,在整个茶园病虫防治中,可以针对关键性病虫提出防治对策。

有机白茶茶园的病虫控制原理就是在了解茶园这种特殊生态环境的基础上,基于常规农业存在的弊端,尤其是使用农药的种种害处,本着尊重自然的原则,应用生态学的基本方法,充分发挥以茶树为主体的、茶园环境为基础的自然生态调控作用,以农业措施为主,辅以适当的生物、物理防治技术,并利用有机白茶生产标准中允许使用的植物源农药和矿物源农药控制茶园病虫害,从而保证茶树的正常生长。

二、有机白茶茶园病虫害控制的主要技术措施

1.保护茶园生物群落结构,维持茶园生态平衡

有机白茶茶园一般应选择自然条件较好、植被丰富、气候适宜的山区和半山区茶园,在此基础上要注意维持和保护生态环境。要采取植树造林,种植防风林、行道树、遮阴树,增加

茶园周围的植被。部分茶园还应该退茶还林,调整茶园布局,使之成为较复杂的生态系统,从而改善茶园的生态环境,创造不利于病虫和杂草率生、有利于各类天敌繁衍的环境条件,保持茶园生态系统的平衡和生物群落的多样性,增强茶园自然生态调控能力。

2.优先采用农业技术措施,加强茶园栽培管理

茶园栽培管理既是茶叶生产过程中的主要技术措施,又是害虫防治的重要手段,它具有预防和长期控制害虫的作用。有机白茶茶园应防止大面积单一种植,以保持较丰富的自然植被,减少病虫害大发生的概率。新植茶园应选择抗病虫品种。在秋冬季节,适时施用厩肥、沤肥、堆肥、饼肥等有机肥作为基肥,以养护土壤,培育壮树。在采摘季节要及时分批多次采摘,可减轻蚜虫、小绿叶蝉、条细蛾、茶付线螨、茶橙瘿螨、丽纹象甲等多种危险性病虫的危害;通过采摘,也可恶化这些害虫的营养条件,破坏害虫的产卵场所;对有虫芽叶还要注意重采、强采,如遇春暖早,要早开园采摘,夏秋季节尽量少留叶采摘。秋季如果害虫多,可适当推迟封园。在农闲季节可适当中耕,使土壤通风透气,促进茶树根系生长和土壤微生物的活动,破坏地下害虫的栖息场所,有利于天敌入土觅食。对于茶园恶性杂草可采取人工除草,至于一般杂草不必除草务净,保留一定数量的杂草有利于天敌栖息,调节茶园小气候,改善生态环境。

3.保护和利用天敌资源,提高自然生物防治能力

在自然界,天敌对害虫的控制作用是长期存在的。充分发挥并利用天敌对害虫的自然控制效能是害虫生态调控的重要措施之一,可以采用以下方法:

(1)给天敌创造良好的生态环境。茶园周围可种植杉、棕、苦楝等防护林和行道树,或采用茶林间作、茶果间作,幼龄茶园间种绿肥,夏、冬季在茶树行间铺草,均可给天敌创造良好的栖息、繁殖场所;在进行茶园耕作、修剪等人为干扰较大的农活时给天敌一个缓冲地带,减轻天敌的损伤。在生态环境较简单的茶园,可设置人工鸟巢,招引和保护大山雀、画眉、八哥等鸟类进园捕食害虫。

(2)结合农业措施保护天敌。茶园修剪。台刈下来的茶树枝叶,先集中堆放在茶园附近,让天敌飞回茶园后再处理;人工摘除的害虫卵块、虫苞、护囊等均有不少天敌寄生,宜分别放入寄生蜂保护器内或堆放于适当地方,待寄生蜂、寄生蝇类等天敌羽化飞回茶园后,再集中处理。

(3)人为释放天敌,增加天敌数量。利用茶园生态环境较稳定、温湿度适宜、有利于病原微生物的繁殖和流行的条件,可将苏云金杆菌、虫草菌、多角体病毒等各种有益微生物释放到茶园中去,使其建立种群,并造成再次浸染和流行。

(4)建立天敌昆虫的中间寄主和补充营养基地。部分寄生性天敌昆虫(寄生蜂、寄生蝇)和捕食性天敌昆虫(食蚜蝇)羽化后,需吮吸花蜜进行补充营养,然后觅找寄主进行产卵繁殖。因此为了延长天敌昆虫的寿命和增加产卵量,可在茶园周围种植一些不同时期开花的蜜源植物,作为天敌昆虫的补充营养基地,同时也可以美化茶园环境。

4.采用适当的生物、物理防治措施,有条件地使用植物源和矿物源农药

(1)生物制剂的开发和利用,如苏云金杆菌制剂和病毒制剂防治茶尺蠖、茶毛虫、茶黑毒蛾等鳞翅目害虫,白僵菌防治茶丽纹象甲和假眼小绿叶蝉,真菌制剂防治黑刺粉虱等。

(2)利用昆虫性信息素和互利素来诱杀和干扰昆虫的正常行为,在日本已开始利用茶卷叶蛾的性外激素干扰和防治茶卷叶蛾。

（3）利用灯光、色板、糖醋液等诱杀害虫，目前已开发的新型杀虫灯运用了光、波、色、味4种诱杀方式，选用能避天敌习性，而对植食性害虫有极强的诱杀力的光源、波长、波段来诱杀害虫。因此对天敌相对安全，可比较有效地用于具有趋光习性的茶园害虫的防治。

（4）根据有机白茶标准，在明确使用方法后，可选择使用植物源农药和矿物源农药。植物源农药如苦楝素、除虫菊和鱼藤酮等均具杀虫活性，对鳞翅目害虫和假眼小绿叶蝉都有一定的防效。但植物性农药对益虫也有杀伤作用，只是在害虫发生较严重时才能使用。矿物源农药如石硫合剂等可用于防治茶叶螨类、小绿叶蝉和茶树病害，但应严格控制在冬季封园等非采茶季节使用。

第四节　有机白茶的加工

一、鲜叶原料

（1）有机茶鲜叶原料要新鲜、清洁，不夹带蒂头、茶果和老叶等夹杂物。盛装鲜叶的器具应采用清洁、通风性能良好的竹编茶篮或篓筐，不得使用布袋、塑料袋等软包装材料。鲜叶盛装与运输过程中应注意轻放、轻压，以减少机械损伤。切忌紧压、日晒、雨淋，避免鲜叶升温变质，影响产品质量，避免鲜叶在贮运中被污染。

（2）有机白茶鲜叶原料必须来自颁证的有机白茶茶园，避免常规茶园鲜叶与有机白茶茶园鲜叶混合。

（3）有机白茶鲜叶原料进厂后，按标准验收划分等级，及时处理（如贮青、摊放等），按加工标准及时加工，防止鲜叶原料变质。

二、场地及设备

（1）茶厂选址、厂区和建筑设计必须符合《中华人民共和国环境保护法》、《中华人民共和国食品卫生法》、《工业企业设计标准》等有关规定。茶厂应远离厕所、粪池、垃圾场、畜牧场、居民区，避开常规农田、常规茶园以及排放三废的工业企业等各种现实的与潜在的污染源。绿化、美化厂区及周围环境，主要道路应铺设硬质路面，并排水良好。

（2）加工车间应建筑牢固，空气流通，光线明亮，必须有满足加工工艺和产品批量要求的车间和场地，墙壁与地面应保持光洁，便于清洗。

（3）厂内要设立相应的更衣、洗涤、照明、通风、防潮、防霉、防蝇、防鼠和防蟑螂以及堆放垃圾的设施。采用物理、机械和生物方法消除苍蝇、鼠、蟑螂和其他有害昆虫及其滋生条件。

（4）加工中使用的机械、用具等设备必须用不含有污染物的材料制成。使用前必须用清水清洗，在加工过程中及加工结束后，各种设备与场地均应保持清洁卫生。加工厂必须建立一套完善的卫生管理制度和记录制度。

三、从业人员

(1)从事有机茶生产的人员必须经过有机白茶生产与加工培训,树立有机茶加工基本理念,熟悉有机白茶加工基本标准,掌握有机茶加工操作基本要求和技能。

(2)直接从事有机茶加工的人员在上岗前和每一年度均须体检,健康合格者才能上岗。传染病及其他有碍食品卫生的疾病患者不能上岗。从业人员必须保持个人卫生,进入工作现场必须净手、更衣、换鞋、戴工作帽和口罩。

四、加工要点

(1)来自有机白茶茶园和常规茶园的鲜叶原料不得混合加工。如果一个茶叶加工厂既要加工有机白茶叶,又要加工常规茶叶,必须错开加工日期,原则上两种茶叶加工不得在同一天进行。

(2)加工工艺合理。根据各类茶叶产品标准,按鲜叶原料品种等级,采用相应的加工工艺,确保产品质量。

(3)加工过程中只能以物理的方法处理,允许自然发酵。禁止使用任何人工合成的食品添加剂、维生素和其他添加物,可以使用以有机方式种植的茉莉鲜花等。

(4)加工废弃物如茶灰、茶梗等要妥善处理,经堆制后可作茶园肥料。

五、标志

证书限定的范围内及有效期内使用。有机白茶标志在产品包装标签上印刷,必须按正式发布的标志式样、颜色和比例制作,尺寸大小必须按标准图样放大或缩小。标志要醒目、整齐、规范、清晰、持久。

六、标签

标签是指有机白茶包装容器上的一切附签、吊牌、文字、图形、符号及其他说明物。有机白茶产品的包装标签应符合《食品标签通用标准》。标签主要内容为:茶叶名称、质量等级、产品标准号、净含量、厂名、厂址、批号、生产日期和保质期、标志、条码等。标签内容必须清楚、简单、醒目,不得以错误的、易引起误解的或欺骗性的方式描述或介绍产品。

七、包装

(1)有机白茶包装必须符合牢固、整洁、防潮、美观的要求。同批(唛号)茶叶的包装箱样式、尺寸大小、包装材料、净重必须一致。接触茶叶的包装材料必须符合食品卫生要求。所有包装材料不能受杀菌剂、防腐剂、熏蒸剂、杀虫剂等物品的污染,防止引入二次污染源。

(2)有机白茶产品的包装(含大小包装)材料,必须是食品级包装材料,主要有:纸板、聚乙烯(PE)、铝箔复合膜、马口铁茶听、白板纸、内衬纸及捆扎材料等。接触茶叶产品的包装材料应具有保鲜性能(如防潮、阻氧等),无异味,并不得含有荧光染料等污染物。推荐使用无菌包装、真空包装、充氮包装。在产品包装上的印刷油墨或标签、封签中使用的黏着剂、印油、墨水等必须是无毒的。

(3)包装材料的生产及包装物的存放必须遵循不污染环境的原则。因此,不准使用聚氯乙烯(PVC)和混有氯氟碳化合物(CFC)的膨化聚苯乙烯等作包装材料。对包装废弃物应及时清理、分类并进行无害化处理。

八、贮藏

(1)严格遵守《中华人民共和国食品卫生法》关于食品贮藏的规定。禁止有机白茶与化学合成物质接触,严禁有机白茶与有毒、有害、有异味、易污染的物品接触。

(2)有机茶与常规产品必须分开贮藏。要求设有有机白茶专用仓库,仓库必须清洁、防潮、避光和无异味,并保持通风干燥,周围环境要清洁卫生,并远离污染源。

(3)贮藏环境必须保持干燥,茶叶含水量须符合要求。仓库内配备去湿机或其他去湿材料。用生石灰(包括其他可用作防潮的材料)作为茶叶的防潮去湿物品时,要避免茶叶与生石灰接触,并定期更换。提倡对有机白茶进行低温、充氮或真空保存。

(4)入库的有机白茶标志和批号要清楚、醒目、持久,严禁受到污染、变质以及标签、批号与货物不一致的茶叶进入仓库。不同批号、日期的产品应分别存放。建立严格的仓库管理制度,详细记载出入仓库的有机白茶批号、数量和时间。

(5)保持有机白茶仓库的清洁卫生,搞好防鼠、防虫、防霉工作。严禁在有机茶仓库中吸烟,严禁使用人工合成的杀虫剂、灭鼠剂。

九、运输

(1)运输有机白茶的工具必须清洁卫生、干燥、无异味,严禁有毒、有害、有异味、易污染的物品混装、混运。

(2)装运前必须进行有机白茶的质量检查,在标签、批号和货物三者符合的情况下才能运输。填写的有机白茶运输单据字迹清楚,内容正确,项目齐全。

(3)运输包装必须牢固、整洁、防潮,并符合有机白茶的包装规定。在运输包装的两端应有明显的运输标志,内容包括:始发站和到达站名称、茶叶品名、重量、件数、批号、收货和发货单位名称、地址等。

(4)运输过程中必须稳固、防雨、防潮、防暴晒。装卸时应轻装轻卸,防止碰撞。

本章参考文献

[1]柳荣祥,邬志祥.第二讲:有机茶园建设[J].中国茶叶,2000(4):16-17.

[2]吴洵.第 3 讲:有机茶园的土壤管理[J].中国茶叶,2000(5):36-37.

[3]吴洵.第 4 讲:有机茶园的肥培管理[J],2000(6):22-23.

[4]肖强.第 5 讲:有机茶园病害的控制[J].中国茶叶,2001(1):34-35.

[5]傅尚文.第 6 讲:有机茶的加工问题[J].中国茶叶,2001(2):28-29.

[6]孙威江,林智,杨亨栋.无公害茶叶[M].北京:中国农业大学出版社,2001.

第十章　白茶的文学艺术

有关白茶的文学艺术不是很多,号称"太姥山第一部长篇传奇文学"的《白茶魂》已于2005年底由中国文学出版社出版,作者涂振取先生用章回小说手法描述了太姥娘娘(蓝姑)用白茶治病救人的传奇故事,是一部具有浓郁地方特色、以白毫银针为主题的小说,对宣传白茶将起很好的作用。本章主要是收集有关白茶的茶艺解说词、散文等。虽然浙江安吉白茶与我所研究的传统六大茶类中的白茶不同属一类茶叶,但是两者都是以白为特色,以纯洁的白色为意境,因此也将浙江宁波映雪白茶的"白茶意境"与"白茶茶道"的有关内容收录,这两篇文章写得优美得体,希望能给读者有所启发。

第一节　福鼎大白茶茶艺解说词

福鼎位于福建省东北沿海,盛产茶叶,是全国十大产茶县市之一,国家重点风景名胜区太姥山位于境内。

名山出好茶,福鼎是国家茶树良种华茶1号和华茶2号的原产地,白茶是我国历史名茶。世界白茶在中国,中国白茶在福鼎。

福鼎大白茶是中国十大名茶之一——白毫银针的始祖。相传尧时,太姥山下一农家女子,避战乱逃至山中,栖身鸿雪洞,以种蓝为业,乐善好施,人称蓝姑。那年山里麻疹流行,无数患儿因无药救治夭折。一日夜里,蓝姑梦见南极仙翁,仙翁告诉她:鸿雪洞顶有一株小树叫茶,是我几年前给王母娘娘御花园运送茶种时掉下的一粒种子长成的,它的叶子是治疗麻疹的良药。蓝姑惊喜醒来,趁月色煞费苦心攀上洞顶,在榛莽之中找到那株与众不同的茶树,迫不及待地采下绿叶,晒干后送到每个山村。

神奇的白茶终于战胜了麻疹患魔。从此,蓝姑精心培育这株仙茶,并教四周的乡亲一起种茶。很快,整个太姥山区就变成了茶乡。晚年,蓝姑在南极仙翁的指点下羽化升天,人们感其恩德,尊称她为太姥娘娘,太姥山也因此而得名。现今福鼎太姥山还留有相传是太姥娘娘亲手培植的古茶树——福鼎大白茶母株。

福鼎大白茶的原料来自云遮雾绕的太姥山脉,产自于空气质量达到一级标准,位居福建全省之首的自然环境中。茶青品质优良,营养丰富,优质的福鼎茶叶产品,为促进地方经济发展、增加农民收入作出了贡献。

福鼎市委、市政府因势利导,全面实施福鼎"放心茶"工程,众多茶叶企业纷纷获得国家有机茶、绿色食品基地认证,全市建立有机茶认证基地8个、无公害茶叶认证基地4个、绿色食品认证基地1个,总面积达3万多亩。先后有100多件福鼎大白茶产品在国际、国内茶叶品质大奖赛中获得金奖、银奖称号。2005 年经国家质量监督检验检疫总局、国家工商行政管理总局(现国家市场监督管理总局)严格评审,福鼎大白茶获得国家地理标志原产地标记注册证书、证明商标注册证书,并被国家外贸部门推荐为出口信得过产品。福鼎大白茶作为中国白茶的代表品牌,正在统领中国白茶市场,销往世界各地,越来越多地受到国内外消费者的青睐。

茶从东方走来,茶分为绿、红、白、青、黑、黄六大类,白茶被称为年轻古老茶类,号称"茶叶的活化石",明朝李时珍《本草纲目》曰:茶生于崖林之间,味苦,性寒凉,具有解毒、利尿、少寝、解暑、润肤等。古代和现代医学科学证明,白茶是保健功效最全面的一个茶类,具有抗辐射、抗氧化、抗肿瘤、降血压、降血脂、降血糖的功能。而白茶又分为白毫银针、白牡丹、寿眉和新工艺白茶等,亦称侨销茶,昔日,品白茶,是贵族身份的象征。欲知白茶的风味如何,让我们共同领略。

一、焚香礼圣,净气凝神

唐代撰写《茶经》的陆羽,被后人尊为"茶圣"。点燃一炷高香,以示对这位茶学家的崇敬。

二、白毫银针,芳华初展

白毫银针是茶叶珍品,融茶之美味,花香于一体。白毫银针采摘于华茶 1 号、华茶 2 号明前肥壮之单芽,经萎凋、低温烘(晒)干、捡剔、复火等工序制作而成。这里选用的"白毫银针"是福鼎所产的珍品白茶,曾多次荣获国家名茶称号,请鉴赏她全身满披白毫、纤纤芬芳的外形。

三、流云拂月,洁具清尘

冲泡白茶可用玻璃杯或瓷壶为佳。
我们选用的是玻璃杯,可以观赏银针在热水中上下翻腾,相溶交错的情景。
用沸腾的水"温杯",不仅为了清洁,也为了茶叶内含物能更快地释放。

四、静心置茶,纤手播芳

置茶要有心思。要看杯的大小,也要考虑饮者的喜好。北方人和外国人饮白茶,讲究香高浓醇,大杯可置茶 7～8 g,南方喜欢清醇,置茶量可适当减少,即使冲泡量多,但也不会对肠胃产生刺激。

五、雨润白毫,匀香待芳

茶,被称为南方之嘉木,而白毫银针,披满白毫,所以被我们称之为"雨润白毫"。

先注沸水适量,温润茶芽,轻轻摇晃,叫作"匀香"。

六、乳泉吲水,甘露源清

好茶要有好水。

茶圣陆羽说,泡茶最好的水是山间乳泉,江中清流,然后才是井水。也许是乳泉含有微量有益矿物质的缘故。温润茶芽之后,悬壶高冲,使白毫银针茶在杯中翩翩起舞,犹如仙女下凡,蔚为壮观,并加快有效成分的释放,能欣赏到白毫银针在水中亭亭玉立的美姿,稍后还会留给我们赏心悦目的杏黄色茶水。

七、捧杯奉茶,玉女献珍

茶来自大自然云雾山中,带给人间美好的真诚。

一杯白茶在手,万千烦恼皆休。

愿您与茶结缘,做高品位的现代人。

现在为您奉上的是白茶珍品"白毫银针"。

八、春风拂面,白茶品香

啜饮之后,也许您会有一种不可喻的香醇喜悦之感,它的甘甜,清冽,不同于其他茶类。让我们共同来感受自然,分享健康。

今天的白茶茶艺表演到此结束,谢谢各位嘉宾的观赏,让我们以茶会友,期待下一次美妙的重逢。(摘自福建茶叶协作网)

第二节 一种白茶千种味

初识

在喝了一段贡品级的祁红之后,终于开始对公司里的立顿袋泡红茶忍无可忍了。正好这两天莫名其妙上火,就装了点白毫银针拿去公司喝。

第一泡的水不是太热,一冲下去,白茶独特的淡淡香味便出来了,茶叶却一直浮在上面,等了半天,汤才出现一点点象征性的黄色,真是慢性子的茶啊。第二泡水热,冲下去一会叶子就开始慢慢落下来,根根直立在水里,还轻轻悠悠地上下舞动。呵,这时真是漂亮了,仿佛一座森林,因为是大白茶种,芽都是胖乎乎的,丰满润泽而且线条柔美,让我想起宝钗的玉臂。细看,每个小芽表面上布满晶莹的气泡,水晶般,大约就是这些气泡让它们在水中慢舞吧。茶汤是澄清透明的淡黄,很淡很淡。等得芽完全浸润了,细看表面,细密的白毫覆满茶身,让茶芽包裹着一层几乎可以触摸得到的柔软,心里不由涌起一阵怜惜。取出来看,白毫根根可数,密密排列在表面,大概因为未经揉制吧,异常完整。这胖胖的芽,仿佛未受过一点伤害的幼兽,温驯可爱,让我想起小时家养的小狗(不是长毛卷毛的那种),有光滑的皮毛,手摸过,温暖柔滑的……

几乎泡了一整天,一直也不是太浓,也不觉太淡。这姑且可算白茶的好处吧,平淡是真。

2003-11-20　铁线莲

那日枯坐一日,几乎把自己所有的茶都喝遍了。喝到无可再喝之际,找出了几枚白毫银针投在杯子里。但觉淡淡清甜鲜爽,与普洱、红茶的厚重大不相同,与乌龙的逼人香气也大不相同,颇有返璞归真、柳暗花明的之感。

2003-12-15　铁线莲

最近喝白茶比较多。喝得多的是白牡丹。说起来,白牡丹一点不像它的名字那样丰姿卓越,引人遐想,也不像描述的那样,"冲泡后绿叶托嫩芽,宛若蓓蕾初开"。大概真要极端的想象力才能领略到那种意境吧。

但白茶的味道确实是特别的,初觉平淡,但很有亲和力,最近自然。前人有说"茶以生晒者为上,盖其最近自然"之语,愈是喝得多,愈是有同感起来。

喝白茶,于我的感觉,是在秋日的原野上,不,没有灿烂花香了,周围的草有些枯,淡淡发出干净的味道,阳光有些暖,天很高,然后你仰面躺在无边的原野上,看着天上一缕缕淡淡的云,卷了又舒。就这样,全没有负担的,接受自然的拥抱。当然,其实我想得更多的是童年,秋收半月余后,晒在地里的稻草都干了,老爸便撑一只船去把所有的干草都运回来。我会借口帮忙,然后赖着坐船,躺在干草堆上,一路摇啊摇啊,听着橹声,晒着太阳,看岸边开始白了的芦花……

喝得多了,便有些乱七八糟的心得。比如,感觉用温水泡比较好。一是比较容易保持颜色。滚烫的水下去,白牡丹原本就不绿,一下子就成了黄褐色。温水呢,还能保持点绿意,中间的白毫,也能白中透绿一点。香味也好,不含一点燥味。汤呢,觉得白茶凉了要比热着喝更好些,纯净,没有一点点浮躁的感觉。

不过还是更喜欢白毫银针。白牡丹虽然有开片的叶,照理说滋味该浓厚些,但是叶和芽都单薄,反不及好几重芽的白毫银针滋味丰厚。泡白毫银针,我觉得用冷水最好,绝对意外。那颜色,很绿,带点玉白色,感觉极之温润,像玉,像龙泉窑那些青瓷,很漂亮!有的外层叶有些发酵的痕迹,便是红色,均匀过渡过去,还是像玉。出水虽然很慢,但是只要有足够耐心,便会有足够的浓度,其实不要很浓也好喝,颇鲜爽。慢慢浓,慢慢香,凉着喝,沁人心脾。

呵呵,当然平时用凉水泡未免等候时间太久。最适合热天出游,带一瓶矿泉水,抛些白毫银针在里面,等玩到半途,天热口渴,喝一口,那叫一个清爽解暑。

2004-04-13　铁线莲

茶会在车上继续,喝了一路的茶。天使的庐山云雾,那一个清香甘甜,叶底很细瘦,汤味却很醇厚丰富,我难得用醇厚来形容绿茶(虽然后来茶会上颇见了一些安徽的绿茶有这种感

· 176 ·

觉）。阿敏的高山茶也好，色香味都挑不出明显的缺陷，充分体现了台湾茶多情柔美的样子，白毫银针也好，天使对白茶真是情有独钟，每次倾到最后几滴，会情不自禁赞叹：啊，滴滴香浓……令我忍俊不禁。不过我也是越来越爱白毫银针了，冷热皆宜，风情万种，可以细喝的一种茶。

2004-05-22　铁线莲

白茶与壶

入夏以来，喝得最多的是白茶。灌水的时候喝尤其好，因为白茶泡得再久也不会苦，只有醇厚。

喜欢用我的中品石瓢泡。以前一直用小品，因为一个人喝，并不需要太大。所以拿到这个石瓢的时候，看是中品，心里不是没有半点踌躇。但是因为石瓢是一直喜欢的型，这个瓢的做工又好，而且是用的据说现在不太多见了老紫泥，再说，还是天使去宜兴时特地帮我挑的……所以那么一点点踌躇，不到两秒钟就烟消云散了。

渐渐地就发现这壶的好处。泡绿茶白茶黄茶红茶都不错。特别白茶，泡上一壶可以喝上一晚。喝得忘了，放到第二天，清晨倒一杯出来，照样喝，真鲜爽。最好的是出水，极其爽利，水流的线条很漂亮，所以每次泡完后出汤是一种可以称为幸福的时刻，每每让我很觉舒畅。以前从来没想过出水这么简单的事情都能这般满足人的审美欲望。可见人是多么容易满足的生物啊，呵呵……

今天突然发现我的石瓢显出一种温润的感觉，与新来的时候大不一样，不由开心。难怪天使老说白茶养壶最好，看来是颇有点道理……

2004-07-12　铁线莲
（摘自 www.77cha.com）

第三节　白茶的意境

白茶的特色是白，白茶品饮艺术涵义十分丰富，尤其是茶"理"的演绎，是当前中国茶道中少有的内容。其茶有三色：鲜叶呈乳白色，干茶镶金黄色，叶底现玉白色，具备艺茶形象审美的新奇魅力；其品有三极，即汤极翠、味极鲜、香极高，构成为艺茶最具实质的神奇魅力；而其味又有三变，即一壶三趣，一泡香鲜，二泡醇甘，三泡辛冽，构成艺茶审美空间伸展的独特魅力。另外，在印雪白茶的冲泡中，用水比等量常规名优绿茶应少 30%～50%，而冲泡后不宜热饮，茶汤应冷却到 25 ℃饮用最充分体现茶味神韵。这样，其色、其质、其品、其味、其泡、其饮，丰富而别具一格，靓丽而天然琢成，无形之中增添了白茶的品饮与人文价值。

白茶系列白茶道的人文精神与艺术思想要求体现出下列几个方面：

177

一是要求立足悠久的地方文化底蕴,力求反映务实、开放、亲和、礼遇的文化特征。白茶系列白茶道要求在传承历史文化的基础上,总体上反映出忠于务实、敢于开拓、乐于交往的儒商精神。

二是着眼文化特色,力求形式创新、表演新型、内容独特、内涵深远。中国茶文化博大精深,流派纷呈。用自己的茶、具、水、人、式等创立独特、新型的表演形式。

三是针对白茶的特有内涵,通过茶"艺"的展现,重在茶"理"的演绎。唐释然说:"三顾便得道。"陆羽说:"其味甘,贾也,不甘而苦,舛也,啜甘咽甘,茶也。"均在审视茶之"理"。茶道从陆羽备用二十四器到宋代审安先生的"茶十二先生",再演化到今天茶饮的生活简单化、表演的程式化,无论有修行、风雅、技艺、表演之别,均有艺茶人的独特视角和审美理念。印雪白茶天性之稀、工艺之新、品质之奇、泡饮之趣,尤其是一茶三味、三色、三极等特色,一茶千韵,妙不可言。因此,白茶系列茶道应注重白茶的特有内涵,重在理的展示,同时在各种程式中尽情地展现当代科技所提示的茶与健康、高雅生活的含义。

四是树立"雪"为白茶的纯美意象,提升白茶的精神品位。雪是中国人文思想中纯美、超脱、品位和神奇的化身。"北国风光,千里冰封,万里雪飘";江南白雪,气象万千。雪的圣洁,莫不与人的精神净化和升华相连。

总之,白茶茶道要使印雪白茶在人文炼化中进行升华,使艺茶者在表演中得到修炼,使品饮者在享乐中得到启发,使白茶及其茶道成为宣扬白茶、宣扬茶文化的形象大使。通过以茶会友,以文兴茶,推进茶产业经济发展,提高市民文化素养。

(摘自 http://www.teagovi.com,茶世界)

第四节 白茶茶道的基本内容

白茶系列茶道分论茶道、敬茶道、艺茶道,分别以会宾近远、场景大小、释道重点而定。

1.叙茶道(艺名:雪韵芳谊)

适用于茶馆或接待少量贵宾,重在茶理解说、产品推介和礼仪表达。是主人与宾客的亲密交互式接触,宾主共同参与赏茶、鉴茶、品饮、叙谊的茶道活动,要求气氛温馨、亲切、自然。

2.敬茶道(艺名:印雪茶宴)

适用于茶室或特定场地接待贵宾活动,通过程式表演,在艺茶、赏茶、鉴茶、探理尚韵的基础上,重在表达礼仪和主题思想。是主人与宾客的近距接触,主人表现真诚,宾客享受热情,从而增进相互了解和友谊。要求全程表演反映品位、活泼、热闹。

3.艺茶道(艺名:香雪千韵)

适用于茶室或特定场地接待贵宾活动,通过景、序、演、品等活动,充分展示印雪白茶的人文精神和高贵品位。主人重在展现,宾客重在赏释。要求全程表演突出典雅、庄重、高贵。

以下介绍代表性的艺茶道程式。

1.场景

全景要求简洁、素雅，点缀文化气氛，体现白茶高贵品位。主背景高 2.4 m，宽 6～8 m，用白净本色细致竹帘，中布绿色白茶标志或大红篆印"印雪白茶"；两侧各竖两细致竹帘屏风，分嵌雪景、茶、书、具各一轴；正中放宽 80 cm，长 180 cm 透明轻质单脚艺演桌，脚高 80 cm，下挂白茶标志、上罩特制窄沿浅蓝边桌布。

艺演桌一侧置高脚细腰素色兰花一盆或插枝花瓶 1 只。主景台上方置乳白灯光，两侧下沿布淡绿灯光，求白茶原色协调。要求灯光明亮柔和。

宾客席一客一几，座位背布合适书画等饰品，茶几上置一专用纸。

2.道具

三道杯专制茶具组合、极圣杯组合；专用茶罐、青绿色茶匙、茶荷、荷形白瓷叶底盘；茶壶、点香壶、冲泡壶、水盂、取水具、煮水具；青绿本色竹编奉茶盘、奉点盘、艺茶专用巾、巾托、客巾；印雪白茶茶叶、印雪白茶简书、茶点、精美礼品；观赏用白茶新鲜枝条（仅限仰天峰茶宴和春节重大节日）。

3.艺人

艺茶人数共 8 人，其中司艺、司仪各一人，司侍、司奉各三人。

艺茶者要求身材适中、端庄清纯。服饰、古韵装：白色无光或白色提花丝绸为面料、浅蓝辅料镶边的中袖旗袍，其中司艺着高领旗袍，其他为低领旗袍，盘髻；现代装：白色无光或白色提花真丝绸为面料、浅蓝辅料镶边的无袖连裙，长发齐披。脚着白色中跟皮鞋。

4.程序

备具（后台准备）。司奉 3 人：三道杯专制茶具组合 6 人份、极圣杯组合分别置放于奉茶盘，由司奉二人端上；印雪白茶简书、茶点、精美礼品、客巾置放于奉点盘，由司奉一人端上。司侍 3 人：青绿色茶匙、茶荷、白瓷叶底盘由一名司侍端上；茶壶、点香壶、冲泡壶；水盂、取水具、煮水具由二名司侍端上；司艺 1 人：领专用茶罐（印雪白茶）、艺茶专用巾（置巾托上）。

（摘自 http://www.teagovi.com，茶世界）

附录

DB35

福 建 省 地 方 标 准

DB35/T 152.1～17—2001

白茶标准综合体

2001-09-01 发布　　　　　　　　　　　2001-09-15 实施

福建省质量技术监督局　　　发布

目　次

前言

1　DB35/T 152.1—2001　　白茶标准综合体体系表 ……………………………（182）

2　DB35/T 152.2—2001　　茶树品种 …………………………………………（184）

3　DB35/T 152.3—2001　　茶树有性繁育 ……………………………………（189）

4　DB35/T 152.4—2001　　茶树扦插育苗规程 ………………………………（192）

5　DB35/T 152.5—2001　　茶园建立与种植 …………………………………（196）

6　DB35/T 152.6—2001　　茶园管理 …………………………………………（200）

7　DB35/T 152.7—2001　　低产茶园改造 ……………………………………（205）

8　DB35/T 152.8—2001　　白茶采摘技术 ……………………………………（207）

9　DB35/T 152.9—2001　　茶叶取样方法 ……………………………………（209）

10　DB35/T 152.10—2001　茶叶品质感官检验方法 …………………………（212）

11　DB35/T 152.11—2001　茶叶理化检验方法 ………………………………（215）

12　DB35/T 152.12—2001　评茶术语 …………………………………………（219）

13　DB35/T 152.13—2001　白茶鲜叶 …………………………………………（222）

14　DB35/T 152.14—2001　白茶初制技术规程 ………………………………（224）

15　DB35/T 152.15—2001　白毛茶 ……………………………………………（226）

16　DB35/T 152.16—2001　白茶精制技术规程 ………………………………（229）

17　DB35/T 152.17—2001　白茶 ………………………………………………（232）

前　言

　　白茶是六大茶类之一。主要产品有小白、大白、水仙白,商品名称分贡眉、寿眉、白牡丹、白毫银针,俗称传统白茶。

　　福建省在 1984 年以前只有 3 家国有茶厂收购、加工白茶。此后,多种不同成分厂家参与经营,各有其长短。为了统一传统白茶的生产、栽培、管理、采摘、初制、精制,品质检测等技术标准,促进产区规范产、制等工艺技术程序,统一白茶商品质量标准,提高产量、品质和效益,满足销区消费者固有要求,巩固和拓展国内外市场,扩大销售、振兴生产、推进现代化建设。福建省技术监督局于 1996 年 1 月 5 日发出闽技监标〔1996〕030 号关于下达《福建省一九九六年标准化项目计划》的通知,制定《白茶综合标准》。

　　本标准由福建省农业厅、福建省质量技术监督局提出。

　　本标准由福建省建阳市茶叶管理局起草。

　　本标准主要起草人:肖传亮、吴麟、张丽宏、林今团。

白茶标准综合体体系表

1 范围

本标准规定了白茶标准综合体体系表的构成内容。

本标准适用于白茶标准综合体体系表。

2 体系内容

白茶标准综合体体系表见表1。

DB35/T152.1-2001

表1 白茶综合标准体系表

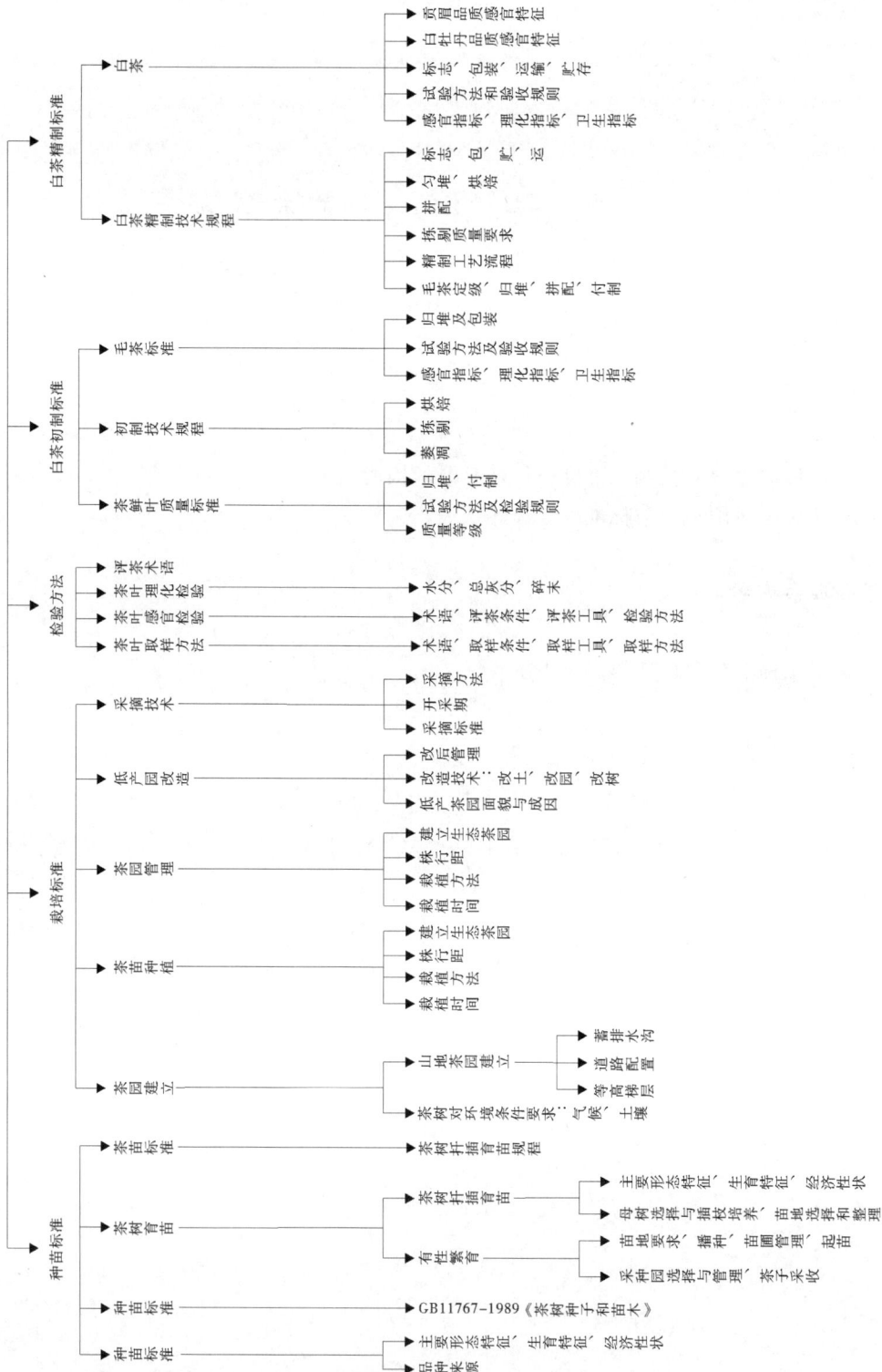

- **白茶精制标准**
  - 白茶
    - 贡眉品质感官特征
    - 白牡丹品质感官特征
    - 标志、包装、运输、贮存
    - 试验方法和验收规则
    - 感官指标、理化指标、卫生指标
  - 白茶精制技术规程
    - 标志、包、贮、运
    - 匀堆、烘焙
    - 拼配
    - 拣剔质量要求
    - 精制工艺流程
    - 毛茶定级、归堆、拼配、付制

- **白茶初制标准**
  - 毛茶标准
    - 归堆及包装
    - 试验方法及验收规则
    - 感官指标、理化指标、卫生指标
  - 初制技术规程
    - 烘焙
    - 拣剔
    - 萎凋
  - 茶鲜叶质量标准
    - 归堆、付制
    - 试验方法及检验规则
    - 质量等级

- **检验方法**
  - 评茶术语
  - 茶叶理化检验
    - 水分、总灰分、碎末
  - 茶叶感官检验
    - 术语、评茶条件、评茶工具、检验方法
  - 茶叶取样方法
    - 术语、取样条件、取样工具、取样方法

- **栽培标准**
  - 采摘技术
    - 采摘方法
    - 开采期
    - 采摘标准
  - 低产园改造
    - 改后管理
    - 改造技术：改土、改园、改树
    - 低产茶园面貌与成因
  - 茶园管理
    - 建立生态茶园
    - 株行距
    - 栽植方法
    - 栽植时间
  - 茶苗种植
    - 建立生态茶园
    - 株行距
    - 栽植方法
    - 栽植时间
  - 茶园建立
    - 山地茶园建立
      - 蓄排水沟
      - 道路配置
      - 等高梯层
    - 茶树对环境条件要求：气候、土壤

- **种苗标准**
  - 茶苗标准
    - 茶树扦插育苗规程
  - 茶树育苗
    - 茶树扦插育苗
      - 主要形态、生育特征、经济性状
      - 母树选择与插枝培养、苗地选择和整理
      - 苗地要求、播种、苗圃管理、起苗采收
    - 有性繁育
      - 采种园选择与管理、茶子采收
  - 种苗标准
    - GB11767-1989《茶树种子和苗木》
  - 种苗标准
    - 主要形态特征、生育特征、经济性状
    - 品种来源

茶树品种

1 范围

本标准规定了茶树品种来源,形态特征、生育特性和经济性状。

本标准适用于白茶良种武夷菜茶、福鼎大毫茶、政和大白茶、福云 6 号、福建水仙、福安大白茶、福鼎大白茶的种性检验鉴定。

2 引用标准

下列文件中的条款通过本标准的引用而成为本标准的条款。凡是注日期的引用文件,其随后所有的修改单(不包括勘误的内容)或修订版本均不适用于本标准,然而,鼓励根据本标准达成协议的各方研究是否可使用这些文件的最新版本。凡是不注日期的引用文件,其最新版本适用于本标准。

　　GB 11767—1989 茶树种子和苗木

3 武夷菜茶

3.1 品种来源

武夷菜茶是闽北山区广泛栽培的有性群体品种。

3.2 形态特征

3.2.1 灌木型,中、小叶类,树姿开展或半开展,低分枝。

3.2.2 叶多水平着生,多呈长椭圆形,叶色多浓绿具光泽,亦有暗绿缺光泽,叶肉多数较厚,大部叶长 5～8 cm,宽 2～3 cm,大部侧脉 7～9 对,叶缘平整,锯齿较齐,大部 20～30 对。

3.2.3 树型大或中等,直径多为 4 cm 左右,花瓣多为 6～7 瓣,雌蕊多半高于雄蕊,子房多数密生绒毛,结实率中等。

3.2.4 嫩芽梢较短小,色绿或稍带紫红,芽毫一般。

3.3 生育特性

3.3.1 生育期:属中迟芽种,3 月下旬萌芽,4 月上中旬开采,11 月中旬停止生长。

3.3.2　抗逆性:抗逆性较强,较耐旱耐寒,病害较少;但受茶叶蝉和螨类危害较重。

3.4　经济性状

3.4.1　产量:产量较低,毛茶一般 40 kg/亩,最高 123 kg/亩。

3.4.2　质量:适制白茶,绿茶与红茶,尤制小白茶品质特优。

4　福鼎大毫茶

4.1　品种来源

本品种原产于福鼎柏柳乡汪家洋村,无性系品种。1984 年被认定为全国茶树良种。

4.2　形态特征

4.2.1　小乔木型,树势较高大,树姿直立,主干明显,分枝部位较高。

4.2.2　叶片呈水平或下垂着生,形椭圆或近长椭圆,尖端多渐下垂,叶色浓绿具光泽,叶面略隆起,叶厚而质地较柔软,叶长大部 14～15 cm,宽 5～6 cm。主脉呈"弓"形,侧脉较明,大部 8～11.5 对,叶缘向面卷,锯齿深明而钝,大部为 31～45 对。

4.2.3　花型大,平均直径 4.7 cm×4.1 cm,很少结实,基本无籽。

4.2.4　嫩芽梢粗壮长大,色淡绿,茸毛多而长,大部一芽三叶长 10.4 cm,重 1.04 g。

4.3　生育特性

4.3.1　生育期:属早芽种,3月上中旬萌芽,4月上旬开采,11月上旬停止生长。

4.3.2　抗逆性:抗逆性强,耐旱耐寒,适应性广,病虫较少,但易受小叶蝉与螨类危害。

4.4　经济性状

4.4.1　产量:产量高,最高达 198 kg/亩,一般 90 kg/亩。

4.4.2　质量:适制绿茶、白茶与红茶品质均优。

5　政和大白茶

5.1　品种来源

本品种原产于本省政和县铁山乡,为无性系品种,1984 年定为全国茶树良种。

5.2　形态特征

5.2.1　小乔木型,树势高,树姿直立,分枝较少,枝条粗壮。

5.2.2　叶片近水平状着生,呈椭圆形,叶尖渐尖或突尖,叶片平展,叶色浓绿或略黄绿具光泽,叶面隆起,叶肉厚,质地较脆,叶长大部 13～15 cm,宽 5～7 cm,侧脉明显 7～11 对,叶缘平整,锯齿疏而深,大部 40～44 对。

5.2.3　花型大,平均直径 5.2 cm×4.3 cm,花瓣 6～8 瓣,子房多毛而长,不结实或极少结实。

5.2.4　嫩梢粗壮,色黄绿带紫红,白毫多,发芽率低,芽头不密,一芽三叶大部长 10.7 cm,重 1.23 g。

5.3　生育特性

5.3.1　生育期:属迟芽种,4月上旬萌芽,4月下旬开采,11月上旬停止生长。

5.3.2　抗逆性:耐寒性强,易受叶蝉与红蜘蛛危害。

5.4 经济性状

5.4.1 产量:产量中,最高达 175 kg/亩,一般的 75 kg/亩。

5.4.2 质量:适制绿茶、白茶与功夫红茶,品质均优。

6 福云 6 号

6.1 品种来源

本品种是福建省农科院茶叶研究所于 1958 年由母本福鼎大白茶与父本云南大叶种自然杂交的第一代群体中,单株分离选育出之无性系品种。1987 年被认定为全国茶树良种。

6.2 形态特征

6.2.1 小乔木型,树势尚高大,树姿半开展,枝条稍直立,分枝较密。

6.2.2 叶水平略下垂着生,叶形椭圆或长椭圆,叶尖渐尖下垂,叶色淡绿,缺光泽,叶面多隆突,叶肉稍厚,质较脆,大部叶长 11～14 cm,宽 4.6～4.8 cm。叶脉不甚明显,大部 10～11 对。叶缘具波略面卷,锯齿细浅尚明,大部 40～48 对。

6.2.3 花型中大,平均直径 3.7 cm×3.3 cm,花瓣 6 瓣,子房多白毛,结实率尚高。

6.2.4 嫩梢肥壮,白毫多且长,芽梢生产迅速,一芽三叶大部长 9.0～9.3 cm,重 0.68～0.70 g。

6.3 生育特性

6.3.1 生育期:属特早芽种,3 月上旬萌芽,3 月中、下旬开采,11 月中旬停止生长。

6.3.2 抗逆性:抗逆性强,耐旱耐寒与耐瘦,适应性广。

6.4 经济性状

6.4.1 产量:产量高,最高达 307 kg/亩,一般 110 kg/亩。

6.4.2 质量:适制绿茶、白茶与红茶,品质均优。

7 水仙

7.1 品种来源

本品种原产于本省建阳市小湖镇祝墩村岩义山,无性系品种,1984 年被认定为全国茶树良种。

7.2 形态特征

7.2.1 小乔木,树势高大,树姿半开张,主干明显,分枝较疏。

7.2.2 叶片呈水平状着生,呈长椭圆形,叶尖渐尖,叶片多数平展,个别略向面折,色浓绿富光泽,叶面平滑富革质,叶肉特厚,大部叶长 10～15 cm,宽 4.43～5.7 cm。主脉淡绿极明显,侧脉齐尚明显,大部 7～9 对,叶缘平,个别呈波状,锯齿较深而齐。

7.2.3 花冠大,平均直径 4.4 cm×3.7 cm,花瓣 8 瓣,花冠整齐美观,子房多毛而长,开花不结实或极少结实,多为单粒果,发芽率低。

7.2.4 嫩芽梢色淡绿肥壮,茸毛较多,萌发率不高,大部一芽三叶长 9.8～11.5 cm,重 0.94～1.42 g。

7.3 生育特性

7.3.1 生育期:属迟芽种,4月初萌芽,4月中旬开采,11月中旬停止生长。

7.3.2 抗逆性:抗逆性强,较耐旱与耐寒,适应性广,病害较少,但枝干虫害较多。

7.4 经济性状

7.4.1 产量:产量高,最高达 160 kg/亩,一般的 80 kg/亩。

7.4.2 质量:适制乌龙茶、水仙白与功夫红茶,品质均优。

8 福安大白茶

8.1 品种来源

本品种原产于福安市康厝镇高岭村,无性系品种。1984 年被认定为全国茶树良种。

8.2 形态特征

8.2.1 小乔木型,树势高大,树姿半披张,枝条粗壮,分枝性较弱。

8.2.2 叶着生略上斜,呈椭圆形,叶尖渐尖略下垂,叶面折,叶色深绿具光泽,大部叶长 13.5~15 cm,宽 5~7 cm,侧脉明显,大部 8~12 对,叶缘锯齿明,大部为 34~38 对。

8.2.3 花型尚大,平均直径 4.04~3.26 cm,花瓣 7~8 瓣,结实极少。

8.2.4 嫩梢肥壮,色淡绿,茸毛尚多,芽梢伸展迅速、整齐,但芽数偏少,一芽三叶大部长 10~11 cm,重 0.95~1 g。

8.3 生育特性

8.3.1 生育期:属早芽种,3月中旬萌芽,4月上中旬开采,11月中旬停止生长。

8.3.2 抗逆性:抗逆性强,耐旱、耐寒且较耐肥。

8.4 经济性状

8.4.1 产量:产量高,最高达 500 kg/亩,一般 115 kg/亩。

8.4.2 质量:适制绿茶、白茶与红茶,品质均优。

9 福鼎大白茶

9.1 品种来源

本品种原产于本省福鼎县点头柏柳竹栏头村,无性系品种。1984 年被认定为全国茶树良种。

9.2 形态特征

9.2.1 小乔木型,树势尚高大,树姿半开展,分枝较密。

9.2.2 叶片呈椭圆形,叶尖渐尖略下垂,叶片平展,叶色黄绿具光泽,叶面隆起,叶肉略厚。大部叶长 11~13 cm,宽 5~7 cm。侧脉明显与主脉近垂直角度,叶缘平整,锯齿较齐,大部为 27~38 对。

9.2.3 花型尚大,平均直径 4.1 cm×3.6 cm,花瓣 7~10 瓣,子房上具绒毛,结实率尚高,种子饱满,发芽率较高。

9.2.4 嫩芽梢尚肥壮,淡绿色,茸毛特多且长,萌芽率高,芽头密,一芽三叶大部长 8~9 cm,重 0.6~0.65 g。

9.3 生育特性

9.3.1 生育期：属早芽种，3 月上、中旬萌芽，4 月上旬开采，11 月中旬停止生长。

9.3.2 抗逆性：抗逆性强，耐寒耐旱，适应性广，病害较少，但易受茶叶蝉与螨类危害。

9.4 经济性状

9.4.1 产量：产量高，最高达 166 kg/亩，一般的 85 kg/亩。

9.4.2 质量：适制绿茶、白茶与功夫红茶，品质均优。

DB35/T 152.3—2001

茶树有性繁育

1 范围

本标准规定了茶树兼用采种园选择与管理、茶籽采收、茶籽贮藏、茶籽包装与运输和茶籽育苗技术。

本标准适用于白茶良种的茶树有性繁育技术。

2 引用标准

下列文件中的条款通过本标准的引用而成为本标准的条款。凡是注日期的引用文件，其随后所有的修改单(不包括勘误的内容)或修订版本均不适用于本标准,然而,鼓励根据本标准达成协议的各方研究是否可使用这些文件的最新版本。凡是不注日期的引用文件,其最新版本适用于本标准。

GB 11767—1989 茶树种子和苗木

3 采种园选择与管理

3.1 园地的选择:从现有采叶茶园中选择茶树品种性状较一致,茶树生长健壮,无严重病害,茶丛分布较均匀,地势平缓开阔向阳,土壤深厚肥沃的茶园,同时进行去杂除劣,并利用自然障碍如山坡、林带和普通茶园隔离,以保持采种园良种种性,防止生物混杂。

3.2 采种园管理

3.2.1 采养结合:春茶留叶采,夏茶留养不采。同时在采摘修剪时注意保花保果。

3.2.2 增施磷钾肥:秋冬季施厩肥或土杂肥,春茶前后施氮肥,速效磷肥,氮磷钾比例2∶2∶1或2∶3∶1较适宜。

3.2.3 修剪疏枝:宜在冬季剪掉枯枝、病虫枝、细弱枝,保护短枝。

3.2.4 防旱与防治病虫害:采种园要做好夏秋季铺草覆盖,中耕除草等保水蓄水。并及时防治为害花、果病虫。

4 茶籽采收

4.1 茶籽成熟特征:果壳呈绿褐色,微现裂纹。种壳棕褐色,有光泽硬脆,种仁饱满油润并呈乳白色。

4.2 茶籽采收时间:茶果成熟期因气候,品种,树龄及茶园条件等不同而有所差异,应依照茶果成熟度,分批适时采收,一般在"霜降"前后,即10月中下旬采收。

4.3 不同品种分别采收,去除异种、劣种和病虫为害的茶果。

4.4 采回茶果应摊开在干燥和阴凉避风的室内,避免日晒雨淋,摊放厚度以不超过10 cm为宜,并常翻动,经数日后茶果干裂,可陆续脱壳,再将茶籽摊放。

4.5 按 GB 11767 要求,筛选粒大、重实、合格的茶籽备用。

5 茶籽贮藏

茶籽采收后,如不调运和播种,要妥善贮藏。

5.1 贮藏条件

不同品种分别贮藏,贮藏环境保持阴凉干燥和良好通气,温度5~9 ℃,相对湿度60%~65%,茶籽含水量保持25%~30%,防日晒、潮湿、发热、霉变和干瘪并要经常检查,清除霉变茶籽。

5.2 贮藏方法

5.2.1 室内沙藏:选干燥、避风、无阳光直射有楼板房间,底层和四周铺一层薄干草,底层草上铺干净细沙3~5 cm,上铺茶籽10 cm,再盖一层沙,以盖住茶籽为度,沙和茶籽如此分层相间铺放5~6层,最上层铺沙约5 cm,再盖上一层薄干草。贮藏数量多的可在堆中竖立数个竹编气筒,并经常检查,堆内温度保持在5~10 ℃,茶籽含水量保持在25%为好。若贮藏数量少,可循同样方法贮藏于木桶或木箱中。

5.2.2 室外沟藏:选地势高燥,排水良好的向北坡地。挖贮藏沟,沟深25~35 cm,宽100 cm,长以不超过3 m为宜,沟壁、沟底打实,烧烤,沟四周及沟底铺5~10 cm干草,底部再铺约5 cm,细沙,然后铺茶籽7~10 cm,再铺沙盖住茶籽,如此相隔铺茶籽2~3层,最上面铺干草6~10 cm,再加泥土封盖,打紧成屋脊形。沟中相隔1~1.5 m插一通气筒。贮藏沟的四周20~30 cm处,挖深35 cm左右,宽50 cm左右排水沟,以防雨水渗入沟内。贮藏期间每隔1~2个月打开1~2处,定期检查,及时清除霉变茶籽。

6 茶籽包装与运输

6.1 包装:茶籽包装前要用12 mm筛子筛选分级,取筛面上茶籽包装。不同品种分别包装。短途运输的,可用麻袋、竹框、草袋包装。为保持通气,袋内可衬孔眼0.8cm篾筒,筒内放木炭,以吸收过多水分,每袋装茶籽以不超过25 kg为宜。长途运输的,可用木箱包装,木箱长宽高各为:60 cm×40 cm×30 cm,四周钻数眼小孔,内放干净木屑或木炭粉与茶籽分层铺放,每箱装茶籽20~25 kg。

包装务须牢固,挂标签,标明品朴,数量,采种时间及单位。

6.2 运输:应尽量避免途中耽搁,缩短运输时间,运输中防日晒、雨淋、风吹。

6.3 外运种子检验、检疫,按 GB 11767 执行。

7 茶籽育苗

茶园已垦劈的,用茶籽直接播为好。如需集中培育壮苗或直播条件暂不具备,可安排茶籽育苗。

7.1 苗地

7.1.1 选择苗圃地:选位于平坦或缓坡地,土层厚,结构良好。微酸性或酸性土壤,地下水位低,排灌条件良好的旱地或水田。

7.1.2 苗地施肥:亩施腐熟厩肥或堆月巴 1 000~1 200 kg,过磷酸钙 10~15 kg。撒施于苗地上,然后深翻 30~35 cm,长以不超过 10 m 的规格,整成东西走向的苗床,床间沟面宽 40~45 cm。

7.1.3 制作苗床:苗地深翻耙平后,按高 13~15 cm,宽 130~140 cm,长以不超过 10 m 的规格,整成东西走向的苗床,床间沟宽 40~50 cm。

7.1.4 茶籽播种前处理:为促进茶籽发芽整齐,播前应进行清水浸种,一股浸水 2~3 d,且每天换水一次,亦可在流动溪河中浸种。去除漂浮于水面茶籽。浸后即播,播后防止干旱。

7.3 茶籽播种

7.3.1 播种期:茶籽一般平均寿命(发芽率不低于 50%)为 6 个月左右,以采收当年的 11 月至翌年 3 月为播种期,而以随采随播为佳。

7.3.2 播种方法:可用条播或穴播。条播在苗床开横向播种沟,沟深 7~8 cm,行距 20 cm,粒距约 3 cm,要均匀,穴播穴距 10 cm,每穴播 4~5 粒茶籽。播后覆土 3~5 cm,上面再盖一层干草(稻草)防旱、冻,待幼苗出土时,除去干草。

7.4 苗圃管理与起苗出圃

7.4.1 管理:为了达到出苗齐,生长快,苗壮,出圃早,要及时做好除草松土,及时施肥,抗旱保苗和防治病虫害等。

7.4.2 起苗出圃:苗高达 25 cm 以上,在适宜栽培季节可起苗出圃。起苗前要先灌水湿透苗床,用锄头起苗。多带土,勿伤根群,并去除劣株,弱株、异株、病虫株。选健壮苗木出圃。

7.5 苗木出圃标准与检验、检疫,按 GB 11767 执行。

DB35/T 152.4—2001

茶树扦插育苗规程

1 范围

本标准规定了茶树扦插育苗、母树选择、母树与扦枝培养、苗圃地选择和整理,插穗剪取、苗圃选择、出圃和运输。

本标准适用于茶树扦插育苗技术。

2 引用标准

下列文件中的条款通过本标准的引用而成为本标准的条款。凡是注日期的引用文件,其随后所有的修改单(不包括勘误的内容)或修订版本均不适用于本标准,然而,鼓励根据本标准达成协议的各方研究是否可使用这些文件的最新版本。凡是不注日期的引用文件,其最新版本适用于本标准。

GB 11767—1989 茶树种子和苗木

3 选择母树

选择纯种、良种,生长健壮,树龄较年轻或重修剪,台割更新复壮,无病虫害茶树。

4 母树与插枝培养

4.1 修剪:掌握春留夏插,夏留秋插,秋梢翌年春插。供夏、秋插的青壮年或更新复壮母树;应在春茶前、夏茶前修剪;冬插或翌年春插的,在秋茶前修剪;幼龄茶树以定型修剪替代。

4.2 施肥:适应增施磷钾肥,在秋末冬初结合深翻亩施腐熟厩肥、土杂肥 2～2.5 t,拌过磷酸钙 25～30 kg;修剪后萌芽前,施速效氮肥硫酸铵 15～20 kg;留养前期用 0.5%～1% 尿素溶液进行根外喷肥。

4.3 防治病虫害:留养插枝母树要采用高效低毒农药及时防治病虫害。

4.4 剪穗前 10～15 d,若新梢顶芽仍在继续生长,需进行打顶以促成熟。

5 苗圃地选择千口整理

5.1 苗圃地选择:宜选择微酸性,地下水位应在 1 m 以下,排灌、交通方便,向阳避风的水田或农地。土壤要求结构疏松,保水、透水、通气良好,以沙质壤土或轻粘质壤土为宜。

5.2 苗床规格:苗地经深翻平整后,做成宽 110～120 cm,高 13～16 cm,苗床长依地形而定,一般 10～15 m 为宜,床向东西,苗床间沟宽 45～50 cm。

5.3 苗地四周开排灌沟,苗床东西侧挖蓄水坑,长深各 70～100 cm,宽 50 cm。

5.4 下基肥:根据土壤肥力情况,一般亩施腐熟厩肥、堆肥 700～1 000 kg 或发酵饼肥 100 kg 拌过磷酸钙 15 kg 与床土充分拌和,耙平。若土壤肥沃可用腐熟人粪尿浇泼床土或不下基肥。

5.5 铺盖培养土:苗床平整后,选用质地疏松,无草根、砂砾的红黄壤心土,用孔径1 cm 竹筛过筛后,取筛下土均匀铺于畦面上,用木板适当打紧,厚约 4～5 cm。床面要做成中稍高,边稍低"馒头型",以防积水。

5.6 苗床遮阴

5.6.1 搭盖遮阴棚:苗床两边每隔 1.5～1.6 m 打木桩,在木桩横纵向捆扎竹篾绳作棚架,矮棚高 40～50 cm,中棚 100 cm,上盖遮阴物,遮阴物可就地取材,芦苇、竹帘、杉树枝、麦秆均可。

5.6.2 铁芒其遮阴:以挑选过的铁芒其三条成一束,隔 1～2 行插穗插一行,其枝叶离床面高度 30 cm 以上,插时中间高、稀些,两旁矮、密些。遮阴物要求遮光 70％～80％,夏插宜密些。

6 插穗选取

6.1 插穗选取:插穗应选红棕色,半木质化,健壮,叶片完整,腋芽饱满,无病虫害枝梢。

6.2 从母树上剪取插枝最好在清晨进行。不同品种应分别剪取,要去除劣种、异种和病虫枝梢。

6.3 剪下枝条应及时运回,即时剪取插穗,摊放阴凉避风处,随时喷水保持湿润,避免堆压,日晒风吹;萎凋和损伤。

6.4 插穗剪法:一节短枝插穗长度 3 cm 左右,要求一个节的短穗上应带有一个腋芽和一张叶片;若枝梢节间短的,可剪取 2～3 节,仍然保留一芽一叶。

6.5 剪口必须平滑,剪口斜面与叶向相同,上端切口距叶柄基部约 3 mm,保持腋芽叶片完整无损,发现花蕾要小心剪除。应随剪随插。

6.6 剪下枝条需外运时,不能紧压,日晒风吹,防发热萎凋损伤。

7 插穗扦插

7.1 扦插时间:依据气候、枝梢生长情况灵活掌握。春插 2～3 月(雨水至春分)夏插

6～7 月(芒种至小暑)；秋冬插 9～11 月。而以春、秋插为佳。旱热高温高燥，霜冻期以及大雨天气不宜扦插。

7.2 扦插方法

7.2.1 扦插前，先将苗床充分喷湿，待稍干后进行划行，行距根据品种叶片大小而定；一般大叶种行距 9～10 cm，中小叶种 6～7 cm，株距 3 cm 左右。以叶片互不重叠为宜，亩插 15 万～20 万株。

7.2.2 插穗直插或斜插(60°)入土；叶片腋芽露出土面，边插边将插枝周旁表土稍加压实，使插枝与床土紧贴，以利保湿与愈合发根。插后即喷足水，遮阴。

7.2.3 不同品种分别扦插。

8 苗圃管理

8.1 浇灌水：苗穗生根前，保持苗畦湿润状态，除阴雨天外，早晚各浇一次水，以清洁水用喷壶均匀喷洒。苗穗生根后，可隔日浇水一次或隔数日沟灌一次，沟灌掌握灌到畦高3/4，以苗畦湿透为宜(约 3～4 h)。切忌淹没畦面或长期积水。

8.2 追肥

8.2.1 掌握"少量多次，先稀后浓"原则，氮钾配合施用。

8.2.2 插枝生根后第一次施肥时，以稀薄腐熟人粪尿掺水(1∶5)或硫酸铵溶液(1∶300)施用。以后每 1～2 个月追肥一次。随着苗木生长，施肥浓度及用量可逐次增加。

8.3 拔草摘蕾：苗床要及时除草，可用手拔或用很小两齿耙松土，并随时注意摘除花蕾。

8.4 遮阴调节

8.4.1 插后遮阴要适度，即"见天不见日"。发根后，可适当降低遮光度。至根群发育较健全。苗高 10 cm 以上时，春夏插在暑旱期过后，可先拆沟盖和四周遮阴物，然后选择阴雨天全部拆除；秋插可相应提早，最好在旱期前梅雨季节进行，可以练苗、壮苗，减少病虫害；插后注意浇水防旱。

8.4.2 冬季严寒地区，在霜冻期要撒草覆盖茶苗，以防冻害。

8.5 防治病虫害：苗圃常见病虫害有小绿叶蝉、介壳虫、叶螨类、蚜虫和云纹叶枯病、炭疽病、立枯病、轮斑病等，需要采用高效低毒农药防治。

9 出圃和运输

9.1 茶苗出圃

9.1.1 苗高达 25 cm 以上，在适宜栽植季节即可起苗出土。起苗前应灌水湿透苗床，小心挖出苗木，要多带土，勿伤根群。

9.1.2 掘起茶苗，去除劣株、异株、病虫株，并按生长好坏，大小分级，分别移栽。

9.1.3 苗木出圃标准：检验与检疫，按 GB 11767 执行。

9.2 运输

9.2.1 茶苗分级整理后，每 100 株一小捆，500 株一大捆，将根部放入糊状黄泥浆中蘸根后,用稻草包裹住根部。远途运输最好用竹篓篮装载。

9.2.2 茶苗若太高,可将上部适当修剪,但留下高度不应低于 20 cm。

9.2.3 茶苗应分品种包装。挂牌标明品种、株数、苗龄、起苗时间、育苗单位等。

9.2.4 茶苗要求随装随运,尽量缩短途中时间,防止装车时太多堆压,发热、损伤、风吹、日晒。

茶园建立与种植

1 范围

本标准规定了茶树的适宜自然条件、山地等高梯田的建立,茶树种植以及水土保持、建立生态茶园。

本标准适用于茶园基本建设与种植。

2 引用标准

下列文件中的条款通过本标准的引用而成为本标准的条款。凡是注日期的引用文件,其随后所有的修改单(不包括勘误的内容)或修订版本均不适用于本标准,然而,鼓励根据本标准达成协议的各方研究是否可使用这些文件的最新版本。凡是不注日期的引用文件,其最新版本适用于本标准。

      GB 11767—1989   茶树种子和苗木

3 茶树对环境条件的要求

茶树原生于亚热带,形成喜温、喜湿和适于酸性,微酸性土壤生长的特征。

3.1 气候条件

3.1.1 气温:茶树适宜生长温度为 20～30 ℃,一般昼夜平均气温稳定在 10 ℃以上,茶芽开始萌动逐渐伸展。据此,茶树生育的有效积温必须在 3 500～4 000 ℃。以年平均温度 15～23 ℃和日平均温度 15～30 ℃范围内为适宜。

3.1.2 光照:茶树具有比较耐荫的特性,所以,茶树在漫射光条件下生长较好。

3.1.3 雨量:茶树生长适宜降雨量为年平均 1 000～2 000 mm。在生长季节要求雨量分布均匀,月平均 100 mm 以上。雨量过少,干热,蒸发量大影响产量与品质。

3.1.4 空气湿度:茶树生长适宜空气相对湿度 80％～90％,低于 60％对茶树生长有影响。

3.2 土壤条件

3.2.1 土壤类型:红、黄壤、棕色森林土、紫色土和冲积土均适宜茶树生长。

3.2.2 土壤酸碱度:茶树生长适宜土壤酸度的 pH 值 4.5～6.0,同时要求不但表土呈酸性反应,底土也要呈酸性。土壤中含 0.2% 石灰时,茶树生长表现不良。

3.2.3 土壤结构:具有一定团粒结构,通气、透水、蓄水性及保肥、保水性能良好土壤,适宜茶树生长。

3.2.4 土壤水分:土壤相对含水量 70%～80% 适宜茶树生长,低于 70% 或高于 90% 对生长不利。同时要求地下水位在 1 m 以下,水位高或地面长期积水,影响茶树根系生长。

3.2.5 土层深度:茶树适宜在较疏松土壤中生长,要求土层深度 1 m 以上,有机质含量 2% 以上,底土不粘盘层。

3.3 地形:坡度 25° 以下山坡地和山沟小盆地适宜建立茶园。海拔高的地区应选择向阳背风山坡建园。

4 山地茶园的建立

4.1 场地规划原则:根据茶树对环境条件要求和农业生产规划,科学合理利用土地资源,因地制宜,合理布局,实行山、水、园、林、路综合治理,以形成良好的茶园生态环境。

4.2 园地选择:选择气候条件适宜,土壤酸性,土层深厚,有机质含量高,山坡坡度 25° 以下,地下水位低的丘陵和山坡作为建园基地。

4.3 等高梯层(田)构筑:修建梯层要求,梯层等高,环山水平:大弯随变,小弯取直;心土筑埂,表土回沟;外高内低,外埂内沟;梯层接路,路路相通,山地坡度 5°～25°,应修筑等高梯层茶园;5° 以下可等高种植,亦可开垦水平宽幅梯层;25° 以上不宜开垦茶园。

4.3.1 梯层宽度:种植一行茶树的梯层,梯面宽 1.7～2 m;种两行茶树的,则为 3.5 m 左右。依此类推。

4.3.2 梯层长度:在以路分区情况下,长以 60～80 m 为宜,最长不宜超过 150 m。

4.3.3 梯壁构筑:就地取材,可用石块砌壁,心土夯筑,草墩叠砌,但应表土回种植沟或回园,梯沿筑梯埂,埂高于梯面 15～20 cm。

4.3.4 梯壁高度:根据山地不同坡度和梯壁构筑材料,确定合适的梯壁高度,一般控制在 1～1.5 m 为宜,最高不超过 2 m,梯壁倾斜度 65°～70°,石坎的可为 80° 左右。

4.4 道路配置

在茶园开垦前,根据地形与面积,确定道路类型与路线,力求合理适用,连接成网,以利交通,减少占地。

4.4.1 干道:上千亩成片集中茶园,应设置于道,道宽 6～8 m,路坡不超过 5°,弯道半径不少于 8 m。可通汽车、拖拉机、动力机耕机具等,干道与公路连接。

4.4.2 支道:是由主道分出通往各片茶园道路,每隔 300～400 m 设置一条,呈"S"形或斜形,缓坡迂回上山,路宽 3～4 m,坡度不超过 7°,弯道半径 7～8 m。适应通行手扶拖拉机和手板车。

4.4.3 步道:茶园作业要道,与主、支道相连接;与茶行,梯层紧密配合。一般每隔 50～80 m 设一条宽 1.5～2 m。台阶式或斜形。

4.5 蓄、排水沟

4.5.1 隔离沟:茶园上、下方与林地、荒地、稻田界处,应开设隔离沟,宽、深各0.8~1 m。以隔离树根、竹鞭、杂草侵入,防止园外洪水冲刷,避免园内水土冲入农田。

4.5.2 横沟蓄水:在每一梯层内侧开一横蓄水沟,若是缓坡等高种植的茶园,每隔10~15行开一条。横沟宽、深30 cm×35 cm,沟内每隔5~8 m筑一低于沟面小坝(俗称"竹节沟")沉沙缓流,分层分段蓄水。

4.5.3 纵沟排灌:设于茶园两侧,与梯层横沟及茶园上、下方隔离沟相连接,以利大雨排洪,旱季引水灌溉,沟宽40~50 cm,深30~40 cm。沟底及两侧用石砌,水泥勾缝,分段筑小水坝,拦蓄雨水,在与横沟连接处设置沉沙坑。坡度大的地段,分段设消力池,降低水流冲击力。

4.6 深耕开沟

4.6.1 深垦:开垦茶园需全面深耕,首先要全面清除园内树根、竹鞭、草根、乱石等,然后深耕达60 cm以上,并平整成外高内低梯层。

4.6.2 开定植沟:在适宜栽植季节,按不同品种行距要求,开定植沟,深宽各40 cm。

4.7 施足基肥:种植沟开好后,亩用腐熟厩、堆肥3~5 t,或发酵饼肥500~600 kg,拌磷肥50~80 kg,将肥料与开沟时表土充分拌和,施入沟中,上盖园土6~8 cm。

5 种植

5.1 选用丰产优质、抗逆性强、适应当地气候条件和生产茶类布局要求的良种,以根系发达、茎粗壮的苗木栽植。注意早、中、晚生品种2~3个搭配种植以早生或中生偏早良种为基本品种。

5.2 种植行距1.5 m,株距30~40 cm,单行条栽或双行条栽:双行栽小行距30~40 cm,每丛二株,稍分开栽植,亦可错开三角形栽植,株距20 cm,小乔木大中叶种,且气候、水肥条件好的地区,可稍疏些,约亩植2 000~4 000株;灌木中小叶种,高山寒冷,水肥条件较差地区,可稍密些,约亩植3 000~5 000株。

5.3 栽植时间:移栽时期应选择茶苗地上部分停止生长,地下部分根系较为旺盛时进行。一般是晚秋和早春两季;秋栽的10月份(寒露~霜降),春栽以2~3月上旬(立春~惊蛰)进行为宜。

5.4 栽植方法:在适宜栽植季节,按不同品种行、株距要求,选择雨后土壤滋润天气栽植,尽量做到边起苗,过栽植,苗根多带土,茶苗栽入沟中应保持原来姿态,根系勿与肥料接触,先复以松土,随即将茶苗稍稍向上提起,以利根群舒展,然后再压实踩紧,最后覆一层松土。茶苗入土深度应比在苗圃时稍深些(覆土至根颈处或稍高些)同时保持种植沟低于行间土面10~15 cm。栽后铺草覆盖。

6 保持水土,建立生态茶园

茶园植草种树绿化,调节气温涵养水源,改善茶园微城气候与土壤条件,以保持水土,减轻自然灾害。

6.1　茶园路旁种植行道树,选植适宜当地生长的柿、梨、杨梅或速生树种,一般距2～2.5 m种植一株。路沟边可种紫花扁豆、紫穗槐、金光菊等绿肥。

6.2　种植防护林带:茶园山顶、边界、山脊、风口、未垦陡坡种植防护林带。林带走向尽可能与当地盛行害风方向相垂直。林带两侧种灌木树种,中间种乔木树种,种植密度当地风害及树种而定。可选种松树、杉树、樟树、油茶等与茶树无共同病虫害且抗风力强的树种。林带应在隔离沟外,距茶园3 m以上,以防树根侵入茶园。

6.3　种植草类植物:茶园与农田交界处,纵沟边、路面、林带下,种植匍匐性、矮生草类植物,以保持水土。

6.4　绿化梯壁

6.4.1　种植护壁植物:在梯壁上种植爬地兰、野牡丹、日本草及其他匍匐性、矮生的豆科绿肥与草类。

6.4.2　护壁植物可割青利用,并及时治虫。梯壁上为害性杂草要及时拔除。不宜用锄、铲刮梯壁,防止梯壁内移,保护梯壁完整。

6.5　茶园内套种高大树种,如每亩种10～13株梨,柿或合欢等豆科树种,作为高层遮阴树。茶树定植后至第四年正式开采时,行间套种绿肥,作为低层植物,翻埋改土。以后可在园内放养鸡,减少虫害和草害。

茶园管理

1 范围

本标准规定了白茶主要茶树品种的茶园耕锄、施肥、茶树修剪、防旱和防治病虫害。

本标准适用于白茶主要茶树品种茶园田间管理。

2 茶园耕锄

2.1 中耕除草:主要是疏松表层土壤,改善土壤通气性和消灭杂草。一般每年进行三次,时间在2～3月(春茶前),5～6月(春茶后),7～8月(夏茶后),中耕深度7～12 cm。

2.2 秋季深翻:深耕可促进土壤风化分解,有利气体交换和根系伸育,增强土壤微生物活动,提高土壤保肥、保水能力。深耕宜于9～10月进行,深度要求30 cm左右。

3 茶园施肥

分基肥和追肥两种:在茶树种植前或在秋、冬季节茶树地上部生长呈休眠状态时施用肥料,为基肥,在茶树生长活动季节施用肥料,为追肥。基肥一般施用迟效性肥料,以有机肥为主。而追肥一般施用速效性肥料,以化肥为主。

3.1 基肥:结合秋、冬季深翻在茶园中亩施用厩、堆、沤、绿肥2 500～3 000 kg以上,或亩施饼肥100～200 kg;隔二年施有机肥时,混施磷肥40～50 kg,硫酸钾肥10～15 kg为基肥。

3.2 追肥:通常结合茶园耕锄时进行,一般一年追肥2～3次。第一次催芽肥在每年2月下旬至3月上旬施用,占全年施肥量50%左右;第二次春茶后5月中、下旬施30%左右;第三次7月下旬至8月上旬施20%左右。

3.3 施肥方法:根据种植方式不同,分条施和环施,在离茶树基部15～45 cm处,条栽开条形沟,丛栽开环形沟,施化肥时,挖沟深10～15 cm,施有机肥时,挖沟深20～30 cm,施后盖土,除根部施肥处,生产期中还可进行根外施肥,依照不同叶面肥料浓度,配水喷施于茶树叶面、叶背,亦可掺入可混合的农药一同喷施。

4 茶树修剪

4.1 幼龄茶树定型修剪

4.1.1 定剪次数和高度:幼龄茶树需经3～4次定型修剪,具体根据茶树品种、株高、肥管水平合理掌握。一般1～2足龄茶树,株高超过30 cm,并有1～2个侧枝时,即可进行第一次修剪,定剪时剪口必须平滑,以利伤口愈合(详见表一)。

表一

修剪次数	离地高度(cm)	比上次剪口提高高度(cm)
第一次定剪	15～20	
第二次定剪	30～40	15～20
第三次定剪	45～60	15～20

4.1.2 定剪时期:以春茶萌发前(2月上旬至3月上旬)进行较适宜。若土壤肥力高,长势旺盛品种,亦可再于夏茶后(7月),可结合秋季剪穗育苗,一年完成两次定剪。

4.1.3 定剪后管理:每次定剪后,必须加强肥培管理,防治病虫害,并注意留养。

4.2 茶树轻修剪

4.2.1 修剪对象:茶树定型修剪后,经二年采摘,枝梢愈来愈细。育芽能力逐渐减弱。为平整树型,促进新梢萌芽,扩大树冠。采取平剪或略带弧形,剪去鸡爪枝、病虫枝、细弱枝。

4.2.2 修剪高度:根据茶树类型、品种、新梢生育情况,当地气候条件及肥培管理水平综合考虑。一般是在上年采摘面上提高3～5 cm,保留春夏新梢部1～2节间。

4.2.3 修剪时期:每年或隔年进行,以春茶萌发前2、3月份修剪为好。冬暖地区亦可在秋茶后10～11月修剪。

5 防旱

在伏旱出现前(7月),可因地制宜,就地取材,用稻草、芦苇、绿肥、芒萁等铺于茶园行间,厚度10～15 cm。保蓄水分,防止热旱。有条件地区,干热季节,引水喷灌。

6 防治病虫害

以农业防治为基础,优先采用生物防治;必要时选取高效、低毒、低残留农药和做到科学用药。

6.1 防治原则:以防为主,防治并举,综合防治,加强测报。

6.2 几种主要病虫害与防治(见表二、表三)。茶尺蠖、茶毛虫、卷虫蛾、茶刺蛾等蛾科的鳞友翅目害虫可用"高效杀鳞精"及"苏云金杆菌"等无公害农药防治。对属于同翅目的叶蝉、蚜虫、粉虱、介壳虫等可用"绿神"、"万净"防治。红蜘蛛、茶瘿螨等螨类可用"万净"防治。

表二　主要虫害与防治

害虫种类	为害期与生活习性	防治方法
茶尺蠖	一年发生 6～7 代。4～7 月是为害盛期,以幼虫咬食叶片。幼虫黑褐色,背有白色小黑点,3 龄后背有倒八字形黑斑,10 月后入土化蛹越冬,翌年 3 月成虫羽化。	结合秋冬深耕,消灭入土虫蛹;灯光诱杀成虫;1～3 龄幼虫期用菊酯类,天王星,敌敌畏等农药喷杀。
茶毛虫	一年发生 3～4 代,为害盛期 4～9 月,以幼虫群集咬食叶片,幼虫体外有毒毛,人触及皮肤痒痛,老熟幼虫入茶树根际土中化蛹,产孵块于老叶背面。	结合深耕杀灭虫蛹;摘除孵块;捕杀虫群;3 龄幼虫用茶毛虫核型多角体病毒福建一号或杀灭菊酯喷杀。
茶蝉	每年可发生十余代,重叠发生,盛害期 5～6 月及 9～10 月间,以针状口器吸食叶、芽、嫩梢汁液,使芽叶萎缩、焦枯。高温大雨后,虫口密度会下降。	及时采摘;用敌敌畏、扑虱灵等化学农药喷杀,应喷湿嫩叶背面,喷药 10 d 后再喷一次,效果更佳。
茶丽纹象甲	每年一代,5～6 月是为害盛期,经幼虫咬食须根,成虫咬食叶片成缺刻,有假死性,以幼虫在表土越冬,化蛹,翌年 5 月化出土。	利用其假死性捕成虫;土中施药杀幼虫及蛹;用巴丹、天王星"871"菌粉等农药喷杀成虫。
茶枝镰蛾	一年一代,5～6 月幼虫虽盛发,从梢或叶腋间蛀入,从上而下蛀食茶枝,再蛀食主干,幼虫在受害者枝越冬,翌年 3 月见蛹,4 月见成虫。	剪除虫蛹;灯光诱杀成虫;有农药敌敌畏毒杀幼虫
茶红颜天牛	一年一代,5～6 月幼虫盛发,先咬食枝干皮层,后蛀入木质部,蛀食髓部,被害皮层呈环状节瘤,幼虫在枝干内越冬。	剪除蛀害枝干;捕杀成虫;从排汇孔注入敌敌畏农药用湿土封口以毒杀幼虫。
茶吉丁虫	一年一代,6～7 月幼虫盛发,以幼虫旋蛀枝干,呈螺旋形隆起;成虫咬食叶片,有假死性,以老熟幼虫在枝干内越冬,五月成虫羽化产卵。	剪除被害枝干,杀死幼虫;利用成虫假死性捕杀成虫;4～5 月成虫羽化时用天王星、敌敌畏喷杀。
茶卷叶虫	全年重叠发生 5～6 代,各月均有幼虫在卷叶内为害与化蛹;成虫常在上部成叶上产卵块。	摘除卵块叶片;捏杀虫蛹;三龄幼虫时用敌敌畏或者青虫菌等微生物农药喷杀。
茶刺蛾	一年发生 3～4 代,幼虫盛发期为 5～7 月,以幼虫咬食叶片,老熟幼虫在土中越冬,4～5 月成虫羽化。	灯光诱杀成虫;用天王星,杀灭菊酯,喷杀幼虫。

表三　主要虫害与防治

病害种类	症状与发病条件	防治方法
云纹叶枯病	发病初期,叶尖、叶缘先见浅黄绿色,水渍状病斑,逐渐扩大变褐色,呈半圆形或不规则形,上生波浪般轮纹,形仅云纹,最后病斑中央部分组织枯死变灰色。风吹雨溅促病蔓延,高温高湿期发病严重。	埋、焚落叶,摘除病叶。发病前期喷甲基托布津,代森锌、敌菌丹等农药。
茶炭疽病	先从叶缘、叶尖出现水渍状暗绿色圆形病斑,后沿叶脉扩展成不规则病斑,黄褐色或褐色,后期变为灰白色或焦黄色,病斑无轮纹,与健康部分界限分明,梅雨和秋雨期及氮肥施用过多茶园易发病。	清除枯枝落叶,勤中耕除草,增施磷钾肥,发病初期或 6 月上、中旬喷射灭菌丹、代森锌、波尔多液等农药。
茶煤病	病叶表面初生黑色圆形或不规则小病斑,后逐渐扩大,在叶表面覆盖黑色或褐色霉层,渐扩大到枝干,甚至危及全枝借助蚧类、蜡蝉类、蚜虫排泄物蔓延,荫蔽潮湿,虫害多,杂草丛生茶园发病重。	防治虫害,加强茶园管理,适当修剪,增强树势;封园后或早春喷射波尔多液防治。
茶紫纹羽病	主要侵害茶树根部、茎基部。开始根腐烂,变褐色或黄褐色,后蔓延至主根,成紫褐色,上面布满紫红色绒状物,后期根皮腐烂剥离。地势低注,排水不良易发病。	清除病株,烧毁病根;降低地下水位,改良重土壤。用五氯硝基苯药拌细土消毒土壤。
地衣苔藓	附生于茶树枝干上,包围枝干,吸取水分和养料,妨碍茶树生长和茶芽萌发,加速树势衰退,有利虫害潜伏。管理差,树龄老,高山背阴茶园发病多。	加强茶园管理,开沟排水,改变菜园小气候。秋茶后喷射波尔多液防治。

6.3　茶园常用农药使用表(详见表四)。

表四　茶园常用农药使用表

农药类别	农药名称和剂型	防治对象	使用剂量(ml 或 g/亩)	稀释倍数	安全间隔期(d)
拟除虫菊脂类	2.5% 溴氰菊脂乳剂	鳞翅目食叶幼虫,蚜虫,兼治黑刺粉虱	12.5～15	6 000～8 000	3
	20% 杀灭菊酯乳剂	叶蝉、鳞翅目食叶幼虫	12.5～15	6 000～8 000	10
	10% 天王星乳剂	鳞翅目食叶害虫、茶蚜	5～10	1 500～2 000	6
		叶蝉、粉虱	15～20	6 000～8 000	
		象甲类	30～35	3 000～3 500	
		兼治茶叶瘿螨、茶短须螨	15～20	6 000～8 000	
	5% 来福灵乳剂	同杀灭菊酯	12.5～15	6 000～8 000	
	10% 二氯苯醇菊剂	鳞翅目食叶幼虫	12.5～15	6 000～8 000	3

续表四

农药类别	农药名称和剂型	防治对象	使用剂量（ml 或 g/亩）	稀释倍数	安全间隔期（天）
有机磷剂	40％乐果乳剂	叶蝉、蓟马、茶蚜、兼治黑刺粉虱成虫	75～100	1 000	10
	80％敌敌畏乳剂	鳞翅目幼虫、钻蛀类害虫	75～100	1 000	6
	50％马拉硫磷乳剂	蚧类	95～125	800	10
昆虫生长调节剂	20％灭幼脲 3 号胶悬剂	鳞翅目食叶幼虫	75～100	1 000	10*
	25％扑虱灵可湿性粉剂	叶蝉、兼治刺粉虱	75～100	1 000	14*
杀螨类	20％双甲脒乳剂	茶橙瘿、茶叶瘿螨、茶短、须螨	50～100	1 000～1 500	15*
	20％单甲脒水剂	同上兼治茶蚜、黑刺粉虱	50～100	1 000～1 500	14*
	20％杀螨脒水剂	茶橙瘿螨、茶叶瘿螨、茶短须螨	50～100		14*
杀菌剂	石硫合剂	螨类、蚧类、叶茎病、黑刺粉虱	0.5°Be		2025（非采茶园中使用）
	50％托布津和 70％甲期托布津可湿性粉剂	茶树叶、茎病	75～100	1 000～1 500	10*
	50％多菌灵可湿性粉剂	茶树叶病	100～125	1 000	15*
	75％百菌清胶悬剂	茶树叶病	100～150	800～1 000	6*
	25％粉锈宁可湿性粉剂	茶饼病	25～50	3 500	14*
	65％、80％代森锌可湿性粉剂	茶树叶病	125～165	600～800	14*
		茶橙瘿螨	100～125	1 000	
	70％五氯硝基苯粉剂波尔多液	茶茎根病	1 000～2 500		不可作叶面喷施
		茶树叶、茎、根病	0.6％～0.7％石灰半量比		

注：① * 暂定安全间隔期；

②鳞翅目食叶幼虫:茶毛虫、黑毒蛾、茶尺蠖、油桐尺蠖、蓑蛾、刺蛾和茶小卷叶蛾等。

低产茶园改造

1 范围

本标准规定了低产茶园改造或改植换种的技术措施。

本标准适用于低产茶园改造。

2 引用标准

下列文件中的条款通过本标准的引用而成为本标准的条款。凡是注日期的引用文件，其随后所有的修改单（不包括勘误的内容）或修订版本均不适用于本标准，然而，鼓励根据本标准达成协议的各方研究是否可使用这些文件的最新版本。凡是不注日期的引用文件，其最新版本适用于本标准。

DB35/T 152.6—2001　　茶园管理

3 低产茶园面貌与成因

3.1 低产茶园面貌

水土流失严重，梯层崩塌，土壤肥力低，树势衰弱，茶树未老先衰，茶丛稀少，育芽能力减弱，病虫发生严重，亩产低于 50 kg 或低于当地平均单产水平的茶园。

3.2 低产茶园成因

建园基础差，品种低劣，管理粗放，采留不当，树龄老，稀植。

4 改造技术措施

4.1 改土：

深翻耕松土壤，施有机肥，客土培园。建立深厚肥沃耕作层在茶园行间深挖 30～40 cm，将表土埋入底层，底层土翻至上层，让其自然风化。并将部分老侧根，适当切断更新，在深翻同时，施入有机肥 4～5 t，磷肥 20～30 kg。对土层浅，土壤瘠薄茶园，可用客土培园，用茶园附近菜园土、河塘泥、林地表土、旧墙土等加入茶园。亦可视茶园土质，沙质掺泥,粘重土掺沙等办法改良土壤。

4.2 改园:采取平整,修筑梯层,改顺坡为梯层,改梯层不等高为等高,修筑梯壁;改梯层外低内高为外高内低,修筑梯埂,内侧挖蓄水沟;改纵路纵沟为缓路横沟,达到保土、保水、保肥。在梯壁、路、沟边种植护壁矮生豆科植物和多年生行道树,以保持茶园水土,改善生态环境。

4.3 改树

4.3.1 重修剪:对树龄较大,树势渐趋衰退,但骨干枝结构较好;或树龄虽不大,但出现"未老先衰",树冠分枝衰弱,高低不一,鸡爪枝多,萌发无力,对夹叶增多的茶树。可采用剪去原树高或更重些,剪成平面或略带弧形,但剪口必须平滑倾斜,忌破裂。一般宜在早春或早秋进行为好。若同一茶丛中有个别十分衰老枝条,可用抽割办法。在距根颈部 15 cm 处砍去衰老枝条。

4.3.2 台刈:是一种改造衰老低产茶树较彻底的办法。对树龄大、树势衰弱、枯枝、病虫枝、细弱枝、鸡爪枝多,主干灰白,披生地衣,苔藓、发芽无力,芽叶稀少,对夹叶多、单产极低的老茶树,在茶树离地面 5～10 cm 处,砍去地上全部枝干,但砍刀须锋利,切口要平滑倾斜,枝干大的亦可用锯斜锯,避免撕裂。发现虫道,捕杀害虫。一般在春茶前进行为好。

4.4 补植缺株(或改植换种)

4.4.1 补植:缺丛多、空隙地大、产量低的茶园。可用同品种补植增密。茶苗移栽,压条或整树移栽等办法增行补密。

4.4.2 改植良种:对有些原来地形复杂,品种混杂,树势衰败,品质低劣,空地大产量很低,已失去更新复壮意义的茶园可采用挖去衰老树,按新建茶园要求,重新建园,引植优良品种,改植换种。

4.5 改造后管理

改造后茶园,按 DB35/T 152.6 进行管理。

白茶采摘技术

1 范围

本标准规定了白茶鲜叶的采摘标准、采摘与留养要求以及适时采摘、采摘方法。

本标准适用于白茶鲜叶的合理采摘。

2 采摘标准

采肥壮单芽,一芽一、二叶,一芽二、三叶。

3 采摘与留养要求

适时、分批采,合理留养。

3.1 适时采摘

3.1.1 幼龄茶树开采期:幼树开采依树龄、树势而定。一般种植后经定剪和摘顶养蓬培养及 3～4 年肥培管理。茶树高度,灌木型达 60～70 cm,半乔木型达 70～80 cm,即可开采。

3.1.2 年季开采期:掌握"前期适当早,中期刚刚好,后期不粗老"原则。当春茶新梢一芽二叶达到 10％～20％,夏、秋梢达到采摘标准时,即可开采。

3.2 分批勤采

根据新梢生长速度和花色品种对原料要求。春茶 3～5 d,夏茶和秋茶前期 5～7 d,秋茶后期 8～10 d 采摘一批次,每轮采收 4～6 批次。

3.3 合理留养

幼龄茶树的台刈、重剪茶树,按"以养为主、以采为辅"的原则,掌握采高留低,采顶留侧,采大留小,采密留疏,采面留里,剪口以下不采。青壮年茶树前期贯彻"养采并重,采中有养,采养结合",在进一步培养矮、壮、密、宽的树型后,可实行"以采为主,以养为辅,采养结合",以保持其旺盛生长力,延长稳产年限。衰老茶树,实行"留鱼叶"采法,树势较衰老的可实行采一季,集中留养夏茶或秋茶。

4 采摘方法

根据品种、树龄、季节和茶树长势,分别掌握。

4.1 幼年茶树:以养为主,适当打顶,在二次定型修剪后,茶树有 2～3 足龄,树高幅达 40 cm 以上,开始打顶轻采;长势旺盛的,春茶留 2～3 叶采,夏茶留 1～2 叶采,秋茶留 1 叶或鱼叶采。

4.2 青年茶树:前期以养为主,留养旁侧壮梢与树冠面稀疏处壮梢,待树冠基本形成,宜采用春茶留二叶,夏茶留一叶,秋茶留鱼叶的采留方法。

4.3 壮年茶树:对于盛采的壮树,以采为主,采养结合,以留鱼叶采摘为主,并采净对夹嫩叶。

4.4 老年茶树:以采为主,适当留养。春、夏茶留鱼叶采,秋茶集中留养。

茶叶取样方法

1 范围

本标准规定了茶叶取样原理、术语、取样条件、取样工具、取样件数、取样方法、样品包装和标签以及样品发送。

本标准适用于白毛茶及其成品的取样。

2 引用标准

下列文件中的条款通过本标准的引用而成为本标准的条款。凡是注日期的引用文件，其随后所有的修改单(不包括勘误的内容)或修订版本均不适用于本标准，然而，鼓励根据本标准达成协议的各方研究是否可使用这些文件的最新版本。凡是不注日期的引用文件，其最新版本适用于本标准。

GB 8302—1987 茶叶取样

3 原理

应用随机方法，取得足以代表整批茶叶品质的样品，供检验用。

4 术语

4.1 批：同一茶类、花色、等级、在同一时间加工的茶叶，称为批。

4.2 原始样品：从一批茶叶的单个容器内，取出足以代表该容器茶叶质量的样品，称为原始样品。

4.3 混合样品：从一批茶叶的不同容器中取出的原始样品，充分混匀后，称为混合样品。

4.4 平均样品：混合样品经分样器或分样板分至规定数量，能代表该批茶叶质量的称为平均样品。

4.5 试验样品:按各个检验项目规定,从平均样品中分取一定数量有代表性的样品,作为试验之用的,称为试验样品,简称试样。

5 取样条件

5.1 取样应在无风,光线充足、干燥、洁净的室内进行。避免日光直射,防止外来物质混入。

5.2 取样工具和盛器必须清洁、干燥、无锈、无气味。盛器密封性必须良好。

6 取样工具

6.1 开箱器;

6.2 取样铲;

6.3 有盖的专用茶箱;

6.4 软篓或无毒、无味、洁净的塑料布;

6.5 分样器和分样板;

6.6 茶样罐。

7 取样件数

7.1 毛茶取样件数,依组成一批的件数,规定如下:

1～5件,取样1件;

6～50件,取样2件;

51～500件,取样11件;

501～1000件,取样16件;

1001～1500件,取样19件;

1501～2000件,取样20件。

7.2 成品茶取样件数 按GB 8302规定执行

7.3 取样时,如发现茶叶品质、包装或堆放情况等有异常情况,可酌情另行取样或增加或停止取样,以保证所取样品的代表性。

8 取样方法

8.1 包装前取样:在茶叶定量装箱(袋)过程中,按7.1规定,每隔若干箱(袋),用取样铲取出原始样品(成品茶在烘干机机口接取样品),盛于有盖的专用茶箱中。最后,充分混匀,用分样器品或分样板缩至250～500 g,作为平均样品。

8.2 包装后取样:在整批茶叶包装完成后的堆垛中,从不同堆放的位置,按7.1随机抽取规定件数,逐件开启,分别倒出全部茶叶于软篓或塑料布上,用取样铲从不同部位取出有代表性原始样品约250 g,置于有盖的专茶箱,混匀,用分样器或分样板分至250～500 g作为平均样品。

8.3 异地送检样品:按照 8.1 或 8.1 规定所取的混合样品,用分样器或分样板缩分,取得送检的样品。毛茶不少于 250 g,成品 200 g。

9 样品包装和标签

9.1 样品包装:平均样品用茶样罐装盛。茶样罐必须符合 5.2 规定。每罐茶样以装满为度,加盖严封,并需用塑料胶带封口。异地送检样品,不论毛茶、成品茶,均用符合 5.2 规定的铁罐装盛。

9.2 样品标签:装盛平均样品或异地送样品的容器,应在容器面贴上样品标签,注明茶名、花色、茶号或代号,取样人姓名和取样日期。

10 样品发送

所取的平均样品,应及时送往检验室,异地送检样品,应及时寄发。

DB35/T 152.10—2001

茶叶品质感官检验方法

1 范围

本标准规定了茶叶品质感官原理、术语、评茶室条件、泡茶水质要求,评茶用具、检验方法和评分。

本标准适用于白毛茶及其成品茶品质的感官检验。

2 定义

2.1 干看:不经冲泡,对试样外观的一种感官分析方法。

2.2 湿看:经沸水冲泡,对试样的汤色、香气、滋味和叶底的一种感官分析方法。

2.3 茶汤:用沸水冲泡试样所得的茶叶汤水。

2.4 叶底:用沸水冲泡试样后所得的茶渣。

2.5 面张茶、下盘茶:试样置于评茶盘,手持评茶盘对角,以波浪式筛转,然后四周收拢,浮在上层的大摊叶张,称为"面张茶"。细小的沉在茶盘底,称为"下盘茶"或"下段茶"。

3 评茶室条件

3.1 评茶室北面设置采光斗,光线来自北面天空。室内光线调和,无日光直射。

3.2 采光斗高 2 000 mm 左右,室外设置遮光板,斜度 30°。采光斗顶部覆盖 5 mm 厚干板玻璃,向外倾宗斗 3°~5°。

3.3 靠采光斗处,设置干看评茶台,台高 900~1 000 mm,宽 600 mm,长度不限。台面涂以无反光黑色。

3.4 与干看评茶台平行,设置湿看评茶台,间隔约 800 mm 处,台高 900 mm,宽 400 mm台面加边高 5 mm。长约 1 600 mm。台面涂以无反光的白色。

3.5 评茶室内,可以靠墙设置样品橱,但以不影响采光和产生光效应为原则。

3.6 评茶室应远离车间和闹区,保持空气流通,干燥、洁净、无异味。

4　泡茶用水水质要求

泡茶用应以无味、无色、清澈的泉水或自来水。其理化及卫生指标必须符合国家生活饮用水水质标准,不得含有漂白粉游离氯气味。pH 值以 6.5～7.0 为宜。

5　评茶用具

5.1　分样器和分样板。

5.2　评茶盘:木质或塑料(无毒、不带静电)制成的白色方形盘,无异味。盘的长宽各 230 mm,边高 30 mm。盘的一角有 20 mm 的缺口。

5.3　叶底盘:黑色方形小木盘,无异味。盘的长宽各 100 mm,边高 15～20 mm。

5.4　评茶杯碗:纯白瓷烧制,厚度、大小、色泽必须一致。

5.4.1　审评杯

a.　毛茶审评杯:杯高(70±1)mm,外径(76±1)mm,内径(70±1)mm,容量 200 ml,与杯柄相对的杯口上,具有月牙形或锯齿形的缺口。杯盖上外径为(82±1)mm,杯盖下沿内径 69 mm,杯盖上面有一小孔。

b.　成品茶审评杯,杯高 65 mm 外径 66 mm,内径 62 mm,容量 150 ml,与杯柄相对面的杯口上,具有月牙形可锯齿形的缺口,杯盖上沿外径为 72 mm,杯盖下沿内径为 61 mm,杯盖上面有一小孔。

5.4.2　评茶碗

a.　毛茶审评碗:为特制的广口白瓷碗,碗高(53±1)mm,上口径(97±1)mm,底径(53±1)mm,容量 200 ml。

b.　成品茶审评碗:为特制的广口白瓷碗,碗高(52±1)mm,上口外径(95±1)mm,上口内径(90±1)mm,底径(53±1)mm,容量 150 ml。

5.5　吐茶筒:圆形,高 800 mm,直径 350 mm,中腰直径 200 mm 通常用铁皮制成。

5.6　样茶秤:天平,感量 0.1 g。

5.7　五分钟沙时计或计时钟。

5.8　网匙:铜丝编织,圆底形。

5.9　小汤匙、烧水壶等。

6　检验方法

6.1　干看:将平均样品用分样器或分样板缩分,取出试样 100～150 g,置于评茶盘中,将评茶盘旋转数次后,依次检查面张茶的匀整度、嫩度和色泽;拨开面张茶检查中段茶嫩度和色泽;将中段茶分开,检查盘底下段茶的断碎程度和片、末茶含量。最后将试样收拢。充分混匀。

6.2　湿看:从评茶盘中,取出有代表性的试样(毛茶 5 g,成品茶 3 g)准确至 0.1 g,倒入规定的审评杯中,注满沸水,加盖,浸泡 5 min,然后将茶汤沥入规定的评茶碗中,依次评其汤色、香气、滋味,最后将评茶杯中的茶渣,移入叶底盘中,检查其叶底。

6.2.1　看汤色:评比茶汤的色泽应及时,一般以茶汤表面蒸气消失,能见度清晰为准。

6.2.2　嗅香气:可依评茶人员各自习惯,选择最佳杯温进行评香。

a.热嗅:先嗅有无劣变的过失茶,再嗅香气的高低。

b.温嗅:评香气的质量,并与热嗅相互验证。

c.冷嗅:评香气的长短与持久。

6.2.3　尝滋味:一般要求在茶汤温度为 50～60 ℃时品尝。用小汤匙取茶汤适量,送入口中。先使茶汤接触舌尖,徐徐品尝,次至舌的两侧,再至舌根,然后用舌头循环打转,使茶汤铺展到舌的全部,进行味觉的全面判断。最后,将口里的茶汤吐于茶筒内,把嘴稍微张开,徐徐吸新鲜空气,品评口中残余的气味。

评茶人员连续品尝多杯后,应稍事休息,或用温水漱口,清除口腔内残留的茶味。

评茶人员在评茶前不吃有强烈刺激味觉的食物,如辣椒、葱、蒜、糖果等,并不宜吸烟,以保持味觉和嗅觉的灵敏度。

6.2.4　评叶底:将茶渣用清水洗涤后,移入白色搪瓷碗盘内,在清水中检查,同时借助视觉和手指触觉进行叶底色泽和嫩度的评定。

6.3　品质因子:对照标准样茶或贸易样茶,按下列各项品质因子进行评比。

6.3.1　外形:嫩度、色泽、形态、净度。

6.3.2　内质:香气、滋味、汤色、叶底的嫩度和色泽。

7　评分

见表一。

表一　评分

品质情况	评分	品质情况	评分
高	103	较高	102
稍高	101	相符	100
稍低	99	较低	98
低	97		

8　结果评定

按外形和内质各项因子分别评分。外形或内质各项因子评分,算术平均不得有负值,然后以评分的算术平均值报告检验结果。

茶叶理化检验方法

1 范围

本标准规定了茶叶品质感官检验原理、灰分含量测定、碎末茶含量测定、允许误差和结果报告。

本标准适用于白毛茶及其成品茶的理化测定。

2 引用标准

下列文件中的条款通过本标准的引用而成为本标准的条款。凡是注日期的引用文件，其随后所有的修改单(不包括勘误的内容)或修订版本均不适用于本标准，然而，鼓励根据本标准达成协议的各方研究是否可使用这些文件的最新版本。凡是不注日期的引用文件，其最新版本适用于本标准。

GB 8305—1987 茶 水分测定
GB 8310—1987 茶 总灰分测定
GB 8311—1987 茶 粉末和碎茶含量测定

3 水分含量测定方法

3.1 仪器

3.1.1 电动鼓风干燥箱：具自动控温装置，恒温灵敏度±1 ℃。

3.1.2 铝盒：内径 80 mm，高 25 mm，具盖。

3.1.3 天平：感量 0.001 g。

3.1.4 干燥器：内盛有效变色硅胶干燥剂。

3.2 测定

3.2.1 103 ℃恒量法(仲裁法)

用已知重的铝盒称取试样约 10 g，准至 0.001 g，然后移入(103±2)℃电热鼓风干燥箱内，打开盒盖，烘 4 h，取出铝盒，加盖，置于干燥器内，冷却至室温，称重，准确至 0.001 g，再移入(103±2)℃电热鼓风干燥箱内,烘1 h取出铝盒加盖置于干燥器内,冷却至室温,称重,准确至0.001 g,重复此操作过程,直至两次连续称重之差不超过0.001 g即为恒重。

3.2.2 120 ℃ 260 min 快速法

用已知重的铝盒称取试样约10 g,准确至0.001 g,打开盒盖,移入预先加热稍高于120 ℃电热鼓风干燥箱120 ℃内,务须在2 min内,调整温度到120 ℃,并于此时算起,保持(120±2)℃,烘1 h,取出铝盒,加盖,置于干燥器内,冷却至室温,称重,准确至0.001 g。

3.2.3 130 ℃ 27 min 快速法。

用已知重的铝盒称取试样约10 g,准确至0.001 g,打开盒盖,移入预先加热稍高于140 ℃电热鼓风干燥箱内;务须在2 min内,调整温度到130 ℃,并于此时算起,保持(130±2)℃,烘27 min,取出铝盒,加盖,置于干燥器内,冷却至室温,称重,准确至0.001 g。

3.3 结果计算

茶叶水分含量百分率(X)按下列计算:

$$X = \frac{G_1 - G_2}{G} \times 100$$

式中,G_1——试样和铝盒烘前重,g;

G_2——试样和铝盒烘后重,g;

G——烘前试样重,g。

4 灰分含量测定方法

4.1 原理:试样在规定温度下灼烧灰化所得的残渣。

4.2 仪器:用实验室规定仪及下列各项。

4.2.1 瓷坩埚:高型,容量30 ml。

4.2.2 瓷盘:上口径30 mm,高15 mm。

4.2.3 高温电炉:具温度控制器。

4.2.4 电热板:具温度调节器。

4.2.5 磨碎机。

4.2.6 干燥器:内盛有效变色硅胶干燥剂。

4.2.7 分析天平:盛量0.000 1 g。

4.3 坩埚或瓷盘准备

将洗净,烘干的瓷坩埚或瓷盘放在高温电炉内,在(525±25)℃光灼烧1 h,待炉温降至300 ℃时,取出坩埚或瓷盘,置于干燥器内,冷却至室温,称重,准确至0.000 1 g。

4.4 测定

4.4.1 525 ℃恒重法(仲裁法)

用已知重的瓷坩埚,称取磨碎(全部通过30目/25.4 mm,孔径0.63 mm×0.63 mm)的试样约2 g,准确至0.000 1 g。然后放在电热板上,徐徐加热,使试样充分炭化至无烟为止,将瓷坩埚移入高温电炉内,以(525±25)℃灼烧至灰中无炭粒为止(通常不少于2 h),待炉温降至300 ℃时,取出瓷坩埚,置于干燥器内,冷却至室温,称重,准确至0.000 1 g。再将瓷坩埚移入高温电炉中,以(525±25)℃灼烧1 h取出瓷坩埚,置于干燥器内,冷却至室温,称重,准确至 0.000 1 g,必要时,重复此操作过程,直至两次连续称重之差,不超过 0.001 g,即为恒重,以最小称重为准。

4.4.2　700 ℃ 20 min(快速法)

用已知重的瓷盘,称取磨碎(全部通过 30 目/54.4 mm,孔径 0.63 mm×0.63 mm)的试样约 2 g,准确至 0.000 1 g。然后,将瓷盘移入高温电炉内,当炉温升至 700 ℃时算起,保持(700±25)℃,灼烧 20 min。待炉温降至 300 ℃时取出瓷盘,置于干燥器内,冷却至室温,称重,准确至 0.000 1 g。

4.5　结果计算

茶叶灰分含量的百分率(X)按下式计算:

$$X = \frac{G_1 - G_2}{G \times M} \times 100$$

式中,G_1——试样和瓷坩埚(或瓷盘)灼烧后重,g;

　　　　G_2——瓷坩埚(或瓷盘)重,g;

　　　　G——试样重,g;

　　　　M——试样干物质含量百分率。

5　碎末含量测定方法

5.1　原理:试样在规定筛孔和操作条件下的筛下物。

5.2　仪器

5.2.1　分样器和分样板。

5.2.2　电动筛分机:转速 195～200 r/min,回转幅度 60 mm。

5.2.3　标准筛:钢丝编织的方孔筛。筛子直径 200 mm,高 57 mm,具底和盖。

a.粉末筛。

28 目/25.4 mm,孔径 0.63 mm×0.63 mm。

b.碎茶筛

16 目/25.4 mm,孔径 1.25 mm×1.25 mm。

5.2.4　天平:感量 0.01 g。

5.3　测定

将平均样品充分混匀后,用分样器或分样板缩分,称取有代表性的试样 100 g,准确至 0.5 g,倒入下接粉末筛和筛底的碎茶筛上,盖上筛盖,放在电动筛分机上,筛动 100 转。将粉末筛的筛下物移入铝器中,称重,准确至 0.01 g,即得粉末重量。

移去茶筛的筛上物。将粉末筛筛面上的茶,重新倒入下接筛底的碎茶筛上,盖上筛盖,放在电动筛分机上,筛动 50 转。将筛下物移入铝器中,称重,准确至 0.01 g,即得碎茶重量。

5.4　结果计算

粉末含量百分率(X_1)碎茶含量百分率(X_2)按下式计算。

$$X_1 = \frac{G_1}{G} \times 100$$

$$X_2 = \frac{G_2}{G} \times 100$$

式中,G_1——筛下的粉末重,g;

G_2——筛下和碎茶重,g;

G——试样重,g。

6 允许误差

每批样品的水分、灰分、粉末、碎茶含量的检验,均应同时进行平行测定,平行测定值之差,应符合规定的允许绝对差。超过规定的允许差,必须进行重复测定,并选取其中在允许差以内而较接近的两个测定值算术平均,按照表中规定的所取位数,报告检验结果。

7 结果报告

检验结果至小数后第一位,第二位按照修约法则处理。

评茶术语

1 范围

本标准规定了白毛茶及其成品茶评茶术语、色泽术语、香气术语、滋味术语、汤色术语、叶底术语和评茶术语常用虚(副)词。

本标准适用于白毛茶及其成品茶。

2 嫩度形态术语

2.1 芽叶连枝:毫芽与枝叶相连。

2.2 肥壮:毫芽肥大壮硕,芽长茎壮。

2.3 肥嫩:叶张肥厚,幼嫩

2.4 肥称:上、中、下三段茶叶,均匀相称。

2.5 断碎:枝叶破碎不完整,碎末茶多。

2.6 干伏:面张平贴,无翘起架空现象。

2.7 轻飘:叶质轻薄,没有分量。

2.8 粗老:叶粗质老,叶面有蜡质。

3 色泽术语

3.1 翠绿:色似翡翠,有光泽。

3.2 灰绿:绿中略带白灰色,有光泽。

3.3 墨绿:呈浓绿,有光泽。

3.4 黄绿:绿中泛黄,色泽欠润。

3.5 草绿:绿而枯燥,叶张轻薄。

3.6 枯黄:黄而枯燥。

3.7 花杂:色泽不一致,欠匀净。

3.8 暗绿:青绿显暗,无光泽。

3.9 橘红:色红而枯燥。

4 香气术语

4.1 鲜嫩:清鲜纯爽,有毫香。

4.2 清高:香高而清爽。

4.3 纯正:香气正常,无杂异香气。

4.4 青气:有青草或青叶气息。

4.5 粗老:老叶的粗辛气息。

4.6 火高:香熟略带火味。

4.7 老火:火候过度,带焦味。

4.8 陈味:陈化气味。

4.9 霉气:发霉气息。

4.10 烟气:烟熏气息。

4.11 异味:非茶叶本身的气息,不正常的劣异气息。

5 滋味术语

5.1 鲜醇:鲜爽、甘醇。

5.2 醇厚:浓醇可口,回味略甜。

5.3 鲜爽:清鲜、爽口、有活力。

5.4 醇正:正常尚浓。

5.5 平和:正常稍淡。

5.6 平淡:味正常而淡薄。

5.7 粗淡:粗老青淡。

5.8 异味:各种不正常的,非茶叶本身的味道。

5.9 霉味:发霉的味道。

5.10 烟味:烟熏的味道。

6 汤色术语

6.1 黄绿:绿中透黄。

6.2 淡黄:浅黄色。

6.3 深黄:暗黄且无光泽。

6.4 橙黄:黄中略带红色。

6.5 红汤:汤色泛红。

6.6 混浊:汤色不清,沉淀物多。

7 叶底术语

7.1 幼嫩：芽多叶质柔软。

7.2 肥厚：芽头肥大柔软，叶肉丰满，叶面呈波隆凸起。

7.3 瘦小：叶质单薄，芽头瘦小。

7.4 匀嫩：幼嫩匀齐，色泽一致。

7.5 柔软：即手压之，柔软有弹性。

7.6 粗老，叶质硬挺。

7.7 欠匀：老嫩、大小混杂，色泽不调和。

7.8 明亮：叶底色泽均匀明亮。

7.9 嫩绿：叶质嫩绿，呈鲜绿色。

7.10 黄绿：绿中透黄。

7.11 花杂：色泽不一致。

7.12 红张：叶张发酵成红色。

7.13 霉点：叶张中有霉变斑点。

7.14 暗杂：叶底红暗夹杂。

8 评茶术语常用虚(副)词

8.1 相当：两者相比，品质水平大致相等。

8.2 接近：两者相比，品质水平差距很小。

8.3 稍高：两者相比，品质水平略好或某项因子偏高。

8.4 稍低：两者相比，品质水干略低或某项因子偏低。

8.5 尚：以衡量某种或某点存在不足，但基本接近时使用。

8.6 欠：在规格要求上或某种程度上未达到要求，且程度上差距较大。

8.7 显：用以表示某方面较突出。

8.8 带：某种程度上轻微时使用，形容某方面的存在。

评茶时有时为进一步明确评语或特殊使用，有时四个字并用，如"叶缘垂卷"、"白毫显露"、"叶态伸展"、"波隆凸起"、"毫香显露"、"鲜醇爽口"等等。

DB35/T 152.13—2001

白茶鲜叶

1 范围

本标准规定了白茶鲜叶质量和鲜叶验收标准。

本标准适用于白茶原料鲜叶。

2 鲜叶质量

2.1 质量等级

2.1.1 银针：

a.壮年茶树新梢上肥壮芽；

b.壮年大白茶一芽一叶，嫩芽连枝全采，然后摘取芽称为"抽针"，一芽一叶可"抽针"62.5%。

2.1.2 大白、水仙白茶：(见表一)

2.1.3 小白茶：(见表二)

表一 大白、水仙白新叶质量等级

级别	芽叶组成	占总量%	质量要求	备注
一级	一芽二叶初展	≥95	芽叶肥壮、青壮年茶树第一轮茶	
二级	一芽二叶	≥90	芽叶肥壮,青壮年茶树第二轮茶	1.选用品种：政和大白茶、水仙茶、福云6号 2.每级各以二等组成
	一芽二、三叶初展	10～15		
三级	一芽二叶	55～60	芽叶肥壮,有嫩对夹叶	
	一芽二、三叶初展	40～46		
四级	一芽二叶	35～40	芽稍壮,叶肥,有对夹叶	
	一芽二、三叶	55～60		
五级	一芽二、三叶为主		芽叶匀度稍差,有对夹叶	
六级	一芽三叶为主		芽叶匀度较差,含对,夹叶较多	
级外	对夹叶为主		鲜叶偏粗	

表二　小白茶质量等级

级别	芽叶组成	占总量%	质量要求	备注
一级	一芽二叶初展	为主	芽肥壮,少有开展叶	
二级	一芽二叶	90	芽叶肥壮,有开展叶	
	一芽二、三叶初展	15~20		
三级	一芽二、三叶初展	55~60	芽叶肥壮,叶开展	
	一芽二叶开展	35~40		
四级	一、二叶开展	25~35	芽叶连枝有对夹叶	
	一芽二、三叶	65~70		
片	对夹叶单片为主		鲜叶粗老	

3.2　鲜叶制率(以鲜叶无表面水分为准)应符合表三要求。

表三　鲜叶制率

级别	每100 kg 干茶需鲜叶量(kg)	
	春茶	夏秋茶
一级	400	390
二级	395	385
三级	390	380
四级	385	375
五级	380	370
六级	375	365
级外	370	360

4　鲜叶验收归堆

4.1　扦样

每100 kg 鲜叶各扦上、中、下鲜叶2 kg,拌匀成混合样品,然后再从混合样品中用"切半法"再扦取1 kg作为定等的依据。

4.2　鲜叶检验

取鲜叶样品0.5 kg按3.1.1、3.1.2、3.1.3要求进行芽叶分析,按质量要求确定等级。

4.3　鲜叶归堆,按等级归堆。

4.4　对有红变、异味的鲜叶应严格分开,单独付制。

5　鲜叶应及时付制,不积压

白茶初制技术规程

1 范围

本标准规定了白茶初制工艺流程、萎凋工具及场所、萎凋、烘焙和拣剔。

本标准适用于白茶初制。

2 白茶初制工艺流程

鲜叶→萎凋→拣剔→烘焙

3 萎凋工具及场所

3.1 萎凋工具

3.1.1 水筛：水筛系竹制，呈圆形，直径 980～990 mm，边高 25 mm，筛眼每 100 mm，6～7 个孔。

3.1.2 萎凋帘：系竹片编制制呈长方形，长 2 000 mm，宽 1 000 mm。

3.1.3 直接摊放在木制地板上，萎凋。

3.1.4 晾青架：竹木构造（骨架木制横挡为竹竿），高 2 000～2 100 mm，长 3 040 mm，宽 900 mm，分 5 层，每架叮放置 15 面水筛。

3.2 摊晾场所，坐南朝北，空气流通，干燥清洁，室内防止日光照射，同时防雨、防雾。

4 萎凋

4.1 摊晾数量：每筛摊晾叶量 5～7 两。

4.2 开青：亦称开筛，即将摊晾叶放在水筛上，用两手持水筛加速转动，使叶子均匀地散开，开筛动作要求，迅速轻快，"一开就成"摊叶均匀。

4.3 萎凋方法

4.3.1 自然萎凋：将开筛后萎凋叶放置于通风的晾青架上，静置室内自然萎凋。在萎凋过程中，筛内萎凋叶不得翻动。

4.3.2 复式萎凋：春茶限制在早晨或傍晚日照辐射不强烈的条件下，将萎凋叶放置日光下日照,每次日照时间不得超过半小时。实践中采取感热反映法和水筛计数法,一般春茶前期日照可重复2～4次。银针置日光下直接曝晒至八成干。

　　a.感热反映法:即手触水筛边缘感到微热时为适度。

　　b.水筛计数法:即100个水筛为一组,从第一个水筛放到晒青架算起,到100个水筛放完,第一个水筛即为适度,依次将水筛从晒青架上移入室内。

　　4.3.3　并筛:萎凋程度达到八成干含水量在20%左右,萎凋叶毫色发白,叶色由浅绿转向深绿或灰绿,芽尖与嫩梗呈"翘尾",叶缘垂卷时即可并筛,并筛以4筛为1筛,在筛中堆厚10～15 cm,成凹形,并筛后仍放置于晾青架上继续萎凋,高档白茶、大白茶分两次并筛,六七成干时两筛并一筛,待八成干时再两筛并一筛。

　　4.4　萎凋时间:萎凋的总历时视当时室内湿度的高低及相对湿度和风速的大小而异(见表一),春季晴天温湿度适宜,可放置楼上萎凋。夏秋温度较高,湿度较氏应放置楼下阴凉处萎凋。

表一　萎凋时间

类　　别	温　　度	相对湿度%	含水量%	历时(h)	备注
不正常天气	19 ℃	90%	36	60	超过60 h下筛烘焙
晴天萎凋参考指标	20 ℃	85%	14	60	萎凋时间以不超过60 h,低于48 h
	23 ℃	85%	14	54	
	27 ℃	70%	14	48	

　　5.1　操作程序:生火烧炉→开动鼓风机→调定转速→检查温度→进茶烘干→检查品质。

　　5.2　火温掌握,要求平稳,上下不超过5 ℃,防止忽高忽低,温度高低可由进风阀的关闭或增减烯料来调节。

　　5.3　进茶力求厚薄一致,不同品种或批别间隔3 min再继续进行烘焙。

　　5.4　在连续高温高湿气候条件下,萎凋时间超过60 h,萎凋叶含水量35%左右时,萎凋叶立即进行烘焙,烘焙分二次进行,第一次初焙,温度掌握在100 ℃机速;快速(约6～10 min),使水汽迅速散发,烘干后含水量在25%左右即进行摊晾(厚度不超过50 mm),以散发热气,调节表里水分。经1 h摊晾,然后再进行第二次烘干即复烘,复焙温度要低,以掌握在80 ℃左右为宜,速度(快速6～10 min)。

　　5.5　烘干后大、小白毛茶水分含量掌握在90%～11%;银针加工不分初、精制,烘干后掌握在8%以下。

6　拣剔

　　6.1　毛茶拣剔初拣,银针主要拣剔:过长芽蒂、焦红、红变、黄变、暗色和黑色的银针。大、小白茶主要拣出物为黄片、蜡片,以及非茶类杂物,以免包装运输中断碎,使精制加工过程中难以分开。

　　6.2　拣剔时小心轻快,防止折断芽叶与叶张破碎。

白毛茶

1 范围

本标准规定了白毛茶实物标准技术要求、实验方法、验收规则、标志、包装、储存和运输。本标准应与白毛茶实物标准样对照实施。

2 引用标准

下列文件中的条款通过本标准的引用而成为本标准的条款。凡是注日期的引用文件，其随后所有的修改单(不包括勘误的内容)或修订版本均不适用于本标准，然而，鼓励根据本标准达成协议的各方研究是否可使用这些文件的最新版本。凡是不注日期的引用文件，其最新版本适用于本标准。

GB 9679—1998　　茶叶卫生标准
GB/T 5009.57—1996　　茶叶卫生标准的分析方法
DB35/T 152.10—2001　　茶叶品质感官检验方法

3 技术要求

3.1　实物标准样：按省核定的标准样。

3.2　感官指标：大白、小白应符合表一、表二规定。

3.3　理化指标：应符合表三规定。

3.4　卫生指标：应符合国家标准 GB 9679 规定。

4 试验方法

4.1　感官指标按照 DB 35/152.10 进行检验。

4.2　理化指标按照《茶叶理化检验方法》进行检验。

4.3　卫生指标按 GB/T 5009.57《茶叶卫生标准分析方法》进行检验。

5 验收规则

5.1 卫生指标和理化指标不符合要求时,均作不合格处理。不进行感官检验。

5.2 茶叶等级评定以感官指标为依据,大白茶分五级十个等,小白茶分四级八个等。

5.3 毛茶验收交接时,如双方有争议,由上一级检验部门或当地政府授权的质量检测机构仲裁。

6 标志、包装、储存、运输

6.1 标志:包装容器应标明产品名称、产地、茶类、重量、单位、等级以及防雨、防潮、防污染,勿踩、勿压等标志。

6.2 包装:必须符合卫生标准要求,高级原料如银针包装,宜用防潮、防湿、耐压材料。

6.3 毛茶储存仓库的相对湿度保持在70%以下,并且必须符合卫生要求。

6.4 毛茶运输过程必须保持清洁、干燥、卫生,严禁与异味物混装,防止踩压。

表一 大白、水仙白毛茶品质感官指标

级别	外形				内质			
	嫩度	色泽	形态	净度	香气	汤色	滋味	叶底
一级二等	一芽二叶初展,毫心多而肥壮	叶面翠绿或灰绿,匀润,叶背有白茸毛,毫心银白	芽叶连枝,叶态平伏伸展,叶缘垂卷,叶尖跷起,叶面纹隆起	无老叶枝和老梗	鲜嫩,清爽,毫香显	橙黄、清澈	鲜爽浓厚清甜,毫味重	毫心多而肥,叶张软嫩,毫芽连枝,叶脉微红,叶色略带黄绿
二级四等	一芽二叶毫心多,梢肥壮	叶面翠绿或灰绿,尚匀润,叶背有白茸毛,毫心银白	同上	同上	鲜嫩,清爽,有毫香	同上	同上	同上
三级六等	一芽二叶开展,有部分毫心,但梢瘦	部分嫩叶灰绿或暗绿,少部分青绿,极个别红张	芽叶连枝,叶面摊展	同上	鲜醇	橙黄	鲜厚,尚清甜	叶张尚软嫩,略有毫心,较瘦,略有红张色尚匀
四级八等	一芽二叶开展,个别三叶,有驻芽尖	青绿、黄绿、暗绿或红暗	部分驻芽连叶,单片叶多,叶面平展	有梗及粗叶、蜡质叶	尚鲜醇	橙黄稍红或淡黄	尚鲜浓	叶张稍大、尚软,色黄绿,有红张
五级十等	驻芽叶,稍有瘦小芽	同四级	多单片叶,叶面摊展	同四级	稍粗淡	深黄稍红或淡黄	尚鲜,稍粗浓或稍淡	叶张稍大、多单3片叶,色黄绿微红

表二　小白毛茶品质感官指标

级别	外形				内质			
	嫩度	色泽	形态	净度	香气	汤色	滋味	叶底
一级二等	一芽二叶初展,毫心多而肥壮	叶面灰绿润匀,第一、二叶叶背青白,有茸毛,毫心银白	芽叶连枝,叶态平伏伸展,叶缘垂卷,叶面有龟甲纹隆起	无蜡叶和老梗	鲜嫩清爽,毫香显	清黄、清澈	鲜爽浓嫩,毫味显	毫心多而肥,叶张软嫩,色泽灰绿匀亮
二级四等	一芽二叶占90%,其余是一芽二叶,三叶初展毫心多	叶面灰绿润匀,第一叶,叶背青白,有茸毛,毫心银白	芽叶连枝,嫩叶叶态平伏伸展,叶缘垂卷,叶面有龟纹隆起伏	无蜡叶和老梗	鲜嫩清爽,有毫香	同上	鲜嫩浓爽	毫心多,叶张软嫩,色泽灰绿匀亮
三级六等	一芽两叶占50%,其余是一芽二叶,三叶初展,毫心多	叶面灰绿润匀,第一叶,叶背青白,有茸毛,毫心银白	芽叶连枝,嫩叶叶缘垂直卷,叶面略有龟纹隆起状,第三叶面平展	无老梗,有个别蜡叶	鲜嫩清爽	清澈黄	鲜嫩尚浓醇	有毫心,叶张软嫩,色泽灰绿尚匀亮
四级八等	一芽二叶占30%,一芽三叶占70%,第三叶叶张大含有芽尖	部分嫩叶为灰绿色,部分为青绿叶,个别红张	部分芽叶连枝,脱落单片叶多,叶面平展	无老梗,有个别蜡叶	尚鲜醇	同上	尚鲜醇	尚软嫩,色泽稍灰绿,有个别红张

注:每级二个等组成,逢双设样

表三　理化指标

项目	指标(%)
水分	≤9~11
灰分	≤6.5
粉末	≤1

白茶精制技术规程

1　范围

本标准规定了白茶精制技术毛茶定级、精制工艺、拣剔质量要求,拼配和匀堆、烘焙、装箱。

本标准适用于白茶。

2　引用标准

下列文件中的条款通过本标准的引用而成为本标准的条款。凡是注日期的引用文件,其随后所有的修改单(不包括勘误的内容)或修订版本均不适用于本标准,然而,鼓励根据本标准达成协议的各方研究是否可使用这些文件的最新版本。凡是不注日期的引用文件,其最新版本适用于本标准。

DB35/T 152.17—2001　　白茶

3　毛茶定级、归堆、拼配、付制

3.1　毛茶定级、归堆

3.1.1　定级:对进厂毛茶必须进行全面品质审评,对照加工级型标准,确定加工级别。

3.1.2　归堆:在定级的基础上,把原料分成季节堆、品种堆、劣变堆,便于拼配选料掌握。

3.2　毛茶拼配:要统筹全局,使加工级型茶前后批品质干稳,必须进行选料拼配。其方法步骤:

3.2.1　拼配的各批毛茶原料要全面审评,内外品质兼顾,以嫩度、色泽为主,拼入不同季节、不同产区毛茶。

3.2.2　白牡丹选用政和大白和水仙白为拼配原料。

3.2.3　贡眉选用叶张细嫩的"小白"为原料,寿眉选用低级毛茶为原料。

3.2.4　白茶付制按嫩度不同、色泽不同,严格分开,以高、中、低级产品为序分别付制。

3.2.5 不同季节、不同色泽的毛茶采取不同的使用方法。春毛茶质量最优,对产品的级一般是提级使用;夏、秋茶的高级原料降级使用,中低级茶保本级或降级使用。

4 精制工艺

4.1 精制工艺流程

4.1.1

毛茶 —匀堆→ 拣剔（手拣） —拼配→ 正茶 —→ 匀堆 —→ 烘焙 —趁热→ 装箱

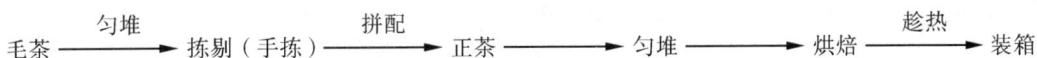

片、梗及非茶类夹杂物另行处理。

4.1.2 中档白茶(二、三级)精制工艺流程:

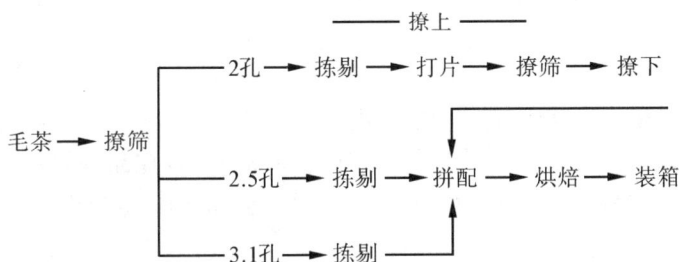

4.1.3 低纸白茶(寿眉、片)精制工艺流程:

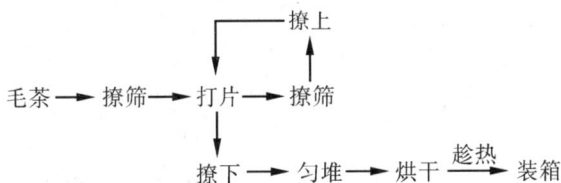

5 拣剔质量要求

5.1 根据各级产品的品质要求进行拣剔。

5.2 茶口十拣出物。

5.2.1 枯红片:形粗大,色显猪肝红带黑。

5.2.2 红花片:形粗大,色泽花红带黄。

5.2.3 光细梗:形细长,没有着叶的光枝。

5.2.4 老梗:粗大的梗或形如树枝的梗,色褐或灰白。

5.2.5 蜡片:叶面平而有蜡质的光泽,呈金黄色。

6 拼配

6.1 经品质鉴定过的各堆号茶,须按级(批)按堆、按号叠放。注明标志后,每号扦取

500～1 000 g 待拼。

6.2　以本批加工的各堆各筛号茶为主,结合其他批唛上升、下降符合本级质量要求的各堆号、各筛号茶进行拼配,兼顾以上、中、下段茶适当比例。

6.3　将按比例拼配的样品,先取 500 g 样品置烘干箱内,温度 120 ℃烘焙 15 min,然后再取 150 g 左右对照标准样,对各项因子的高、低或匀称进行调整,达到符合标准样后按比例拼堆;对于不能拼入本级的堆号茶待后处理。

7　匀堆、烘焙、装箱

7.1　匀堆

按半成品匀堆通知单规定的各堆号茶的数量进行匀堆,数量大的各堆号茶分二次夹开进堆,做到各堆号茶,上、中段茶分散均匀一致。高档茶(特、一级)匀堆必须搭跳板,严禁脚踩,以免断碎。

7.2　烘焙

白茶装箱前必须经过烘焙,要求高档茶机温掌握在 120～150 ℃。中、低档茶机温掌握在 130～140 ℃,烘干时间 10～15 min,铺茶厚度 40 mm。按成品茶规定的火候要求,掌握烘干机的温度、时间、茶层厚度,连续进行烘干,以稳定产品的火候要求。

7.3　装箱

白茶装箱采用热装法,即匀堆茶随烘随装,茶叶烘到适当的火候时,尚有一些软态,即时装箱不易断碎,装箱操作要轻,用三倒三摇法,分层抖动、压实。

7.4　标志、包装、贮存、运输

7.4.1　标志按(白茶)4.1 要求进行。

7.4.2　包装,贮存、运输按 DB35/T 152.17 要求进行。

白茶

1 范围

本标准规定了白茶(白牡丹、贡眉)技术要求,试验方法、检验规则和标志、包装、运输、贮存。

本标准适用于白茶(白牡丹、贡眉)。

2 引用标准

下列文件中的条款通过本标准的引用而成为本标准的条款。凡是注日期的引用文件,其随后所有的修改单(不包括勘误的内容)或修订版本均不适用于本标准,然而,鼓励根据本标准达成协议的各方研究是否可使用这些文件的最新版本。凡是不注日期的引用文件,其最新版本适用于本标准。

> MWB 48—1981 茶叶理化检验方法
>
> GB 9679—1998 茶叶卫生标准
>
> GB/T 5009.57—1996 茶叶卫生标准的分析方法
>
> DB35/T 152.10—2001 茶叶品质感官检验方法
>
> GB 7718—1994 食品标签通用标准

3 技术要求

3.1 感官指标

3.1.1 实物标准样:省核定的标准样。

实物标准样是茶叶感官检验实物标准的依据。

3.1.2 各级茶叶各项品质标准:银针:肥壮单芽;牡丹、贡眉应符合表一、表二规定。

3.1.3 各级茶叶品质必须正常,无劣变,不含非茶类夹杂物。

3.2 理化指标:应符合部标准 MWB 48 规定。

3.3 卫生指标:应符合国家标准 GB 9679。

4 试验方法

4.1 品质等级对照实物样,按照《茶叶品质感官检验方法》进行检验。

4.2 理化指标按照 MWB 48 进行检验。

4.3 卫生指标按照 GB/T 5009.57 之规定执行。

5 检验规则

5.1 理化或卫生指标不符合标准时,不进行感官检验,作为不合格处理。

5.2 产品出厂必须附有产品检验合格证。

5.3 验收有争议时,由上一级标准部门或当地政府授权的质量监督机构仲裁。

6 标志、包装、运输、贮存

6.1 标志

出厂产品的包装应刷上标志,内容包括品名、净重、唛号、厂名(出口产品有特殊要求,按要求),外刷的标志应醒目、整齐、清晰。

6.2 包装

6.2.1 同一批出厂产品包装规格和净重必须一致,每件净重允许误差±100 g。

6.2.2 外包装箱要求

6.2.2.1 材料

a.胶合板:厚度 4 mm。

b.木方档:20 mm×20 mm。

c.三角档:30 mm×30 mm,内径斜对开。

d.牛皮纸:60 g。

e.机裱铝箔:0.014 mm。

f.铁钉:25.4 mm、38.1 mm。

g.搭攀钉:0.27 mm 马口铁冲制 40 mm×12 mm,呈圆腰形铁片。

6.2.2.2 规格:一号箱。

a.尺寸:466 mm×466 mm×643 mm。

b.要求:用三角档 4 根,档长与底盖齐平;方档 8 根,长度与直角档密接,角方档均外包牛皮纸、机裱铝箔各一层包裹,防潮内衬牛皮纸、铝箔各裱一层,高于箱中 50～60 mm,长于箱底 20 mm。

c.用钉数量:搭攀钉直解 6 枚,其中二枚必须紧靠上下口,底角 4 枚;25.4 mm 铁钉 156 枚;38.1 mm 锁口钉 20 枚。

6.3　运输

运输工具必须清洁、卫生、干燥、无异味,禁与有毒、有味、易污染的货物混装、混运。

6.4　贮存

贮存的仓库必须干燥、清洁、无异味、防潮性能好,相对湿度在70%以下。

表一　白牡丹品质感官特征

级别	外形				内质			
	嫩度	色泽	形态	净度	香气	汤色	滋味	叶底
特级	毫心而显,肥壮,叶张细嫩	叶面灰绿或翠绿,色泽调和,毫心银白,叶背有白茸毛	芽叶连枝,匀整破张少	无蜡叶枳和老梗	鲜嫩浓爽毫香显	清澈橙黄	清甜、醇爽、浓厚,毫味足	毫心多而肥壮,叶张软嫩,芽叶连枝,叶张整,色黄绿、叶梗、叶脉微红明亮
一级	毫心显,叶张细嫩	灰绿、暗绿尚调和,部分嫩叶背脊有茸毛,毫心银白有嫩绿片,铁析片	芽叶连枝,尚匀整,有破张	无蜡叶枳和老梗	鲜嫩纯爽有毫味	清澈黄	尚清甜,醇爽有毫味	毫心稍多,叶张软嫩,尚整,有破张;叶张微红,尚明亮
二级	有毫心,稍瘦,叶张尚细嫩	暗绿并有黄绿叶及暗红叶	部分芽叶连枝破张稍多,尚匀整	无蜡叶和老梗,有少数嫩绿片和轻片	鲜浓纯正略有毫香	深黄清澈	醇厚	稍有瘦毫心,叶张尚软,叶色稍红,有破张
三级	少数瘦毫心,有部分芽尖叶张稍粗	暗红、黄绿、泛红、混杂	部分芽尖连一叶,破张多,尚匀整叶张平展	无蜡叶,枳和老梗,有破张,外形老叶泛红叶嫩绿片,小黄片等	纯正或微粗或稍带青气	深红或微红	浓,稍粗或稍粗淡	叶张尚软,破张多,叶色稍红或显黄

表二　贡眉品质感官特征

级别	外形				内质			
	嫩度	色泽	形态	净度	香气	汤色	滋味	叶底
特级	毫针多叶张细嫩	灰绿或墨绿,色泽调和,毫针银白色,部分叶背有白茸毛	芽叶连枝,匀整破张少	无蜡叶枳和老梗	鲜嫩醇爽有毫香	清澈橙黄	清甜醇爽	有毫针,叶张软嫩而整,色灰匀亮
一级	有部分毫针,但显瘦,叶张细嫩	灰绿、暗绿尚调和,毫针梢银白	芽叶尚连枝,有破张,尚匀整	无蜡叶枳和老梗,有嫩绿片铁板片	鲜嫩浓正有毫香	黄,清澈	稍鲜甜,醇厚浓顺	稍有毫针,叶张软嫩,尚匀整,色灰绿,带红张,稍匀亮
二级	稍有芽类,叶张尚细嫩	暗绿、黄绿、泛红、混杂	部分芽类叶连一叶,破张稍多,尚匀整	无蜡叶枳和老梗有小黄片嫩绿片,铁板片	鲜浓稍有毫香	深黄或微红	浓顺尚醇	叶张尚软嫩有破张,色黄绿、暗绿或带泛红叶
三级	叶张尚嫩,有少数芽尖	黄绿、泛红、混杂	破张多,轻飘,平展,尚匀整	无蜡叶,枳和老梗,有小黄片,小蜡叶泛红叶	浓顺或稍粗	深黄或近红	浓稍粗或稍粗淡	叶张尚嫩,断张,破张多,有暗绿叶或泛红叶